聚合物结构与性能

娄春华　刘喜军　张　哲　主　编

U0284555

哈尔滨工程大学出版社

内容简介

本书系统介绍了聚合物结构与性能的基本概念和基本理论,并在各部分叙述中介绍了反映聚合物结构与性能领域学科发展的新成果以及社会关注的热点问题。全书共分五个部分:①聚合物的链结构和凝聚态结构;②聚合物的溶液;③聚合物的分子运动、玻璃化转变;④聚合物的性能;⑤聚合物研究的现代物理技术。

本书可作为高等院校高分子学科研究生教材或参考书,也可供高分子类专业本科学生参考使用。

图书在版编目(CIP)数据

聚合物结构与性能/ 娄春华,刘喜军,张哲主编.
—哈尔滨:哈尔滨工程大学出版社,2016.5(2021.1 重印)
ISBN 978 - 7 - 5661 - 1239 - 2

Ⅰ.①聚… Ⅱ.①娄… ②刘… ③张… Ⅲ.①高聚物
结构—结构分析 ②高聚物结构—性能分析
Ⅳ.①O631.1

中国版本图书馆 CIP 数据核字(2016)第 076047 号

策划编辑　史大伟　邹临怡
责任编辑　邹临怡
封面设计　恒润设计

出版发行　哈尔滨工程大学出版社
社　　址　哈尔滨市南岗区南通大街 145 号
邮政编码　150001
发行电话　0451 - 82519328
传　　真　0451 - 82519699
经　　销　新华书店
印　　刷　哈尔滨圣铂印刷有限公司
开　　本　787mm×1 092mm　1/16
印　　张　15
字　　数　394 千字
版　　次　2016 年 5 月第 1 版
印　　次　2021 年 1 月第 2 次印刷
定　　价　33.00 元
http://www.hrbeupress.com
E-mail:heupress@ hrbeu.edu.cn

前　言

聚合物可以是坚硬的塑料，也可以是富有弹性的橡胶，还可以是高强度的薄膜以及纤维，这皆是由于不同聚合物具有不同的结构所决定的。然而，聚合物材料的性质和性能不仅由其化学组成决定，而且在很大程度上由其结构所决定。

聚合物的结构是材料性能的物质基础。研究聚合物的性能有助于深入了解聚合物的微观结构和大分子运动的特征，从而有助于研究聚合物的结构与性能的关系，揭示聚合物结构与性能之间的内在联系及基本规律，可加深对聚合物结构与物理性质关系的正确理解，指导人们优选聚合物材料和控制加工成型条件，或通过各种途径优化和改造聚合物的结构从而有效地改进材料的性能，以及设计加工期望性能的新型高分子材料。

本书在保证学科基础知识的完整性、系统性以及兼顾研究生教学规律性的前提下，以提高教授和学习效率、降低学习难度、注重科学研究为目标，按照聚合物的结构层次安排各章结构。加入结构表征和性能测试的方法，有利于学生的研究性学习，有利于学生探究兴趣的发挥。本书不仅可作为研究生、本科生教材，更是一本聚合物结构与性能研究的工具书。

本书在编写过程中参阅了国内外多种版本的高分子物理学教科书和文献资料，谨此向这些资料的作者致以深切的谢意！在本书出版的过程中得到了齐齐哈尔大学研究生教材建设基金的资助，在此表示感谢！

本书由齐齐哈尔大学材料科学与工程学院娄春华进行整体框架设计，对全书进行统稿，由齐齐哈尔大学娄春华、刘喜军和张哲任主编。各章具体分工如下：娄春华编写第2章、第3章、第4章、第5章和第7章；刘喜军编写第1章和第9章；张哲编写第6章和第8章。东北林业大学研究生张霄也参与了本书的编写工作，在此表示感谢。

由于编者学识水平有限，书中疏漏之处在所难免，恳请广大读者给予批评指正。

编　者

2015 年 10 月

目　　录

第1章　聚合物链的结构

在生产和生活中,会经常使用到各种高分子制品,然而它们的性能会有很大的差异。例如,在常温下,有的是柔软的弹性体,有的是刚性的塑料;加热后,有的可成为熔体,有的则不能熔融。为什么聚合物之间性能存在如此明显的差别呢? 这是因为各种聚合物的微观结构不同,从而具有不同的分子运动,在宏观性能上就表现出相应的差异。

高分子的结构非常复杂,主要的特点如下:

(1)高分子是由许多结构单元组成($10^3 \sim 10^5$),每一个结构单元相当于一个小分子,由一种结构单元组成的称为均聚物,由两种或两种以上结构单元组成的称为共聚物。

(2)高分子呈链状结构(还有支链、网链等),高分子主链一般都有一定的内旋转自由度,使高分子链具有柔性。如果高分子链的结构不能内旋转,则形成刚性链。

(3)高分子的相对分子质量具有多分散性,分子运动具有多重性,使同一种化学结构的聚合物具有不同的物理性能。

(4)聚合物的凝聚态结构存在晶态与非晶态,其晶态的有序度比小分子低,非晶态的有序度比小分子高。同一种聚合物通过不同的加工工艺,获得不同的凝聚态结构,具有不同的性能。

聚合物的结构具有多层次性,分为高分子的链结构、高分子的凝聚态结构,其结构层次见表1-1。本章将对高分子的链结构、聚合物的晶态结构、聚合物的取向结构、聚合物的液晶态结构和聚合物的多相结构分别做了相关的介绍。

表1-1　聚合物的结构层次

聚合物的结构			
聚合物的链结构		聚合物的凝聚态结构	
一级结构(近程结构)	二级结构(远程结构)	三级结构	高级结构
化学组成 结构单元键接方式 构型 支化与交联	聚合物链大小(相对分子质量、均方末端距、均方半径)、分子链形态(构象、柔顺性)	晶态结构 非晶态结构 取向结构 液晶态结构	多相结构

1.1 高分子链的化学结构

聚合物大分子链的一级结构也叫近程结构,主要包括单体单元的化学组成、键接方式、构型、支化和交联以及共聚物的结构。

1.1.1 高分子链的化学组成

1. 聚合物按化学组成分类

按组成高分子主链的原子可将聚合物分为:

(1)碳链高分子

主链全部由碳原子以共价键相连接组成的聚合物。例如,聚乙烯、聚丙烯、聚苯乙烯、聚氯乙烯和聚甲基丙烯酸甲酯等聚合物。这类聚合物原料丰富,易于加工,但耐热性较差。

(2)杂链高分子

分子主链除含有碳原子外,还有氧、氮或硫等两种或两种以上的原子以共价键相连接组成的聚合物。例如,聚酰胺、聚对苯二甲酸乙二醇酯、聚苯撑硫、聚甲醛等聚合物。这类聚合物强度较大,可用作工程塑料。

(3)元素高分子

主链由硅、硼、铝、磷、铁、锗、钛,与氧、氮、硫等原子以共价键相连接而成的聚合物。其中一大类为元素有机高分子,主链不含碳原子,而是由上述元素和氧组成,并带有有机侧基的聚合物。例如,聚有机硅氧烷和聚有机金属硅氧烷。这类聚合物具有无机物的热稳定性和有机物优良的弹塑性,缺点是强度较低。另一类为无机高分子,其大分子主链上不含碳元素,也不含有机取代基,纯由其他元素组成,如聚氯化磷腈等。它们的耐高温性能优异,但强度较低。

(4)其他高分子

有些聚合物主链不是单链,而是像梯形、双螺旋形、遥爪等特殊结构的聚合物。例如,聚丙烯腈纤维受热时,在升温过程中会发生环化、芳构化而形成梯形结构,继续在惰性气体中高温处理则成为碳纤维。

选择适当的单体进行聚合,如均苯四甲酸二酐和四氨基苯聚合可得全梯形结构高聚物,反应式如下:

2. 化学组成对聚合物性能的影响

高分子链的化学组成不同将赋予高分子不同的化学与物理性能,适应于不同的应用要求。碳链高分子一般有优良可塑性,主链不易水解。杂链高分子带有极性,较易水解、醇解或酸解。元素高分子常常有一些特殊性质,如耐寒性和耐热性,还有较好的弹性和塑性。梯形高分子一般都有较高的热稳定性,但加工性能较差。

3. 侧基和端基对聚合物性能的影响

侧基的极性和大小对高分子的性能有影响。如聚氯乙烯、聚苯乙烯和聚乙烯,它们的主链均是碳链,但由于侧基氯的 C—Cl 键有永久偶极,因此聚氯乙烯是极性高分子。而聚苯乙烯和聚乙烯为非极性高分子。由于苯基体积较大,高分子链较刚硬,宏观性能显得硬而脆,而聚乙烯较柔软。

高聚物链的两端存在端基,它也是高聚物结构的一部分,它来自单体、引发剂、溶剂或相对分子质量调节剂,其化学性质与主链可能有很大差别。虽然端基含量较小,但有时端基的性质对高分子的性能会带来影响。例如,聚甲醛的端基热稳定性差,从而会引发链从端基开始断裂。如果聚甲醛的羟端基被酯化变成酯端基后(俗称封端),材料的热稳定性显著提高。聚碳酸酯的羟端基和酰氯端基也会促使聚碳酸酯在高温下降解,所以聚合过程中需要加入单官能团的化合物(如苯酚类)封端,以提高耐热性。

有些高聚物端基可用于分析测定相对分子质量和支化度,可以利用端基反应进行高聚物改性的一些工作,也可以通过端基研究得到聚合机理的信息。

1.1.2　结构单元的键接方式

聚合物分子链一般由结构单元通过共价键重复连接而成,它也是影响性能的重要因素之一。在缩聚和开环聚合中结构单元的键接方式是明确的,但是在加聚反应中单体的键接方式可以有所不同。

对于单烯类单体来说(如 $CH_2 = CHR$),如果把有取代基(R)的一端称为“头”,另一端称为“尾”,则聚合时会出现头-尾键接:

$$—CH_2—CH—CH_2—CH—CH_2—CH—CH_2—CH—$$
$$\qquad\quad | \qquad\qquad | \qquad\qquad | \qquad\qquad |$$
$$\qquad\quad R \qquad\qquad R \qquad\qquad R \qquad\qquad R$$

取代基 R 是相间排列的。还会出现头-头(尾-尾)键接:

$$—CH_2—CH—CH—CH_2—CH_2—CH—CH—CH_2—$$
$$\qquad\quad | \quad | \qquad\qquad\qquad | \quad |$$
$$\qquad\quad R \quad R \qquad\qquad\qquad R \quad R$$

取代基 R 为邻接排列的。有时也出现两种键接方式同时出现的无规则键接。

这种由结构单元间的连接方式不同所产生的异构体称为顺序异构体。

由于位阻效应和端基活性种的共振稳定性两方面原因,一般聚合物以头-尾键接占大多数,但合成工艺条件改变会影响头-尾键接结构的形成。通常,当位阻效应很小以及链生长端(自由基、阳离子或阴离子)的共振稳定性很低时,会得到较大比例的头-头(或尾-尾)结构。例如,聚醋酸乙烯酯中就包含有少量头-头键接;聚偏氯乙烯中头-头键接量达 10% ~12%;聚氟乙烯中头-头键接量也可达 6% ~10%。通常,当位阻效应很小以及链生长端(自由基、阳离子、阴离子)的共振稳定性很低时,会得到较大比例的头-头或尾-尾结构。

在许多情况下,分子链中头-头键接结构的增加对高聚物性质是有害的。例如,头-头键接结构的聚氯乙烯的热稳定性较差便是一个证明。

对于双烯类单体来说,由于可生成1,2-加聚、3,4-加聚和1,4-加聚产物。因此除了可能出现头-尾、头-头(尾-尾)键接之外,在1,4-加聚产物中,还有顺式和反式两种构型。

$$
\begin{array}{cccc}
\underset{\begin{matrix}|\\ \mathrm{CH}\\ \|\\ \mathrm{CH}_2\end{matrix}}{-\mathrm{CH}_2-\overset{\begin{matrix}\mathrm{CH}_3\\ |\end{matrix}}{\mathrm{CH}}-} &
\underset{\begin{matrix}|\\ \mathrm{C-CH}_3\\ \|\\ \mathrm{CH}_2\end{matrix}}{-\mathrm{CH}_2-\mathrm{CH}-} &
\begin{matrix}-\mathrm{CH}_2 \quad \mathrm{CH}_2-\\ \diagdown\,/\\ \mathrm{C=C}\\ /\,\diagdown\\ \mathrm{CH}_3 \quad \mathrm{H}\end{matrix} &
\begin{matrix}-\mathrm{CH}_2 \quad \mathrm{H}\\ \diagdown\,/\\ \mathrm{C=C}\\ /\,\diagdown\\ \mathrm{CH}_3 \quad \mathrm{CH}_2-\end{matrix}\\
\text{1,2 加聚} & \text{3,4 加聚} & \text{顺式 1,4 加聚} & \text{反式 1,4 加聚}
\end{array}
$$

1.1.3 高分子链的构型

构型是指分子中由化学键所固定的原子在空间的排列。这种排列是稳定的,要改变构型,必须经过化学键的断裂和重组,其有两类构型不同的异构体,即旋光异构体和几何异构体。

1. 旋光异构体

碳原子的四个价键形成正四面体结构,键角都是109°28′,如图1-1所示。当四个取代基团或原子都不一样,即不对称时,就产生旋光异构体,这样的中心碳原子叫不对称碳原子。比如丙氨酸有两种旋光异构体,它们互为镜影结构,就如同左手和右手互为镜影而不能实际重合一样,如图1-2所示。

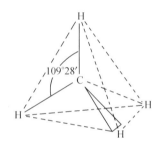

图1-1 甲烷的四面体结构

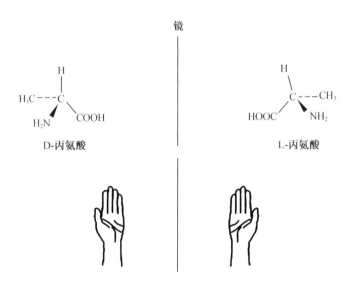

图1-2 旋光异构体的互为镜影关系

结构单元为 $—CH_2CH—$（下标 R）型单烯类高分子中，每一个结构单元有一个不对称碳原子，因而每一个链节就有 D 型和 L 型两种旋光异构体。若将C—C链放在一个平面上，则不对称碳原子上的 R 和 H 分别处于平面的上或下侧。当取代基全部处于平面的一侧，即序列为 DDDDDD（或 LLLLLL）时，称为全同（或等规）立构。当取代基相间地分布于平面上下两侧，即序列为 DLDLDL 时，称为间同（或间规）立构。而不规则分布时称为无规立构。图 1 − 3 是三类不同旋光异构体的示意图。

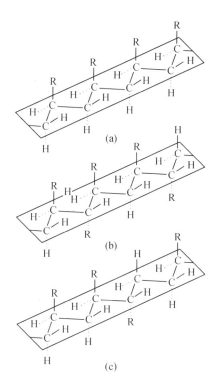

图 1 − 3　单烯类高分子的旋光异构体
（a）全同立构；（b）间同立构；（c）无规立构

2. 几何异构体

双烯类高分子主链上存在双键。由于取代基不能绕双键旋转，因而内双键上的基团在双键两侧排列的方式不同而有顺式构型和反式构型之分，称为几何异构体。以聚 1,4 − 丁二烯为例，有顺 1,4 和反 1,4 两种几何异构体。反式结构重复周期为 0.51 nm（图 1 − 4（b）），比较规整，易于结晶，在室温下是弹性很差的塑料；反之顺式结构重复周期为 0.91 nm（图 1 − 4（a）），不易于结晶，是室温下弹性很好的橡胶。类似地，聚 1,4 − 异戊二烯也只有顺式结构才能成为橡胶（即天然橡胶）。

对于聚丁二烯，还可能有 1,2 加成（对于聚异戊二烯则有 1,2 加成和 3,4 加成），双键成为侧基。因而与单烯类高分子一样，有全同（图 1 − 4（d））和间同（图 1 − 4（c））两种有规旋光异构体。

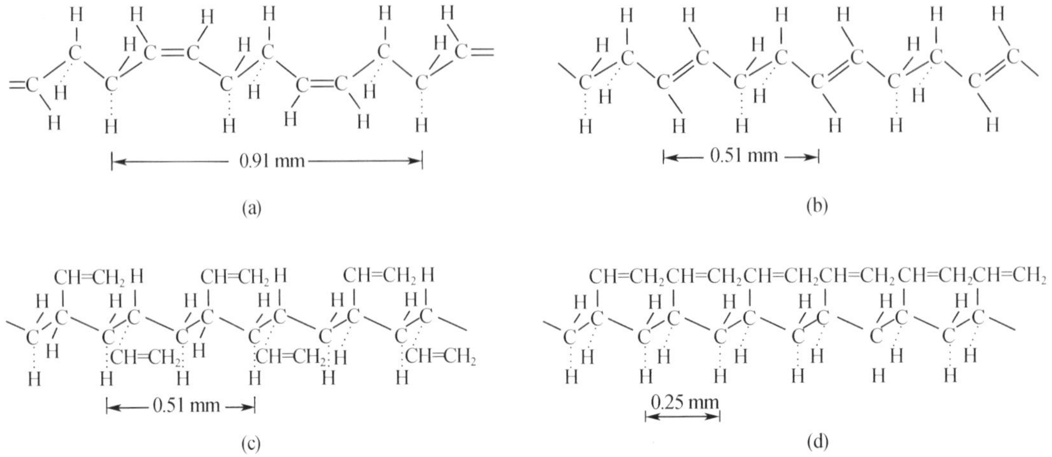

（图中结构式部分）

图 1-4 双烯类高分子聚丁二烯的有规异构体

1.1.4 高分子的构造——线型、支化和交联

分子构造指的是不考虑化学键内旋转的情况下高分子链的几何形状。一般高分子链为线型,也有支化或交联结构(图 1-5)。

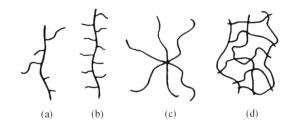

图 1-5 几种典型的非线型构造的高分子链

(a)短链和长链支化高分子;(b)具有接枝齐聚物侧链的梳形高分子;

(c)星形高分子;(d)交联网络

线型高分子的分子间没有化学键结合,在受热或受力时可以互相移动,因而线型高分子在适当溶剂中的溶解,加热时可以熔融,易于加工成形。

交联高分子的分子间通过支链联结起来成为了一个三维空间网状大分子。犹如被五花大绑,高分子链不能动弹。因而不溶解也不熔融,当交联度不大时只能在溶剂中溶胀。

支化高分子的性质介于线型高分子和交联(网状)高分子之间,取决于支化程度。

低密度聚乙烯是支化高分子的例子,热固性塑料是交联高分子,橡胶是轻度交联的高分子。

1.1.5　共聚物的序列结构

高分子如果只由一种单体反应而成,称为均聚物;如果由两种以上单体合成,则称为共聚物。以 ●,○ 两种单体的二元共聚物为例,有无规共聚物、交替共聚物、嵌段共聚物和接枝共聚物四类(见图 1-6)。

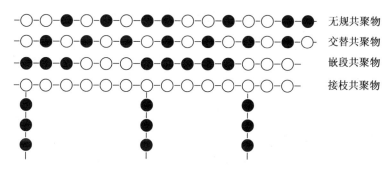

图 1-6　共聚物的序列结构

共聚物的结构对聚合物材料性能具有很大影响,共聚反应本身已经被广泛用来对聚合物进行改性。共聚物的性能主要取决于三个方面的因素:①共聚单体的性质;②共聚物的组成;③共聚物分子链上的序列分布。在共聚单体和组成一定的情况下,共聚物的序列长度和分布不同,共聚物的性能差别很大。对于无规共聚物和交替共聚物,由于结构单元之间的相互作用以及分子链之间的相互作用都发生了很大的变化,使得共聚物在结晶性、溶液性质、力学性能等方面与两种均聚物有较大改变。例如,聚四氟乙烯是不能熔融加工的塑料,而四氟乙烯与六氟丙烯的无规共聚物却是容易熔融加工的热塑性塑料。

嵌段共聚物和接枝共聚物的结构特点是它们同时保持了两组分均聚物的链结构,而不同链段之间又以化学键相连成为同一大分子,这样就赋予了接枝共聚物或嵌段共聚物一些独特的性能。一方面嵌段共聚物和接枝共聚物可以用于聚合物共混的相溶剂;另一方面,利用嵌段共聚物和接枝共聚物的聚集态中两种链段各自聚集形成微相分离结构的特点,可以进行结构设计,得到一些特殊的聚合物材料。例如,苯乙烯 - 丁二烯 - 苯乙烯三嵌段共聚物(SBS),在室温下聚苯乙烯链段聚集成簇分散在聚丁二烯链段所形成的连续相中,成为聚丁二烯链段的物理交联点,而在高温下,SBS 是线型大分子,可以熔融流动。因此 SBS 在高温下可以加工成型,室温时具有硫化橡胶的特性,成为一种热塑性弹性体。

1.2　高分子链的尺寸和形态

二级结构又称为远程结构,指的是若干链节组成的一段链或整根分子链的排列形状,主要是指高分子的相对分子质量大小、分子尺寸、分子形态。高分子链由于单键内旋转而产生的分子在空间的不同形态称为构象(或内旋转异构体),属二级结构。构象与构型的根本区别在于,构象通过单键内旋转可以改变,而构型无法通过内旋转改变。

1.2.1　高分子的大小

对于化合物分子大小的量度,最常用的是相对分子质量。由于高聚物的相对分子质量存在多分散性,因此其相对分子质量只有统计的意义,只能用一个统计平均值来表示。统计的方法不同,所得的平均相对分子质量不同,常用的有数均摩尔质量$\overline{M}_n$,重均摩尔质量$\overline{M}_w$,黏均摩尔质量$\overline{M}_\eta$和Z均摩尔质量$\overline{M}_z$(俗称为数均相对分子质量、重均相对分子质量、黏均相对分子质量和Z均相对分子质量)。

1.各种平均相对分子质量

高分子的相对分子质量是高分子大小的一种量度。

高分子的相对分子质量与高分子材料的力学性能和加工性能密切相关,当相对分子质量达到一临界值时,高分子材料才具有适用的机械强度,并随相对分子质量的增大而提高,直至高分子材料的力学强度随相对分子质量的变化变得缓慢,趋于一极限值。而相对分子质量太大,会给高分子材料的加工带来困难,所以高分子的相对分子质量需要适当控制,同时考虑强度和加工两方面的因素。

高分子的相对分子质量一般在$10^3 \sim 10^7$范围内,并且,由于聚合反应过程的统计特性,全部的合成高分子,以及除极少数的蛋白质高分子外的天然高分子的相对分子质量都是不均一的,具有多分散性。因此聚合物是不同相对分子质量的同系物的混合物,存在着相对分子质量的分布。

由于高分子相对分子质量的多分散性,所以,高分子相对分子质量是以统计平均值表示。下面是几种常用的统计平均相对分子质量的定义及计算方法。

假如一个聚合物样品共有N个分子,相对分子质量为M_i的有N_i个分子,占总分子数的分子分数为N_i',则

$$\sum_i N_i = N, \quad N_i' = \frac{N_i}{N}$$

假如一个聚合物样品总重为W,第i组分重W_i,那么第i组分的质量分数为W_i',则

$$\sum_i W_i = W, \quad W_i' = \frac{W_i}{W}$$

(1)数均相对分子质量

按分子数平均

$$\overline{M}_n = \frac{\sum_i N_i M_i}{\sum_i N_i} = \sum_i N_i' M_i \tag{1-1}$$

或用连续函数表示

$$\overline{M}_n = \frac{\int_0^\infty M N(M)\,\mathrm{d}M}{\int_0^\infty N(M)\,\mathrm{d}M} = \int_0^\infty M N'(M)\,\mathrm{d}M \tag{1-2}$$

（2）重均相对分子质量

按质量平均

$$\overline{M_{\mathrm{w}}} = \frac{\sum_i W_i M_i}{\sum_i W_i} = \sum_i W_i M_i \qquad (1-3)$$

或用连续函数表示

$$\overline{M_{\mathrm{w}}} = \frac{\int_0^\infty M W(M)\,\mathrm{d}M}{\int_0^\infty W(M)\,\mathrm{d}M} = \int_0^\infty M W(M)\,\mathrm{d}M \qquad (1-4)$$

（3）Z 均相对分子质量

Z 均相对分子质量是由超速离心沉降实验方法测定而得的一种相对分子质量。量 Z 定义为

$$Z_i \equiv M_i W_i$$

按 Z 量来平均，则有

$$\overline{M_{\mathrm{Z}}} = \frac{\sum_i Z_i M_i}{\sum_i Z_i} = \frac{\sum_i W_i M_i^2}{\sum_i W_i M_i} \qquad (1-5)$$

或用连续函数表示

$$\overline{M_{\mathrm{Z}}} = \frac{\int_0^\infty M^2 W(M)\,\mathrm{d}M}{\int_0^\infty M W(M)\,\mathrm{d}M} \qquad (1-6)$$

（4）黏均相对分子质量

黏度法测得的平均相对分子质量叫黏均相对分子质量。具体定义为

$$\overline{M_\eta} = \left(\sum_i W_i M_i^\alpha \right)^{\frac{1}{\alpha}} \qquad (1-7)$$

或用连续函数表示

$$\overline{M_\eta} = \left(\int_0^\infty M^\alpha W(M)\,\mathrm{d}M \right)^{\frac{1}{\alpha}} \qquad (1-8)$$

即

$$(\overline{M_\eta})^\alpha = (\overline{M^\alpha})_{\mathrm{w}} \qquad (1-9)$$

而指数 α 是黏度实验测定中马克·豪温克（Mark-Houwink）方程［η］－M 方程中的参数。

同一试样各种平均相对分子质量的关系为：$\overline{M_{\mathrm{Z}}} \geqslant \overline{M_{\mathrm{w}}} \geqslant \overline{M_\eta} \geqslant \overline{M_{\mathrm{n}}}$，当试样的相对分子质量为单分散性时，等式成立。高分子相对分子质量的分散程度可用多分散系数 d 来度量，$d = \overline{M_{\mathrm{w}}}/\overline{M_{\mathrm{n}}}$。通常 $d \geqslant 1$，d 值越小，越趋于 1。相对分子质量分散性越小，单分散性试样的 d 值等于 1。

对于多分散性的聚合物试样，单用平均相对分子质量还不足以全面描述高分子链的大小，还必须知道该试样的相对分子质量分布曲线或相对分子质量分布函数。

2. 相对分子质量分布

表征高聚物相对分子质量的多分散性最好是测定相对分子质量分布,但也可用一个参数——分布宽度来描述多分散性。

分布宽度 σ 定义为试样中各个相对分子质量与平均相对分子质量之间差值的平方平均值,即

$$\sigma_n^2 = \overline{[(M - \overline{M_n})^2]}_n = (\overline{M^2})_n - (\overline{M_n})^2 = \overline{M_n}\,\overline{M_w} - (\overline{M_n})^2 \qquad (1-10)$$

则

$$\sigma_n^2 = (\overline{M_n})^2 \left(\frac{\overline{M_w}}{\overline{M_n}} - 1 \right) \qquad (1-11)$$

或

$$\sigma_w^2 = \overline{[(M - \overline{M_w})^2]}_w \qquad (1-12)$$

有

$$\sigma_w^2 = (\overline{M_w})^2 \left(\frac{\overline{M_z}}{\overline{M_w}} - 1 \right) \qquad (1-13)$$

有时就用

$$d = \frac{\overline{M_w}}{\overline{M_n}} \quad 或 \quad d = \frac{\overline{M_z}}{\overline{M_w}} \qquad (1-14)$$

表示多分散系数 d(polydispersity coefficient),d 越大,相对分子质量越分散;$d = 1$,相对分子质量呈单分散($d = 1.03 \sim 1.05$ 近似为单分散)。缩聚所得的高聚物单分散性较好,d 约为 2;而自由基聚合所得的高聚物单分散性就差,d 在 $3 \sim 5$ 之间;如果有支化,d 将高达 20 以上。

因为 σ_n^2 和 σ_w^2 都大于零,所以 $\overline{M_w} \geq \overline{M_n}$ 和 $\overline{M_z} \geq \overline{M_w}$,由此可知各平均相对分子质量的大小顺序为 $\overline{M_z} \geq \overline{M_w} \geq \overline{M_\eta} \geq \overline{M_n}$。

平均相对分子质量只是描述高分子大小的一个参数,要全面细致地描述高分子,必须知道相对分子质量分布。相对分子质量分布是描述高聚物同系物中各个组分的相对含量与相对分子质量的关系。通过相对分子质量分布曲线,我们不仅可以知道高分子的平均大小(即各种平均相对分子质量),还能知道相对分子质量分散程度,即所谓相对分子质量分布宽度。相对分子质量分布越宽,表明高分子链大小越不均一;相反,分布越窄,高分子链大小越均一。

高聚物的相对分子质量对其使用性能和加工性能有很大的影响。从材料使用性能和加工性能综合考虑,高聚物的平均相对分子质量应在一定范围内才比较合适。例如,常见的聚苯乙烯塑料其相对分子质量为十几万,如果平均相对分子质量太低,材料的机械性质很差,低至几千时甚至不能成型,但如果相对分子质量达几百万以上,高温流动性差,难以加工。

高聚物的相对分子质量或聚合度一定要达到一定数值后,才能显示出适用的机械强度,这一数值称为临界聚合度。对于强极性高聚物来说,其临界聚合度约为 40,而非极性高聚物的临界聚合度约为 80。在临界聚合度以上,许多高聚物的物理 - 机械强度与其平均相

对分子质量有以下关系,即

$$Y = Y_\infty - A/\overline{M} \tag{1-15}$$

式中　Y——性质,如密度、热容、折射率、玻璃化温度或机械强度等;

　　　Y_∞——相对分子质量极高时的极限值;

　　　A——常数。

相对分子质量分布对高分子材料的加工和使用性质也有影响。对于合成纤维来说,如果相对分子质量分布较宽,可纺性就差,纺丝工艺难以控制,而且纤维的性能不好。对于塑料,相对分子质量分布窄一些,一般有利于加工条件的控制和提高产品的使用性能。对于橡胶而言,情况有些不同,通常橡胶的平均相对分子质量很大,加工困难,因此加工时常经过塑炼来降低相对分子质量,同时使其分布加宽,这样,低相对分子质量部分不仅本身黏度小,而且起增塑剂的作用,便于加工。

1.2.2　高分子链的构象

高分子主链上的 C—C 单键是由 σ 电子组成的,电子云分布具有轴对称性,因而 C—C 单键是可以绕轴旋转的,称为内旋转。假设碳原子上没有氢原子或取代基,单键的内旋转完全自由。由于键角固定在 109°28′,一个键的自转会引起相邻键绕其公转,轨迹为圆锥形,如图 1-7 所示。高分子链有成千上万个单键,单键内旋转的结果会导致高分子链总体卷曲的形态。

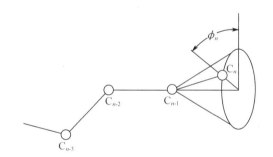

图 1-7　碳链聚合物的单键内旋转(ϕ_n 为内旋转角)

实际上,碳原子总是带有其他原子或基团,它们使 C—C 单键内旋转受到障碍。图 1-8 以最简单的丁烷分子为例来分析内旋转过程中能量的变化。假如视线沿 C—C 键方向,则中间两个碳原子上键接的甲基分别在两边并相距最远时为反式(trans,缩写 t),构象能量 u 最低。两个甲基重合时为顺式(cis,缩写 c),能量最高。两个甲基夹角为 60°时为旁式(ganshe,有左旁式 g 和右旁式 g′两种),能量也相对较低。显然只有反式和旁式较为稳定,大多数分子取这种构象。

随着烷烃分子中碳数增加,相对稳定的构象数也增加。例如,丙烷只有一种构象,正丁烷如上所述有 3 种构象,正戊烷则有 9 种构象(图 1-9)。理论上,含有 n 个碳原子的正烷烃有 3^{n-3} 种构象。例如,聚合度 10^4 的聚乙烯,有 2 万个碳原子,整个分子链的构象数为 $3^{19\,997}$($=10^{9\,541}$),这个数字比全宇宙存在的原子数还多。但是在不计其数的构象中比较伸展的构象总是少数,最常出现的构象是所谓"无规线团"。图 1-10 是 100 个碳原子链的构象的计算模拟图。通常聚合物的碳原子数目成千上万,可以想象普通的高分子链的卷曲程度。

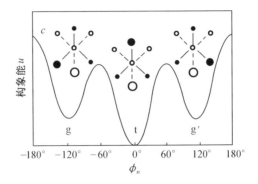

图1-8 丁烷中 C—C 键的内旋转位能图

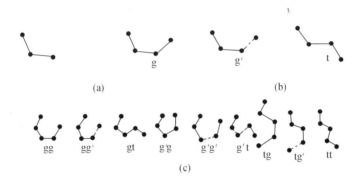

图1-9 几种烷烃的相对稳定构象示意图

(a)丙烷;(b)正丁烷;(c)正戊烷

(以实线表示 g,虚线表示 g′)

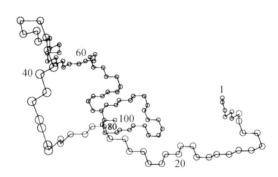

图1-10 碳数为 100 的链构象模拟图

如果施加外力使链拉直,再除去外力时,由于热运动,链会自动回缩到自然卷曲的状态,这就是高分子普遍存在一定弹性的根本原因。

由于高分子链中的单键旋转时互相牵制,即一个键转动,要带动附近一段链一起运动,这样每个键不能成为一个独立运动的单元,而是由若干键组成的一段链作为一个独立运动单元,称为"链段"(segment)。整个分子链则可以看作由一些链段组成,链段并不是固定由某些键或链节组成,这一瞬间由这些键或链节组成一个链段,下一瞬间这些键或链节又可能分属于不同的链段。由链段组成的分子链的运动可以想象为一条蛇的运动。

高分子链有五种基本构象(图 1-11),即无规线团、伸直链、折叠链、螺旋链和锯齿形链。无规线团是线型高分子在溶液和熔体中的主要形态。这种形态可以想象为煮熟的面条或一团乱毛线。其中,锯齿形链指的是更细节的形状,由碳链形成的锯齿形状可以组成伸直链,也可以组成折叠链,因而有时也不把锯齿形链看成一种单独的构象。

图 1-11　高分子的二级结构
(a)伸直链;(b)锯齿形链;(c)无规线团;(d)折叠链;(e)螺旋链

1.2.3　高分子的链柔性

高分子链能够呈现出各种卷曲状态的特征叫高分子链的柔性。各种卷曲状态实际上就是分子链的各种构象,因此又将高分子链能够改变其构象状态的性质称为链柔性。如果高分子链只能呈现一种构象状态,那就是链刚性。

高分子链由成千上万的化学键组成,当这些单键发生内旋转时,高分子可以呈现出无穷多个空间几何形态(构象);而且由于分子热运动,这些几何形态(构象)处于不断变化之中。链柔性就来自于这些构象之间的相互转变。链柔性可以从静态柔性和动态柔性两方面加以理解。

1. 静态柔性

静态柔性指的是高分子链处于热力学平衡状态时的卷曲程度。聚合物分子链中每个结构单元都可以采取全反式、左旁式、右旁式这三种较为稳定的构象,静态柔性就取决于在热力学平衡状态下这三种构象在分子链中的相对含量和序列分布。如果全反式构象与旁式构象之间的位能差 $\Delta\varepsilon$ 较小,分子链中结构单元处于全反式、左旁式、右旁式构象的机会就差不多,这三种构象就可以在分子链中无规排列,导致分子链呈现无规线团形状。这表明分子链的静态柔性比较好。反之,如果 $\Delta\varepsilon$ 较大,位能最低的全反式构象在分子链中就会占优势,分子链的局部会出现锯齿形状排列,这种局部刚性链使得链柔性变差。若 $\Delta\varepsilon$ 足够大,分子链中所有结构单元都倾向于以全反式构象存在。整个大分子就成了平面锯齿构象的刚性棒状大分子,无柔性可言。因此分子链在热力学平衡状态下卷曲程度越高,静态柔性就越好。

2. 动态柔性

动态柔性表示高分子链从一种平衡构象状态转变到另一种平衡构象状态的容易程度。构象之间的相互转变越容易,转变速度越快,分子链的动态柔性就越好。构象的转变是通过单键的内旋转来实现的,而单键内旋转的难易取决于内旋转位垒 ΔE。ΔE 越大,构象之间的转变就越困难,动态柔性就越差。

静态柔性和动态柔性相对于链柔性来说,有时是一致的,有时是不一致的。如果分子链在常温下处于卷曲的无规线团状,而且线团的形状也在不断地变化,则可以说这种聚合物大分子既有好的静态柔性又有好的动态柔性。但是对于一些带有大取代基的聚合物,在平衡状态时分子链可能处于卷曲的无规线团状(即表现出一定的静态柔性),但是由于取代基的强烈相互作用使得单键的内旋转无法发生,很难发生构象间的相互转变,从而表现出很差的动态柔性。在这种情况下,这个大分子链的构象实际上被冻结了。

从以上分析可以看出,只有当静态柔性和动态柔性都比较好时,聚合物才会表现出较好的链柔性。

1.2.4　影响链柔性的因素

由于链柔性来自于构象之间的转变,而构象的转变又来自于单键的内旋转和链段的运动,所以影响链柔性的因素与影响链段运动的因素有关。

1. 主链结构的影响

对于主链全部由单键组成的高分子,由于单键的内旋转作用,分子链一般都具有比较好的柔性。如聚乙烯、聚丙烯、聚甲醛和乙丙橡胶等。但是不同的单键,链柔性也不同,链柔性的大小取决于单键内旋转的难易程度。如果组成主链的原子半径比较大,主链上化学键的键长和键角就比较大,非键合原子间的距离较远,相互作用力变小,单键内旋转更容易发生,链柔性就好;同样,如果主链原子所带有的非键合原子数量少,单键内旋转阻力下降,链柔性也会变好。因此 C—O,C—N,Si—O 等单键均比 C—C 单键更容易发生内旋转,脂肪族聚醚、聚酯、聚氨酯、聚酰胺、聚硅氧烷等杂链聚合物也是柔性更好的高分子。特别是聚二甲基硅氧烷,其主链硅氧键长为 0.164 nm,键角分别为 140°和 110°,明显大于 C—C 单键(0.154 nm,109°28′)。所以,其内旋转阻力很小,分子链柔性极好,可作为在低温下使用的特种橡胶。

相反,当主链上具有芳环或杂环结构时,由于环状结构不能发生内旋转,所以分子链的柔性变差,而刚性则增大(如聚苯醚)。事实上芳香族的聚合物基本上都是强度很好、耐热性较高的工程塑料。由此可以推论:在高分子主链上引进芳杂环结构可以提高聚合物材料的刚性和耐热性。

对主链上带有双键的情况应该分成两种情况考虑。当主链中含有孤立双键时,孤立双键本身不能发生内旋转,但是由于双键两端少了两个非键合原子,使得双键两侧与之相邻的单键的内旋转更容易发生,在室温下几乎可以自由旋转。所以像聚1,4-丁二烯、聚异戊二烯这些在分子链上含有许多孤立双键的橡胶大分子具有很好的链柔性。

主链上带有共轭双键意味着分子主链上形成了 π 电子云自由流动的共轭结构。由于 π 电子云不存在键轴对称性,而且 π 电子云只有在最大限度重叠时能量最低,而内旋转会使 π 电子云变形和破裂,因此带有共轭双键的高分子链内旋转能力完全消失,大分子不具有柔性。例如,聚乙炔、聚苯都是典型的刚性高分子。

2. 取代基的影响

取代基的极性越大,分子间相互作用力就越大,单键的内旋转越困难,链柔性变差。例如,聚丙烯(PP)、聚氯乙烯(PVC)、聚丙烯腈(PAN)三种聚合物链柔性的比较:由于取代基极性高低的顺序为—CN>—Cl>—CH_3,所以聚合物链柔性的顺序为 PP>PVC>PAN。如果分子链之间形成了氢键,链柔性会变得很差。

取代基的数量越多,沿分子链排布的距离越小,分子链内旋转越困难,链柔性越差。例如,聚氯丁二烯的柔性大于聚氯乙烯,而聚氯乙烯的柔性又大于聚1,2-二氯乙烯。聚丙烯酸甲酯柔性也大于聚甲基丙烯酸甲酯。但是,在讨论取代基数量对链柔性影响时还要考虑取代基对称性的问题。对称取代基一般会使分子链之间的距离增大,分子链间的相互作用力减少,单键的内旋转更容易发生,从而使链柔性变好。例如,聚异丁烯比聚丙烯分子链更柔顺,聚偏氯乙烯的柔性也大于聚氯乙烯。

非极性取代基对链柔性的影响主要通过空间位阻效应体现出来。取代基体积越大,空间位阻效应就越大,越不利于单键内旋转,链柔性就越差。例如,比较聚乙烯(PE)、聚丙烯(PP)、聚苯乙烯(PS)的链柔性:由于取代基体积大小顺序为—C_6H_5>—CH_3>—H,三种聚合物链柔性的大小顺序为 PE>PP>PS。但是,也要注意取代基为柔性非极性取代基的特殊情况,此时随着取代基体积增大,分子间作用力反而减弱,链柔性会得到提高。例如,聚甲基丙烯酸酯类聚合物,随着取代基中碳原子数量增加,链柔性依次增大。直至取代基中碳原子数大于18,长支链的内旋转阻力起到主导作用,导致链柔性随取代基体积增大而减小。

3. 支化与交联的影响

支化对链柔性的影响与支链长短有关。尽管短支链的存在会影响到单键内旋转,但短支链使分子链之间距离加大,分子间作用力减弱,因此短链支化对柔性有一定的改善作用。若支链很长,支链阻碍单键内旋转起到主导作用,导致柔性下降。

交联对链柔性的影响取决于交联程度。轻度交联时,交联点之间的距离比较大,远大于原线型大分子中链段的长度,所以链段的运动不受到影响,链柔性没有明显改变。但是当重度交联时,交联点之间的距离小于原线型大分子中链段的长度,链段的运动被交联化学键冻结,链柔性大幅度下降。所以,橡胶经适度交联后可以保持较好的弹性,而高度交联的橡胶则失去弹性变硬变脆。

4. 温度的影响

除了化学结构影响高分子链柔性之外,外界因素对链柔性也有很大影响,其中温度是影响高分子链柔性最重要的外因之一。温度升高导致分子热运动能量加大,单键内旋转更容易进行,这意味着分子链中链段数目增多,链段长度变小,链柔性变好。例如,聚甲基丙烯酸甲酯在室温下为刚性链,是一种塑料,但是加热到高于100 ℃后,它会呈现柔软的弹性;

丁苯橡胶在室温下是柔性很好的橡胶,但冷却到 - 80 ℃后则成为刚性链,变得又硬又脆。通常意义上的柔性链聚合物或刚性链聚合物都是以聚合物在常温下的表现为基础的。

另外还需要说明,高分子链的柔顺性和聚合物材料的柔顺性不能混为一谈,它们在大多数情况下一致,有时却不一致。比如聚乙烯和聚甲醛,就单个分子链而言,它们都是柔性很好的大分子。但是当聚合物分子形成聚集态时,由于它们的分子结构非常规整,结晶能力很强,而一旦形成结晶,链柔性就表现不出来,聚合物就表现出刚性。所以,在判断聚合物材料刚柔性时,必须同时考虑分子链的柔性、分子链间的相互作用以及聚集态结构,否则容易得出错误的结论。

1.2.5　高分子链的构象统计

高分子链是由数量很大的结构单元连接而成的,分子链中单键的内旋转使得大分子具有许多不同的构象,而且由于分子热运动,分子链的构象处于不断变化之中。对于这种形状不断变化的无规线团高分子,只能借助于统计平均的方法来研究高分子链的构象。

要了解高分子链的构象,首先必须找到一个表征高分子构象的参数。对于一根相对分子质量已定的高分子链,构象的改变会引起分子链的空间形态和尺寸的改变,当大分子呈高度卷曲状态时,分子尺寸变小;当大分子呈伸展状态时,分子尺寸变大。因此可以定义一个表征分子形状尺寸的参数,用它来描述和表征大分子链的构象。

对于形状不断变化的无规线团状高分子,可以采用"均方末端距"来表征其尺寸。末端距是指线型高分子链的一端至另一端的直线距离,用 $\vec{h}$ 表示,如图 1 - 12 所示。由于不同的分子以及同一分子在不同的时间其末端距是不同的,所以应该求其统计平均值。又由于大分子是无规取向的,在任何方向取向的概率都相同,若对末端距进行一维统计平均,其结果可能为零,所以需要对末端距平方后再取统计平均,这就是均方末端距,用 $\overline{h^2}$ 表示。

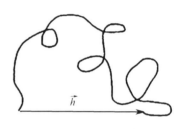

图 1 - 12　高分子链末端距

均方末端距的平方根称为"根均方末端距"。均方末端距和根均方末端距都是表征高分子构象尺寸的重要参数。

假设高分子链是由 n 个(n 很大)不占体积的键长为 l 的单键组成,每个键在空间各个方向的取向概率相同,键不占体积,这种分子链模型称为自由连接链。分子链长为 nl,对于自由连接链可运用统计学上的"无规飞行"方法,得到它的均方末端距,即

$$\overline{h_{f,j}^2} = nl^2 \tag{1-15}$$

可见,自由连接链的尺寸比完全伸直链的尺寸 nl 小得多。

假设高分子链由 n 个(n 很大)不占体积的键长为 l 的单键组成,每个单键在键角 θ 方向的限制下自由旋转,不受单键内旋转的位垒限制,这种分子链模型称为自由旋转链。自由旋转链的均方末端距可用几何学中矢量和的方法得到,即

$$\overline{h_{f,r}^2} = nl^2 \frac{1 - \cos\theta}{1 + \cos\theta} \tag{1-16}$$

高分子链的近程相互作用(θ 和 ϕ)对其均方末端距有很大影响,故高分子链的均方末端距的表示式是很复杂的函数。实际高分子链的均方末端距一般可通过实验测定。

由于高分子链的单键内旋转,故高分子链的末端距存在着分布,即高分子链出现某一末端距的概率。以高分子链一端固定在坐标原点,另一端落在距坐标原点为 h 处 $\mathrm{d}x\mathrm{d}y\mathrm{d}z$ 体积元的概率密度 $P(x,y,z)$(图 1-13),可由数学上的无规飞行统计得到,即

$$P(x,y,z) = \left(\frac{\beta}{\sqrt{\pi}}\right)^3 e^{-\beta^2(x^2+y^2+z^2)} = \left(\frac{\beta}{\sqrt{\pi}}\right) e^{-\beta^2 h^2} \qquad (1-17)$$

式中
$$\beta^2 = 3/2nl^2, \frac{h^2}{3} = x^2 = y^2 = z^2$$

此式为高斯分布函数,末端距符合高斯分布的高分子链称为高斯链。

真实高分子链本身的单键不能自由旋转(有内旋转位垒和键角的限制),另外大分子链之间还存在相互作用。这些都与自由连接链或者自由旋转链的假定不相符。所以尽管已经推导出了几种计算大分子均方末端距的公式,它们也具有重要的理论价值,但是将它们用于真实大分子构象尺寸的计算还相差很远。事实上,目前真实高分子的均方末端距仍是通过实验测定的。但这并不等于前面的工作没有意义,在处理真实高分子链时,可以利用自由连接链或者自由旋转链的均方末端距的概念。

真实大分子链不是自由连接链,因为真实高分子链中能够独立运动的单元不是单键,而是链段。链段是高分子链中独立运动的单元,它们之间是自由连接、无规取向的,符合自由连接链的条件。如果将真实大分子链中的链段等同于自由连接链中的化学键,这种由链段组成的高分子链就是一个等效自由连接链。利用"等效自由连接链"的概念来处理真实高分子链,可以得到真实高分子链中的链段数目和链段长度。

对于一个由 n 个键长为 L、键角 θ 固定、旋转不自由的化学键所组成的真实大分子链,可以将它看作是一个由 n_e 个链段组成、每个链段的长度为 l_e 的等效自由连接链。

大分子链的伸直长度为

$$L_{max} = n_e l_e$$

大分子的均方末端距为

$$\overline{h^2} = n_e l_e^2$$

对于同一根分子链,在链伸展长度 L_{max} 相同的情况下,l_e 比 l 大若干倍,n_e 比 n 小若干倍,因此等效自由连接链(真实大分子链)的均方末端距大于自由连接链的均方末端距。

将上述两式联立,可得

$$n_e = \frac{L_{max}^2}{\overline{h^2}} \qquad (1-18)$$

$$l_e = \frac{\overline{h^2}}{L_{max}} \qquad (1-19)$$

对于已知结构的高分子,用实验方法测定出聚合物在无扰状态下的均方末端距 $\overline{h^2}$ 和相对分子质量,再由相对分子质量和分子结构计算出主链上化学键的数目 n 和链伸展长度 L_{max},即可由式(1-3)和式(1-4)计算出分子链中链段的数目 n_e 和长度 l_e。

例如,实验测得聚乙烯在无扰条件下的均方末端距为 $\overline{h_0^2} = 6.76nl^2$,其分子链伸直长度可根据碳—碳单键的键长、键角得到,即

$$L_{max} = nl\sin\frac{\theta}{2} = \left(\frac{2}{3}\right)^{\frac{1}{2}} nl$$

代入式(1-3)和式(1-4),则有

$$n_e = \frac{n}{10}, l_e = 8.28l$$

对于真实高分子链柔性的评价,可以将自由连接链或者自由旋转链的均方末端距作为一种理想的比较基准。因此得到了以下四种常用的评价参数。

(1)刚性因子 σ。在 n 和 l 一定的情况下,均方末端距越小,分子链的柔顺性就越好。因此可以用实测的无扰状态下的均方末端距与自由旋转链的均方末端距比值的平方根作为分子柔顺性的一种表征,定义为刚性因子 σ。其计算公式为

$$\sigma = \left(\frac{\overline{h_0^2}}{\overline{h_{f,r}^2}}\right)^{\frac{1}{2}} \tag{1-20}$$

σ 值越大,分子柔性越差,刚性越大。由于分子链刚性的增加是由于内旋转受阻引起的,所以又可将其称为空间位阻参数。

(2)分子无扰尺寸 A。均方末端正距与相对分子质量大小有关。为了消除相对分子质量对聚合物链柔性的影响,将无扰状态下测得的均方末端距与聚合物相对分子质量的比值的平方根作为衡量链柔性的参数,称为分子无扰尺寸。其计算公式为

$$A = \left(\frac{\overline{h_0^2}}{M}\right)^{\frac{1}{2}} \tag{1-21}$$

分子无扰尺寸与聚合物相对分子质量无关。A 越小,链柔性越好。

(3)等效链段长度 l_e。l_e 是等效自由连接链中链段的平均长度,l_e 越小,表明链柔性越好。

(4)特征比 C。特征比 C 的定义是无扰状态下的均方末端距与自由结合链的均方末端距之比,即

$$C = \frac{\overline{h_0^2}}{nl^2} \tag{1-22}$$

作为衡量高分子链柔性的一个参数,C 值越小,链柔性就越好。当 $C = 1$ 时,即成为高分子链柔性最好的理想状态。

第2章　聚合物的凝聚态结构

通常,物体有三种凝聚态(物态),即固态、液态及气态。一种物体处于固态、液态或气态,所不同的在于能量差别。如果输入热能,可使固体变为液体或气体。但是,高聚物的相对分子质量很大,高分子气化所需要的热量大于破坏分子中共价键所需的能量,所以,高分子在气化前已经发生化学分解。因此,高分子只有固态及液态。

凝聚态结构涉及的是高分子链之间如何排列和堆砌的问题,所以凝聚态结构称为三级结构(或超分子结构),它是直接影响材料本体性能的关键因素。如果把单个高分子链结构看作是单块砖的话,那么,高分子链凝聚态结构就是由这些砖砌成的高楼大厦的构造(结构)。用同样的砖但不同的砌法,能建成各式各样的房屋。同理,同样的高分子链但不同的排列和组合,能得到性能各异的高分子材料。了解高分子的凝聚态结构特征、形成条件及其与高分子材料性能之间的关系,对通过控制加工成型条件,以获得具有预定结构和性能的材料是十分重要的,同时也为高分子材料的物理改性和设计提供理论依据。凝聚态结构对性能影响非常典型的有聚氨酯,根据不同的凝聚态,聚氨酯可以是弹性体、塑料、纤维或胶黏剂。

与小分子相比,高分子的凝聚态有相同的地方,例如,有晶态、非晶态、玻璃态及液态,也有特殊的地方,如无气态,有高弹态(即橡胶态),有取向态,还有过冷液态等。高分子不仅有多链凝聚态,还有单链凝聚态。

由于分子间存在着相互作用,才使相同的或不相同的高分子链聚集在一起,成为有用的材料。因此在讨论高分子的各种凝聚态之前,先讨论高分子间的相互作用力。

2.1　分子间力与内聚能

2.1.1　高分子间的作用力

分子间作用力是指范德华力和氢键,属于次价力或内聚力。但高分子的分子链很长,分子间的次价力相互作用很强,这就使高分子材料具有许多不同于低分子物质的性能。

分子间相互作用力中的范德华力包括:静电力、诱导力和色散力。范德华力没有方向性和饱和性。

极性分子的永久偶极间的正负极相互作用力,称为静电力。静电力的作用能一般在12 ~ 20 kJ/mol 之间。

极性分子的永久偶极与其对其他分子产生的诱导偶极间的相互作用力称为诱导力。它几乎不受温度影响,与分子间距离六次方成反比。诱导力的作用能一般在6 ~ 13 kJ/mol之间。

分子的瞬间偶极间的相互作用力称为色散力。色散力也不受温度影响,它与分子间距离六次方成反比。色散力的作用能一般在0.8 ~ 8 kJ/mol。

除范德华力外,有的分子间还存在着氢键的相互作用。氢键是与电负性较大的原子(X)相键合的氢原子(X—H)与另一电负性较大的原子(Y)之间的相互作用(X—H…Y)。能形成氢键的电负性较大的原子一般为氧、氮和卤素等原子。因为 X—H 是共价键,H 原子的半径很小,又无内层电子,所以只允许由一个带孤对电子的 Y 原子与 H 原子充分接近,产生相当强的相互作用,形成氢键,故氢键具有饱和性。为使 H 原子与 Y 原子的相互作用最强烈,要求 Y 原子的孤对电子与 X—H 的化学键方向一致,故氢键又具有方向性。氢键的键能一般在 13~40 kJ/mol 之间,比化学键能小很多,与范德华力同数量级,但要大许多。氢键可存在于分子间和分子内,例如,在纤维素、聚酰胺、聚氨酯、蛋白质等高分子中都存在着氢键,氢键对它们的性质起着很大的作用。不同化合物中的氢键有较大区别,见表 2 – 1 中所列氢键。

表 2 – 1　某些氢键的键能

氢键	键能/(kJ·mol^{-1})	化合物	氢键	键能/(kJ·mol$^-$)	化合物
F—H…F	28.0	(HF)$_n$	N—H…F	21	NH$_4$F
O—H…O	18.8	冰,H$_2$O	N—H…N	5.4	NH$_3$
	26.0	CH$_2$OH, C$_2$H$_5$OH	O—H…Cl	16.3	间 C$_6$H$_4$Cl(OH)
	29.0	(HCOOH)$_2$	C—H…N	13.7	(HCN)$_2$
	34.3	(CH$_3$COOH)$_2$		18.3	(HCN)$_3$

2.1.2　内聚能与内聚能密度

分子间相互作用力的大小,常可用内聚能或内聚能密度来表示。内聚能是指将一摩尔液体或固体分子汽化时所需的能量,其表达式为

$$\Delta E = \Delta H_V - RT \qquad (2-1)$$

式中　ΔE——内聚能;

　　　ΔH_V——摩尔蒸发热(或摩尔升华热 ΔH_S);

　　　RT——汽化时所做的膨胀功。

内聚能密度是指单位体积的内聚能,用 CED 表示(CED 是 Cohesive Energy Density 的简写),即

$$CED = \frac{\Delta E}{\tilde{V}} \qquad (2-2)$$

式中,$\tilde{V}$ 为摩尔体积。

由于高分子物质不能汽化,故不能像小分子那样,直接用蒸发热或升华热求算,只能与低分子溶剂相比较进行估算。

由表 2 – 2 中内聚能值可以看出,内聚能密度低的聚合物,分子间作用力小,分子链不含

庞大侧基,链段容易运动,这类聚合物一般作为橡胶使用,其中聚乙烯易结晶可作塑料用是例外。内聚能密度大的聚合物,如聚丙烯腈、聚酰胺和聚酯等都是含有强极性基团,或分子链间能形成氢键,分子间作用力大,分子结构较规整,易结晶,这类聚合物强度高,一般作为纤维使用。内聚能密度中等的聚合物,如聚氯乙烯、聚甲基丙烯酸甲酯和聚苯乙烯等分子或含极性基团取代基,分子间作用力较大,或含体积庞大的侧基,链段运动较困难,这类聚合物一般用作塑料。聚乙烯虽然是非极性分子,又不含侧基,分子间作用力小,但聚乙烯是结晶聚合物,故聚乙烯用作塑料。理论上塑料、橡胶、纤维无本质区别,一般决定于使用温度下的力学状态和制品特点。有的聚合物既可用作塑料,又可用作纤维。

表 2 - 2　某些聚合物的内聚能密度

聚合物	重复单元	内聚能密度(J/cm^3)
聚乙烯	—CH$_2$CH$_2$—	260
聚异丁烯	—CH$_2$C(CH$_3$)$_2$—	272
聚异戊二烯	—CH$_2$C(CH$_3$)=CHCH$_2$—	281
聚丁二烯	—CH$_2$CH=CHCH$_2$—	276
聚苯乙烯	—CH$_2$CH(C$_6$H$_5$)—	310
聚甲基丙烯酸甲酯	—CH$_2$C(CH$_3$)(COOCH$_3$)—	348
聚醋酸乙烯酯	—CH$_2$CH(OCOCH$_3$)—	368
聚氯乙烯	—CH$_2$CHCl—	381
聚对苯二甲酸乙二酯	—CH$_2$CH$_2$OCOC$_6$H$_4$COO—	477
尼龙 66	—NH(CH$_2$)$_6$NHCO(CH$_2$)$_4$CO—	779
聚丙烯腈	—CH$_2$CHCN—	992

2.2　聚合物的非晶态结构

2.2.1　非晶态聚合物

非晶(性)高聚物也称无定形高聚物,它是和结晶性高聚物相对而言的一类高聚物。自由基聚合得到的聚苯乙烯和聚甲基丙烯酸甲酯等是典型的例子。一般而言,分子具有支化、交联、无规立构、无规共聚和带有较大侧基等结构时往往得到无定形高聚物。它们可显示明显的玻璃化转变(T_g 链段运动温度),使用温度受 T_g 的限制,但有非常好的光学透明性。

严格来说,无定形高聚物指在任何条件下都不会结晶的高聚物,但实际上也常把结晶性很低的高聚物算入其中。虽然非晶性高聚物总是非晶态的,然而,结晶性高聚物却并不总是结晶的,有时它也可能处于非晶态或者部分属于非晶态。通常,人们把高聚物分子链不具备三维有序排列的凝聚状态称为非晶态。依据这样的定义,高聚物非晶态包括几方面的内容:

(1)无定形高聚物,熔体冷却时,只能形成无定形态(玻璃态)。

(2)有些高聚物如聚碳酸酯等结晶速度非常缓慢,以至于通常冷却速度下结晶度非常低,通常以非晶态(玻璃态)存在。

(3)低温下结晶较好,但常温下难结晶的高聚物,如天然橡胶和顺丁橡胶等玻璃化温度较低的高聚物,在常温下呈高弹态无定形结构。

(4)结晶性高聚物在其熔融状态及过冷的熔体中仍为非晶状态。

(5)结晶高聚物除了晶区外,不可避免地含有非晶区(非晶态)部分。

所以说,高聚物的非晶态涉及玻璃态、高弹态、黏流态以及结晶中的非晶部分。

非晶态结构不仅直接决定非晶高聚物的本体性质,而且对于结晶高聚物而言,非晶区的结构对其本体性质也有重要影响,因此对非晶态结构的研究是高分子物理的一个重要课题。科学家曾经提出不同的非晶态结构模型,主要分为两种流派。一派认为非晶态是完全无序的;另一派认为非晶态结构是局部有序的。以下简要介绍有关非晶态结构模型。

2.2.2 无规线团模型

1949 年,Flory 从统计热力学理论出发推导出"无规线团模型",如图 2－1 所示。Flory 认为,非晶态高聚物的本体中,每一根分子链都取无规线团的构象,分子链之间可以相互贯穿,可以相互缠结,但并不存在局部有序的结构,因此非晶态高聚物在凝聚态结构上是均匀的。

在这种模型中,分子链间存在着额外的空隙,即所谓自由体积。自由体积越大,分子排列越疏松,密度越小。

在这种模型的本体中,每一条高分子链都处在许多相同的高分子链的包围之中,分子内及分子间的相互作用是相同的,这样的高分子链应该是无干扰的,分子链应取无规构象,并符合高斯分布,其均方末端

图 2－1 无规线团模型

距 $\overline{h_{\Delta}^2}$ 应为: $\overline{h_{\Delta}^2} = N'\beta^2$,其数值应与在 θ 溶剂中测得的 $\overline{h_0^2}$ 值一样。

Flory 的无规线团模型符合很多实验事实。

(1)这个模型中分子排列疏松且无序,运动较容易,能很好地解释橡胶的弹性问题。而且实验证明,橡胶的弹性模量与应力－温度系数的关系并不随稀释剂的加入而有反常的变化,说明非晶态的分子链聚集体中并不含可被分散剂破坏的有序结构。

(2)用辐射交联的技术分别使非晶高聚物的本体和相应的溶液交联,发现两者的分子内交联倾向没有区别。这说明非晶分子链结构在本体中和在溶液中一样,并不存在紧缩线团或折叠链等有序结构。

(3)用小角 X 射线散射方法测定含银盐标记的聚苯乙烯在聚苯乙烯本体中的均方末端

距,其结果同 θ 溶液中聚苯乙烯的均方末端距相近,表明聚苯乙烯在本体和溶液中有相同的构象。

(4)20 世纪 70 年代以来的中子小角散射研究结果有力地支持了 Flory 的无规线团模型。例如,聚苯乙烯或聚甲基丙烯酸甲酯中的氢(H)用氘(D)取代,将少量 D 取代的样品与未取代的高聚物混合,这样就得到一个 D 取代高聚物在未取代高聚物中的稀溶液,由于 H 和 D 的中子散射强度有差异,可以很方便地对氘代高聚物在本体中进行中子散射实验。

测试结果表明,本体中聚苯乙烯和聚甲基丙烯酸甲酯的根均方回转半径 $\sqrt{S_{本}^2}$ 与在 θ 溶剂中测得的一致,见表 2 - 3。

表 2 - 3　几种非晶聚合物本体的根均方回转半径

聚合物	本体 $\sqrt{S_{本}^2}$(中子散射)/nm	θ 溶剂中 $\sqrt{S_{\theta}^2}$/nm
无规聚苯乙烯	8.0 ~ 8.7	8.4 ~ 8.7(环己烷 36 ℃)
	12.6	11(环己烷 36 ℃)
	28.0	24 ~ 26(环己烷 36 ℃)
无规聚甲基丙烯酸甲酯	12.6	11.0

而且根均方旋转半径与相对分子质量有下列关系,即

$$\sqrt{S_{本}^2} \approx \sqrt{S_{\theta}^2} = K \overline{M}^{\frac{1}{2}} \qquad (2 - 3)$$

这些非晶高聚物本体中分子链的形态与 θ 溶剂中一样,都是无干扰尺寸。

2.2.3　局部有序模型

通过完全无规线团模型很难理解聚丙烯在很短的时间内完全结晶,所以一些科学家提出了与 Flory 的无规线团不同的观点,核心是高聚物在非晶态仍有某种局部有序,高分子在熔体时就已经有一定有序性。1957 年卡尔金(Каргин)等提出"链束模型",认为高分子有两种结构单元,一是链束,二是链球。链束是由多个高分子链大致平行排列而成,它可比原子链长,并可弯曲成有规则的形状。高聚物结晶时由链束作为结晶起点。链球为单条分子链卷曲而成。1967 年,霍士曼(Hose-Mann)用 X 射线小角散射研究了聚乙烯和聚氧化乙烯,对非晶态高聚物提出"准晶模型"。1967 年,叶叔西(Yeh)等人用电子显微镜观察一些非晶态硬链高聚物,发现有数纳米的"球粒"。而后,有研究者在软链高聚物(如顺丁橡胶)中也观察到"球粒"结构,而且,这些"球粒"与相对分子质量无关。当"球粒"被拉伸时,尺寸增大,并可得到晶态的电子衍射图,因而被认为是非晶态中存在有序结构的表现。在这些工作的基础上,1970 年 Yeh 提出了"折叠链缨状胶束粒子模型"(fold-chain fringed micellar grain model)(亦称"两相球粒"模型),这一理论模型有较大的学术影响。该模型的示意图如图 2 - 2 所示。

这种模型的结构可表述为:非晶态高聚物含有两种主要单元——胶粒(G)和粒间区(IG)。胶粒(G)又可分为有序区(OD)和胶粒边界(GB),其中有序区(OD)约 2 ~ 4 nm。分子链排列大致平行(但并非平行),链段间有一定距离。有序的程度与受热历史、化学结构及

分子间力等有关。胶粒边界(GB)是围绕胶粒有序区(OD)形成的粒界,其尺寸为 1~2 nm,是由折叠弯曲部分、链端和由一个有序区(OD)伸展到一个粒间区(IG)的分子链部分链节所组成的。

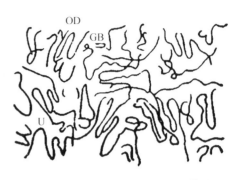

图 2-2　折叠链缨状胶束粒子模型
(OD—有序区;GB—晶界区;U—粒间区)

粒间区(IG)由分子链无规线团、低相对分子质量物质和链末端等组成,它们无规地缠绕在一起,该区的尺寸约 1~5 nm。一条高分子链可通过几个胶粒和粒间区。

这个模型能较好地解释一些实验结果,例如:

(1)粒间区的结构能为橡胶的弹性形变提供必要的构象熵,从而比较合理地解释橡胶的弹性等。

(2)实验测得许多高聚物的非晶和结晶的密度比为 $\rho_a/\rho_c \approx 0.85~0.96$,这个值比无规线团模型推算的密度比高(无规线团模型推算值为 $\rho_a/\rho_c < 0.65$)。这说明非晶高聚物中存在一些有序区,使材料的真实密度较高。

(3)由于在熔体中已经有部分有序性,这就容易解释高聚物从熔体冷却快速结晶时,可形成较规则由折叠片晶组成的球晶的事实。

(4)某些非晶态高聚物缓慢冷却或热处理后密度增加,球粒增大,这可以用胶粒有序程度增加和胶粒的扩大来解释。

此外,认为非晶态存在某种有序性的理论模型还有 B. Vollmert 等提出的分子链互不贯穿而各自成塌陷的球状并彼此堆积在一起的"塌球模型",W. Peohhold 等提出的非晶高聚物链束整体曲折的"曲棍球模型"。

上述两类非晶态结构模型各有一定的实验依据,均能从不同的方面说明高聚物的一些结构和性能。但不同观点之间还存在较大的争议,有待于提高和改进实验技术,进行更深入的研究。

2.3　聚合物晶态结构

2.3.1　聚合物的晶体结构及结晶形态

1. 聚合物的晶体结构

高聚物晶体有三维长程有序,是一级相转变,所以是确确实实的晶体。与小分子结晶一样,高分子的晶体结构也用晶系来描述。

根据晶胞的类型,小分子晶体划分为立方、六方、四方、三方(菱形)、斜方(正交)、单斜和三斜七个晶系。表 2-4 列出七个晶系的晶胞参数。

表 2-4　7 个晶系的晶胞参数

晶系	晶胞参数	晶系	晶胞参数
立方	$a = b = c, \alpha = \beta = \gamma = 90°$	斜方（正交）	$a \neq b \neq c, \alpha = \beta = \gamma = 90°$
六方	$a = b \neq c, \alpha = \beta = 90°, \gamma = 120°$	单斜	$a \neq b \neq c, \alpha = \gamma = 90°, \beta \neq 90°$
四方	$a = b \neq c, \alpha = \beta = \gamma = 90°$	三斜	$a \neq b \neq c, \alpha \neq \beta \neq \gamma \neq 90°$
三方（菱形）	$a = b \neq c, \alpha = \beta = \gamma \neq 90°$		

其中，立方和六方属于高级晶系，四方、三方和斜方为中级晶系，而三斜和单斜为低级晶系。在高聚物结晶中，由于高分子只能采取主链中心轴平行的方向排列，其他两维只是分子间作用力，次价键力作用范围在 0.25～0.5 mm 之间。这种高分子链的各向异性造成高聚物结晶没有立方晶系。而且，属于高级晶系的也很少，大多数是较低级的晶系。

高聚物晶体与小分子晶体一样，分子中原子排列的空间周期性可以用晶胞参数来描述。但一般高分子结晶的一个晶胞中肯定不会包含着整条高分子链，而是几个结构单元（极少数天然蛋白相对分子质量均一，能够堆砌成大范围有序的分子晶体，因而一个晶胞中可含有多个分子）。

同一种结晶性高聚物可以形成不同晶体结构，称为同质多晶现象，这种现象在小分子晶体中也存在。

高聚物的结晶结构在一定条件下会相互转变，例如，聚乙烯的稳定晶型是斜方晶型，拉伸时则可形成三斜或单斜晶型。

高聚物结晶的晶胞参数有时会随支链而稍变大，温度升高也会使晶胞参数稍变大。

2. 高分子链在晶体中的构象

构成小分子晶体的基本质点是原子、分子和离子，它们在晶胞中的排列是相互分离的。而高分子晶体中，在 c 轴方向上的基本结构单元是分子链构象重复周期的"链段"。晶胞尺寸与 c 轴上化学结构重复单元的构象有密切关系，这是高聚物晶体的特点。

结晶高分子的构象取决于分子内和分子间两方面的作用力。当分子间作用力较大时，如含分子间氢键的聚酰胺等，分子间力是重要的，它会影响分子间的构象和链与链之间的堆砌密度。但是，一般对大多数高聚物来说，分子间作用力对链构象的影响是有限的，高分子链在晶体中的构象主要取决于分子内的相互作用能，如果只考虑分子内的因素，也能对链构象进行成功的计算。

在晶态高分子中，分子链多采用分子内能量最低（最稳定）的构象。一般都是采取比较伸展的构象，它们之间相互平行排列，使位能最低，有利于紧密堆积。

平面锯齿形和螺旋形是结晶高分子链的两种典型构象。

（1）平面锯齿形

聚乙烯分子链在结晶中为完全伸展的平面锯齿形全反式构象（图 2-3）。实测得到聚乙烯的晶胞中分子链方向的重复周期尺寸为 $c = 0.253$ nm。根据图 2-3 的结构，按 C—C 键长为 0.154 nm，键角为 109.5°，计算聚乙烯链节（重复单元）在链轴上的投影，结果得到重复单元长度为 0.252 nm，这与实测值非常接近，说明了聚乙烯分子链在晶体中正是采取了这种锯齿形构象。

此外，脂肪族聚酯、聚酰胺、聚乙烯醇等分子链在结晶中也采取锯齿形构象（图 2-4 和

图 2 – 5）。

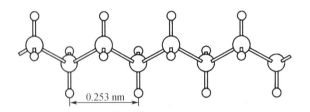

图 2 – 3　聚乙烯的锯齿形全反式构象

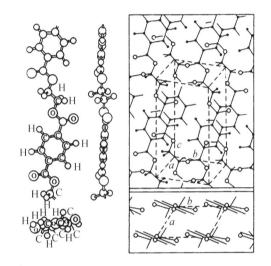

图 2 – 4　聚对苯二甲酸乙二酯的分子结构和晶体结构

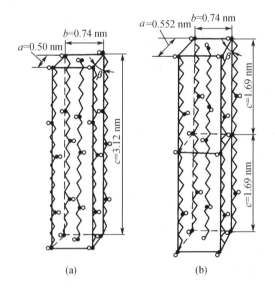

(a) 　　　　　　　(b)

图 2 – 5　脂肪族聚酯的晶体结构

（a）聚壬二酸乙二酯（奇数）；（b）聚癸二酸乙二酯（偶数）

（2）螺旋形

对于带有较大侧基的高分子,为了减小空间阻碍,以降低势能,则要采取旁式构象而形成螺旋状。

用 X 射线衍射法测定等规聚丙烯的结晶参数,发现其 c 轴的等同周期为 0.65 nm,每个等同周期中含三个链节。这说明聚丙烯分子链不可能是锯齿形排在晶格中。由于聚丙烯上甲基间的范德华距离为 0.4 ~ 0.43 nm,为了避免侧基的空间位阻,分子链宜采取反式 - 旁式相间(…tgtgtg…)的构象,形成螺旋形构象排入晶格,这种构象的等同周期与实测的晶胞参数很一致。图 2 - 6 为等规聚丙烯的分子链构象和晶体结构。

在螺旋形分子链形成的结晶中,人们常用 Hm_n 描述螺旋结构,H 表示螺旋,m 为一个周期中的重复单元数(不一定是链节数),用阿拉伯数字表示;下标 n 为一个周期中的螺旋圈数,用阿拉伯数字表示。例如,聚丙烯为 $H3_1$,含义为一个重复周期有 3 个重复单元 $+CH_2—CH(CH_3)+$,1 个螺旋。聚四氟乙烯为 $H13_6$,含义为一个重复周期有 13 个重复单元 $+CF_2+$,6 个螺旋。聚甲醛为 $H9_5$,含义为一个重复周期有 9 个重复单元 $+CH_2—O+$,5 个螺旋。

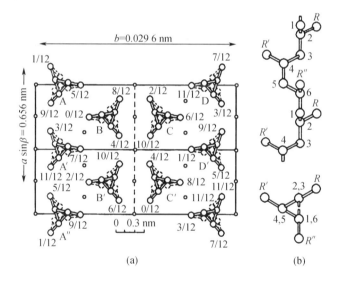

图 2 - 6　等规聚丙烯的分子链构象和晶体结构

等规聚苯乙烯和等规聚丙烯一样,也是 $H3_1$ 螺旋体,旋转角也为 0°和 120°。随着取代基尺寸的增大,键角明显有所改变,聚乙烯 110°、等规聚丙烯 114°、等规聚苯乙烯 116°。从等规聚 5 - 甲基 - 1 - 庚烯到等规聚 4 - 甲基 - 1 - 戊烯,甲基更靠近主链,因而有较大的空间效应,致使链原子偏离理想的反式和旁式位置(旋转角 0°和 +120°),旋转角变为 -13°和 +110°,如聚 4 - 甲基 - 1 - 戊烯呈 72 螺旋体,而聚 3 - 甲基 - 1 - 丁烯中,甲基更贴近主链,呈 41 螺旋体。图 2 - 7 为各种等规聚合物 $+CH_2—CHR+_n$ 的各种螺旋体示意图。

通常,由含有两个链原子的单体单元组成的等规聚合物差不多总是倾向于形成理想的 tg 构象,而与理想旋转角稍有差别的位置,其能量与理想情况相差不大。因此等规聚合物

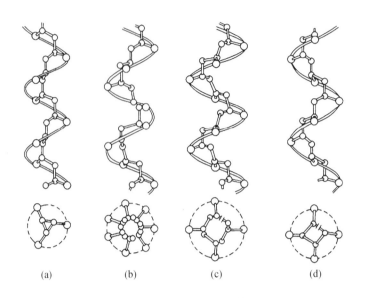

(a)   (b)   (c)   (d)

图 2 - 7   各种等规聚合物 $\left(\text{CH}_2\text{—CHR}\right)_n$ 的各种螺旋体示意图

(a) H3₁, R = —CH_3, $\text{—C}_2\text{H}_3$, —CH—CH_2, $\text{—CH}_3\text{—CH(CH}_3\text{)}_2$, —OCH_3, $\text{—OCH}_2\text{CH(CH}_3\text{)}_2$

(b) H7₂, R = $\text{—CH}_2\text{CH(CH}_3\text{)CH}_2\text{CH}$, $\text{—CH}_2\text{CH(CH}_3\text{)}_2$

(c) H4₁, R = $\text{—CH(CH}_3\text{)}_3\text{—C}_1\text{H}_5$

(d) H4₁, R =

有时能够结晶形成多种类型的螺旋体,如等规聚(丁烯)快速结晶时生成高能量的 H4₁ 螺旋体;而在退火时,它又转化为 H3₁ 螺旋体。

再如聚四氟乙烯,由于氟原子的范德华半径为 0.14 nm,所以,二级近程排斥作用比聚丙烯小,只要旋转角从 0°变到 16°,使链上氟原子稍稍偏离全反式构象而形成 13 个链节旋转一周的 H13₁ 螺旋构象(图 2 - 8)。在这种构象中,相邻两个碳原子上的氟原子相距为 0.27 nm。

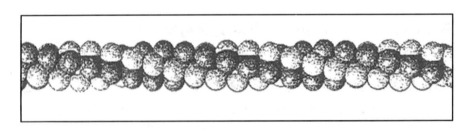

图 2 - 8   晶态的 PTFEH13₁ 螺旋构象

在全反式构象中,间规乙烯基类聚合物的取代基比等规的分得更开,因而,对于间规聚合物,…tt…构象是能量最低的构象。聚 1,2 – 丁二烯、聚丙烯腈、聚氯乙烯都属于此类。在少数情况下,旋转角取 0°,0°,– 120°,– 120°序列更为有利,因此间规聚丙烯一般采取…ttgg…构象,但因为能量差别小,也能成为…tt…构象。

单体单元为 $\left(\!\!-CH_2 - CHR\!\!-\right)_n$ 的聚乙烯醇,每两个链原子连着一个羟基,这些羟基能形成分子内氢键,因而与等规的聚 α – 烯烃不同,等规乙烯醇不形成螺旋体而是全反式构象。同理,间规聚乙烯醇不是锯齿形的链,而是螺旋形的。

在杂链聚合物中,主链原子间键的电子云的作用要少得多。例如,在 CH_2 基中要考虑 3 个键,而在 O 键合中只要考虑 1 个,其位垒只有碳键的 1/3 左右,因此主链中含有氧原子的分子比碳链的分子更柔顺。例如,C—O 键的键长为 0.144 nm,比 C—C 键的键长 0.154 nm 短,这使等规聚乙醛分子链上两相邻甲基之间靠得更近,螺旋体直径增大,以 $H4_1$ 螺旋体存在,而等规聚丙烯以 $H3_1$ 螺旋体存在。在聚甲醛中,没有甲基取代基的影响,这时键的定向效应特别显著,因此聚甲醛以…ggg…构象存在,如图 2 – 9 所示。而聚乙二醇则以…ttgttg…构象存在。和聚乙二醇一样,聚甘氨酸 II 结晶是 $H7_2$ 螺旋体,但因有氢键而变形。在等规聚氧丙烯中,甲基之间的排斥力增大,由于甲基的键定向减小,这个聚合物以全反式构象结晶。

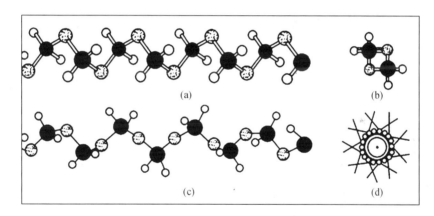

图 2 – 9　POM 的两种不同螺旋

(a)2_1 螺旋侧视图;(b)2_1 螺旋沿螺旋轴视图;

(c)9_5 螺旋侧视图;(d)9_5 螺旋沿螺旋轴视图

3. 聚合物的结晶形态

随着结晶条件不同,高聚物晶体出现不同的结晶形态。结晶形态是微小晶体堆砌而成的晶体外形,尺寸在几微米至几十微米,采用光学显微镜和电子显微镜可研究高聚物的结晶形态,而采用 X 射线衍射可研究高聚物晶体的结构。结晶高聚物主要的结晶形态有:单晶、球晶、树枝状晶、纤维状晶、串晶和伸直链晶片等。

(1)单晶

早期,人们认为高分子链很长,分子间容易缠结,所以不容易形成外形规整的单晶。但是,1957 年,Keller 等首次发现含量约 0.01% 的聚乙烯溶液极缓慢冷却时可生成菱形片状的、在电子显微镜(见球晶部分)下可观察到的片晶,其边长为数微米到数十微米。它们的电子衍射图(电子束代替 X 射线)呈现出单晶所特有的典型的衍射花样,如图 2 - 10 所示。随后,又陆续制备并观察到聚甲醛、尼龙、线型聚酯等单晶。例如,聚甲醛单晶为六角形片晶,如图 2 - 11 所示。

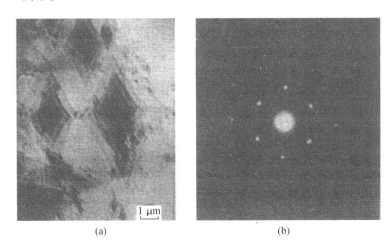

(a)   (b)

图 2 - 10   聚乙烯单晶

(a)电镜照片;(b)电子衍射图

聚合物单晶横向尺寸可以从几微米到几十微米 ,但其厚度一般都在 10 nm 左右,最大不超过 50 nm。而高分子链通常长达数百纳米。电子衍射数据证明,单晶中分子链是垂直于晶面的。因此可以认为,高分子链规则地近邻折叠,进而形成片状晶体——片晶:(lamella)。分子链折叠排列方式如图 2 - 12 所示。

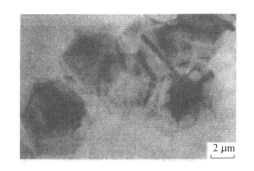

图 2 - 11   聚甲醛单晶的电子显微镜照片

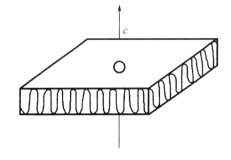

图 2 - 12   聚合物单晶片分子链折叠示意图

从极稀溶液中得到的片晶一般是单层的,而从稍浓溶液中得到的片晶则是多层的。过冷程度增加,结晶速率加快,也将会形成多层片晶。此外,高分子单晶的生长规律与小分子相似,为了减少表面能,往往是沿着螺旋位错中心不断盘旋生长变厚。例如,图 2 - 13 为聚甲醛单晶的螺旋形生长机制照片。

(2)球晶

球晶是聚合物结晶的一种最常见的特征形式。当结晶性聚合物从浓溶液中析出或从熔体冷却结晶时,在不存在应力或流动的情况下,都倾向于生成这种更为复杂的结晶形态。球晶呈圆球形,直径通常在 0.5 ~ 100 μm,大的甚至达厘米数量级。例如,聚乙烯、等规聚丙烯薄膜未拉伸前的结晶形态就是球晶;尼龙纤维卷绕丝中都不同程度存在着大小不等的球晶;不少结晶聚合物的挤出或注射制件的最终结晶形态也是球晶。5 μm 以上的较大球晶很容易在光学显微镜下观察到。在两正交偏振器之间,球晶呈现特有的黑十字(即 maltase cross)消光图像,如图 2 - 14 所示。

图 2 - 13　聚甲醛单晶的螺旋形生长机制

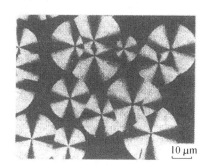

10 μm

图 2 - 14　全同立构聚苯乙烯球晶的
偏光显微镜照片

　　黑十字消光图像是聚合物球晶的双折射性质和对称性的反映。一束自然光通过起偏镜后变成偏振光,使其振动(电矢量)方向都在单一方向上。一束偏振光通过球晶时,发生双折射,分成两束电矢量相互垂直的偏振光,这两束光的电矢量分别平行和垂直于球晶半径方向。由于两个方向的折射率不同,两束光通过样品的速度是不等的,必然要产生一定的相位差而发生干涉现象。结果,通过球晶的一部分区域的光线可以通过与起偏镜处于正交位置的检偏镜,另一部分区域的光线不能通过检偏镜,最后形成亮暗区域。

　　由以上实验观察可知,球晶是由一个晶核开始,片晶辐射状生长而成的球状多晶聚集体。微束(细聚焦)X 射线图像进一步证明,结晶聚合物分子链通常是沿着垂直于球晶半径方向排列的。大量关于球晶生长过程的研究表明,成核初期阶段先形成一个多层片晶,然后逐渐向外张开生长,不断分叉形成捆束状形态,最后形成填满空间的球状晶体,如图 2 - 15 所示。晶核少,球晶较小时,呈现球形;晶核多并继续生长扩大后,成为不规则的多面体。

　　典型的球晶有放射状球晶和螺旋状球晶两种。放射状球晶中链带或晶片呈放射状排列,所以,在正交偏光显微镜下可看到径向辐射的条纹,如图 2 - 16 所示。

　　螺旋状球晶除了看到黑十字之外,还有许多明暗相间的消光同心圆环,如图 2 - 17 所示。这是由于径向发射的晶片缎带状地协同扭转的结果,因为这些链带以相同周期和相位向同方向扭旋,因而对光线产生相应的同心圆消光花纹。

　　研究球晶的结构、形成条件、影响因素和变形破坏,有着十分重要的实际意义。例如,球晶的大小直接影响聚合物的力学性能。球晶越大,材料的冲击强度越小,越容易破裂。再如,球晶大小对聚合物的透明性也有很大影响。通常,非晶聚合物是透明的,而结晶聚合物中晶相和非晶相共存,由于两相折射率不同,光线通过时,在两相界面上将发生折射和反射,所以,呈现乳白色而不透明。球晶或晶粒尺寸越大,透明性越差。但是,如果结晶聚合物中晶相和非晶相密度非常接近,如聚 4 - 甲基 - 1 - 戊烯,则仍然是透明的;如果球晶或晶粒尺寸小到比可见光波长还要小时,那么对光线不发生折射和反射,材料也是透明的。

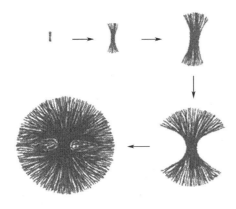

图 2-15　球晶生长过程示意图

图 2-16　聚丙烯放射状球晶的偏光
显微镜照片

图 2-17　PE 的条带球晶

图 2-18　聚乙烯树枝晶

（3）树枝晶

树枝晶的基本结构单元也是折叠链片晶，但与球晶不同的是，球晶是在所有半径方向上以相同的速率发展，而树枝晶则在特定方向上优先发展，球晶中只能看到片层状结构，而在树枝晶中晶片具有规则的外形，如图 2-18 所示。

树枝晶在生长过程中择优取向生长也是由于分叉支化的结果。但这里的分叉支化与球晶中不同，树枝晶的分叉支化是结晶学上的分叉，因而导致规则的形状；而球晶中出现的是非结晶学上的小角度分叉（由于杂质作用导致两相邻生长晶片的小角度分叉），导致晶片在所有地方均匀地生长，充满球状空间。

树枝晶生成的条件通常是：从溶液中析出，结晶温度低或溶液浓度较高，或相对分子质量过大，这时高聚物不能形成单晶，导致了像树枝晶等复杂的结晶形式。

（4）纤维状晶和串晶

高聚物在溶液流动时或在搅拌情况下结晶，或高聚物熔体在挤出、吹塑成型中受到一定剪切应力，以及在纤维和薄膜的成型中受到拉伸应力，这些力场的作用可促使高聚物形成纤维状晶体。顾名思义，纤维状晶在显微镜下观察具有纤维细长的形状，如图 2-19 所示。分析表明,纤维晶的分子链伸展方向(C 轴)同纤维轴平行,整个分子链在纤维中呈伸展状态。纤维晶的长度可大大超过分子链的实际长度,说明纤维晶是由不同分子链连续排列起来的。

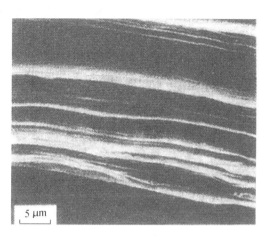

图 2 - 19　聚乙烯纤维状晶

当结晶温度较低时,有时得到的晶体除了平行于纤维轴的伸展分子链束所构成的纤维晶状外,纤维晶微束还会成为许多结晶中心,从而在纤维状晶的周围生长出许多折叠链晶片,形成串状结构,称之为串晶。所以说,串晶是纤维晶和片晶的复合体。它以伸直链结构的纤维晶为中心,在周围附生着片状晶体,其结构可用图 2 - 20 示意。图 2 - 21 为聚乙烯甲苯溶液在 120 ℃搅拌状态下形成的串晶照片。

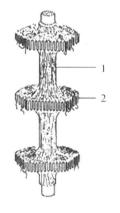

图 2 - 20　串晶结构示意图
1—中心脊纤维;2—折叠链附晶

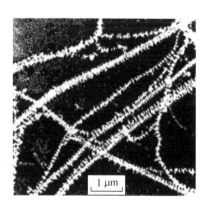

图 2 - 21　聚乙烯串晶

(5)柱晶

当聚合物熔体在应力作用下冷却结晶时,还常常形成一种柱状晶,如图 2 - 22 所示。即由于应力作用,聚合物沿应力方向成行地形成晶核,然后以这些行成核为中心向四周生长成折叠链片晶。这种柱晶在熔融纺丝的纤维中、注射成型制品的表皮以及挤出拉伸薄膜中,常常可以观察到。

（6）伸直链晶体

近年来,发现聚合物在极高压力下进行熔融结晶或者对熔体结晶加压热处理,可以得到完全伸直链的晶体,如图2-23所示。晶体中分子链平行于晶面方向,片晶的厚度基本上等于伸直了的分子链长度,其大小与聚合物相对分子质量有关,但不随热处理条件而变化。该种晶体的熔点高于其他结晶形态,接近厚度趋于无穷大时的晶体熔点。为此,目前公认,伸直链结构是聚合物中热力学上最稳定的一种凝聚态结构。

图2-22　等规聚丙烯柱状晶的偏光显微镜照片

图2-23　聚乙烯伸直链晶体的电镜照片

（结晶条件:225 ℃,486 MPa,8 h）

2.3.2　聚合物晶态结构模型

随着人们对聚合物结晶认识的逐渐深入,提出了不同的模型,用以解释实验现象,探讨结构与性能关系。不同的观点之间的争论仍在进行之中。

1.缨状胶束模型(fringed-micelle model)（二相模型）

缨状胶束模型从结晶聚合物 X 射线图上衍射花样和弥散环同时出现以及测得的晶区尺寸远小于高分子链长度等实验事实出发,提出结晶聚合物中,晶区和非晶区同时存在,互相贯穿。在晶区中,分子链平行排列,一根分子链可以同时贯穿几个晶区和非晶区,不同的晶区在通常情况下为无规取向;在非晶区中,分子链的堆砌是完全无序的。该模型也可称作两相模型,如图 2 - 24 所示,是 1925 年 Bryant 提出的。

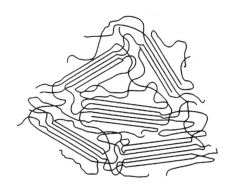

图 2 - 24　晶态聚合物的缨状胶束模型

2. 折叠链模型(folded-chain model)

晶态聚合物通常含有 30% ~ 40% 的非晶区。在"单晶"研究的基础上,Keller 提出,晶区中分子链在片晶内呈规则近邻折叠,夹在片晶之间的不规则排列链段形成非晶区。这就是所谓"折叠链模型",如图 2 - 25 所示。继"近邻规则折叠链模型"之后,为了解释一些实验现象,Fischer 又对上述模型进行了修正,提出了"近邻松散折叠模型",此模型中折叠环圈的形状是不规则的和松散的。此外,在多层片晶中,分子链可以跨层折叠,即在一层折叠几个来回以后,转到另一层中去再折叠,称作"跨层折叠模型",如图 2 - 27(a)所示。

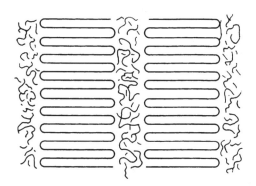

图 2 - 25　晶态聚合物的缨状胶束模型

3. 插线板模型(switchboard model)

Flory 认为,组成片晶的杆(stems)是无规连接的,即从一个片晶出来的分子链并不在其邻位处回折到同一片晶,而是在进入非晶区后在非邻位以无规方式再回到同一片晶,也可能进入另一片晶。非晶区中,分子链段或无规地排列或相互有所缠绕,如图 2 - 26 和图 2 - 27(b)所示。小角中子散射(SANS)实验证明,晶态聚丙烯中,分子链的尺寸与它在 θ 溶剂中及熔体中的分子尺寸相同,有力地证明了晶态聚合物中分子链的大构象可以用不规则非近邻折叠模型来描述。

4. 隧道 - 折叠链模型

高分子结晶的结构与形态具有多样性的特点。许多情况都是晶相与非晶相同时存在于聚合物中,为了综合描述结晶聚合物这种结构特点,R. Hosemann 提出了一个折中的模

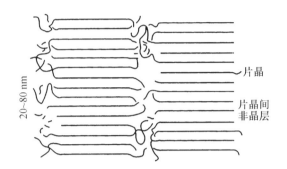

图2-26　晶态聚合物的插线板模型示意图

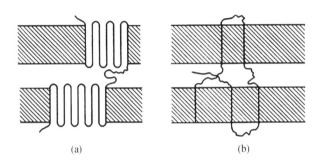

(a)　　　　　　　　　　(b)

图2-27　片晶中分子链折叠示意图

(a)分子链有规则地近邻折叠；(b)分子链不规则地非近邻折叠

型,称为隧道-折叠链模型。这个模型概括了各种结晶结构中所可能存在的各种形态,有一定普适性,而且特别适用于描述半结晶高聚物中复杂的结构形态,如图2-28所示。从图中看到,结晶中有折叠链、链末端、空穴和伸直链,有晶区和非晶区。

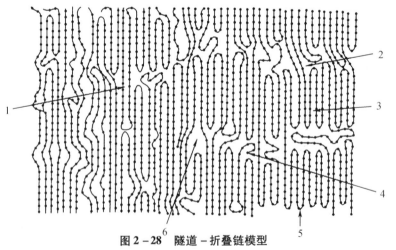

图2-28　隧道-折叠链模型

1—伸直链；2—非晶区；3—晶区；4—链的末端；5—折叠链；6—空穴

2.3.3　聚合物的结晶度

1. 结晶度的概念及表示方法

聚合物晶体结构可归纳为以下三种结构的组合:分子链是无规线团的非晶态结构;分子链折叠排列、横向有序的片晶;伸直平行取向的伸直链晶体。任何实际聚合物材料都可视为这三种结构按不同比例组合而成的混合物。结晶部分的含量用结晶度表示。测定结晶度可采用密度法、红外光谱法、X 射线衍射法等。不同的方法涉及不同的有序度,所得结果往往很不一致。

结晶聚合物是部分结晶的物质,其结晶程度的大小常沿用小分子物质的结晶度来衡量。结晶度的表示方法有两种:一种是以结晶部分的质量分数 X_c^w 来表示;一种是以结晶部分的体积分数 X_c^v 来表示。

$$X_c^w = \frac{W_c}{W_c + W_a} \times 100\% \qquad (2-4)$$

$$X_c^v = \frac{V_c}{V_c + V_a} \times 100\% \qquad (2-5)$$

式中　W——质量;

　　　V——体积;

　　　c,a——表示晶区和非晶区。

2. 结晶度的测定方法

测定结晶度的较常用的方法有密度法、X - 射线衍射法、差示扫描量热法和红外光谱法等。

(1)密度法

密度法是结晶研究中最为方便常用的方法之一。

密度法的基本依据是分子链在晶区规整堆砌,故晶区密度(ρ_c)大于非晶区密度(ρ_a)。或者说,晶区比容(v_c)小于非晶区比容(v_a)。部分结晶高分子的密度 ρ 介于 ρ_c 和 ρ_a 之间。

假定试样的晶区和非晶区的比容具有线性加和性,即

$$v = X_c^w v_c + (1 - X_c^w) v_c$$

则

$$X_c^w = \frac{v_a - v}{v_a - v_c} = \frac{1/\rho_a - 1/\rho}{1/\rho_a - 1/\rho_c} = \frac{\rho_c(\rho - \rho_a)}{\rho(\rho_c - \rho_a)} \qquad (2-6)$$

假定试样的晶区和非晶区的密度具有线性加和性,即

$$\rho = X_c^v \rho_c + (1 - X_c^v) \rho_a$$

则

$$X_c^v = \frac{\rho - \rho_a}{\rho_c - \rho_a} \qquad (2-7)$$

由式(2-6)和式(2-7)可知,只要知道试样的密度 ρ、晶区的密度 ρ_c 和非晶区的密度 ρ_a,就可求得试样的结晶度。试样密度可用密度梯度管或比重瓶等方法进行测定。晶区和非晶区的密度分别认为是聚合物完全结晶和完全非结晶时的密度。完全结晶的密度即晶胞密度,可根据晶胞结构计算。完全非结晶的密度可以从聚合物熔体的密度 - 温度曲线外推到被测温度求得。也可以把熔体急冷淬火,以获得完全非结晶的试样后进行测定。

许多聚合物的 ρ_c 和 ρ_a 都可以从手册或文献中查到。表 2 – 5 列出几种常用聚合物的 ρ_c 和 ρ_a。

表 2 – 5 几种结晶聚合物的晶区密度和非晶区密度

聚合物	$\rho_c/(g/cm^3)$	$\rho_a/(g/cm^3)$	ρ_c/ρ_a
聚乙烯	1.00	0.85	1.18
聚丙烯(全同)	0.94	0.85	1.12
聚丁烯 – 1(全同)	0.95	0.86	1.10
聚丁二烯	1.01	0.89	1.14
顺聚异戊二烯	1.00	0.91	1.10
反聚异戊二烯	1.05	0.90	1.16
聚苯乙烯(等规)	1.13	1.05	1.08
聚氯乙烯	1.52	1.39	1.10
聚偏二氯乙烯	1.95	1.66	1.17
聚三氯氯乙烯	2.19	1.92	1.14
聚四氟乙烯	2.35	2.00	1.17
尼龙 6	1.23	1.08	1.14
尼龙 66	1.24	1.07	1.16
尼龙 610	1.19	1.04	1.14
聚甲醛	1.54	1.25	1.25
聚氧化乙烯	1.33	1.12	1.19
聚对苯二甲酸乙二酯	1.46	1.33	1.10
聚乙烯醇	1.35	1.26	1.07
聚甲基丙烯酸甲酯	1.23	1.17	1.05

(2)差示扫描量热法(DSC)

DSC 是根据结晶聚合物在熔融过程中吸收的热量来测定其结晶度的方法,是目前测定聚合物结晶度最便捷、最常用的手段。如果 DSC 测定的聚合物试样的熔融焓 ΔH_m,若完全结晶的聚合物的熔融焓 ΔH_m^0 已知,或测定一系列已知结晶度聚合物试样的熔融焓,然后外推到结晶度为 100% 所对应的熔融焓作为 ΔH_m^0,则聚合物试样的结晶度为

$$X_c^w = \frac{\Delta H_m}{\Delta H_m^0} \times 100\% \qquad (2-8)$$

(3)X – 射线衍射法

X – 射线衍射法的原理是:假定试样的结晶部分的含量正比于结晶的 X 射线衍射峰强度,非晶部分的含量正比于其衍射强度。把结晶聚合物的 X 射线衍射谱划分为结晶和非晶两部分,那么,可用这两部分的相对大小来确定结晶度。其实验测定方法是利用 X – 射线衍射仪得到聚合物试样衍射强度与衍射角的关系曲线,再将衍射图上的衍射峰分解为结晶和非晶两部分,如图 2 – 29 所示,则结晶峰面积与总峰面积之比就是聚合物试样的结晶度。分

峰方法有图解分峰法和计算机分峰法等。

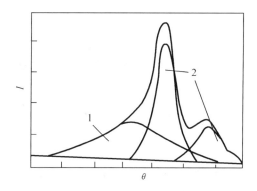

图 2 - 29　部分结晶高分子的 X - 射线衍射强度与 Bragg 角的关系
1—非晶部分;2—结晶峰

3. 不同方法测定的结晶度的比较

结晶度还可用诸如红外光谱法等其他方法测定,在此不再一一叙述。

结晶度定义的物理意义是明确的。但是,在部分结晶聚合物中,并不很清楚。同一样品中存在着不同程度的有序状态,不同的结晶度测试方法涉及不同的有序状态,或者说,不同的测试方法对"聚合物的结晶结构"有不同的表征含意,因而所测定的结晶度有时会有很大差别。表 2 - 6 中列出的数据可看出这种差别。为此,在比较结晶聚合物的结晶度时,必须用相同测定方法测得的值进行比较。

表 2 - 6　三种方法测定聚合物的结晶度

	纤维素(棉花)	未拉伸涤纶	拉伸涤纶
密度法	60%	20%	20%
X 射线法	80%	29%	2%
红外光谱法	—	61%	59%

尽管聚合物结晶的界限难以确定,不同的测定方法测得的结果也有较大差别,但结晶度作为衡量聚合物材料中分子链有序程度的参数,在研究聚合物的晶态结构与其物理性能的关系中仍具有重要的理论指导意义。

2.3.4　聚合物的结晶过程及动力学

1. 聚合物的链结构对结晶能力的影响

聚合物的结晶是分子链规则有序地排列形成的三维远程有序的晶体结构。聚合物的结晶能力是指聚合物能不能结晶、容易不容易结晶以及可达到的最大结晶度,聚合物的结晶能力的差异根本原因在于聚合物的分子结构是否容易满足形成三维有序的晶体结构所要求的条件。

(1)分子链的对称性

分子链的对称性越高,越容易形成规则排列的三维有序的晶体。例如,聚乙烯和聚四氟乙烯,其主链全部由碳原子组成,碳原子上所连接的全都是氢原子或氟原子,对称性非常好。因而它们的结晶能力非常强,以至于我们无法得到它们完全非晶态的固体样品。聚乙烯的最大结晶度可高达95%,而一般结晶性聚合物的结晶度通常在50%左右。

如果把聚乙烯氯化,它的部分氢原子被氯原子所取代,链的对称性就要降低,结晶能力相应地下降。1,1-对称取代的乙烯类聚合物,如聚偏二氯乙烯、聚异丁烯,主链对称性高,因而有较好的结晶能力。主链上含有杂原子的聚合物,如聚甲醛、聚酯、聚醚、聚酰胺和聚碳酸酯等,它们的分子链都有一定的对称性,故都是结晶性聚合物,但结晶能力要比聚乙烯弱。

(2)分子链的规整性

分子链的规整性越好,越容易结晶。对于聚 α 取代乙烯类聚合物,无规立构聚合物的分子链不具备对称性和规整性,结构单元不能有序规则地在空间排列,从而失去了结晶能力。采用自由基聚合方法合成的聚苯乙烯、聚甲基丙烯酸甲酯、聚乙酸乙烯酯等为无规立构聚合物,链结构不规整,是典型的非晶聚合物。而用定向聚合方法合成相应的聚合物时,单体单元以规则的构型连接,生成全同或间同立构的有规聚合物,使分子链具备必要的规整性以满足晶体结构的要求,因而具有一定的结晶能力。其结晶能力的大小同聚合物的规整度有关,规整度越高则结晶能力越强。

同样,对于1,4-聚双烯类聚合物由于分子主链上含有双键,因而有顺反异构。如果其顺式和反式构型在分子链上呈无规则排列,则没有结晶能力。通过定向聚合的方法合成全顺式结构或全反式结构的聚合物,就能够结晶。且反式的对称性优于顺式,因而全反式链结构的高分子结晶能力要强些。例如,反式聚丁二烯和反式聚异戊二烯的结晶能力分别比顺式聚丁二烯和顺式聚异戊二烯的结晶能力要强得多,正是后者的低结晶性和分子链柔性使其成为很好的弹性材料(顺丁橡胶和天然橡胶)。

值得注意的是,有的聚合物不具备上述对称性和规整性,但仍有相当强的结晶能力。如自由基聚合的聚三氟氯乙烯,主链含有不对称碳原子且构型不规整,但它不仅可以结晶,且结晶度甚至可达90%。这是由于氯原子与氟原子体积相差不大,仍可满足链的规整排列的缘故。无规聚乙酸乙烯酯完全不能结晶,它的水解产物聚乙烯醇也不具规整性,但可达30%的结晶度,这是由于羟基的体积不太大且具有较强极性的缘故。总的来说,侧基体积较大时,聚合物规整性对其结晶能力有很大的影响。

(3)分子链的柔性

聚合物的结晶过程是通过链段的运动使高分子向晶体表面扩散和有序排列的过程,所以链的柔顺性较好,结晶能力就越强。如聚乙烯的分子链柔性很好,所以其结晶能力很强,而聚对苯二甲酸乙二醇酯的主链上含苯环,使其分子链的柔顺性下降,结晶能力降低,只有在熔体缓慢冷却时才能结晶。主链上苯环密度更大的聚碳酸酯,由于分子链的运动能力太差,结晶能力很弱,通常情况下很不容易结晶。但是柔顺性太大时,分子链虽然容易向晶体表面扩散,但也容易从晶格上脱落,也不能结晶,如聚二甲基硅氧烷就是由于链的柔顺性太大而不能结晶,它是很好的弹性材料(硅橡胶)。

(4)共聚结构

无规共聚使不同的结构单元无规链接而形成高分子链,链的对称性和规整性都要遭到破坏,因而使结晶能力下降乃至完全丧失。但是,如果共聚单元各自的均聚物都是可以结晶的,并且它们的晶态结构相同,则它们的共聚物也能够结晶,晶胞参数一般随共聚单元的组成不同而发生变化。如果两种共聚单元的均聚物结晶结构不同,当一种组分占优势时,该共聚物是可以结晶的。这时,含量少的组分作为结晶缺陷存在。但当两组分配比较接近时,结晶能力大大减弱,如乙丙共聚物就是如此,丙烯含量达 25% 左右时,产物便不能结晶而成为乙丙橡胶。

接枝共聚物的主链因支化效应通常使其结晶能力降低。而接枝共聚物的支链以及嵌段共聚物的各个嵌段则基本上保持其各自的特性。能够结晶的支链或嵌段可形成自己的晶区。例如,聚酯 – 聚丁二烯 – 聚酯嵌段共聚物,聚酯段仍可较好地结晶,形成微晶区,起物理交联作用,而顺式聚 1,4 – 丁二烯段在室温下具有很好的弹性,使共聚物成为性能良好的热塑性弹性体。

(5)其他结构因素

支化和交联既破坏链的规整性,又限制链的活动性,因此使聚合物的结晶能力降低。高度交联的聚合物甚至可以完全失去其结晶能力。

增加高分子间作用力通常会降低分子链的活动能力,因而不利于结晶的生成。但是,一旦形成结晶,则分子间的作用力又有利于结晶结构的稳定。例如,聚酰胺类聚合物结晶后可以形成很强的分子间氢键,因而具有相当稳定的结晶结构。

2. 聚合物的结晶速度及其测定方法

结晶性聚合物的结晶过程与小分子物质的结晶过程一样,包括成核和晶体生长两个步骤。成核方式可分成均相成核和异相成核。均相成核是指聚合物分子链自身形成的链束或折叠链而成为晶核;而异相成核是指由“杂质”而成为晶核。聚合物的结晶总速度包括成核速度和晶体生长速度两部分。聚合物在结晶过程中某些物理性质和热力学性质会发生变化,测量这些性质随时间的变化关系,就可测量聚合物的结晶速度。测量聚合物结晶速度常用方法有:膨胀计法、解偏振光强度法、DSC、X – 射线衍射法、小角激光光散射法和热台偏光显微镜等。下面介绍其中的膨胀计法、解偏振光强度法和 DSC 法。

(1)膨胀计法

膨胀计法是一种测量物质的体积随时间变化的方法。它是测量聚合物结晶速度的经典方法。聚合物在结晶过程中,由分子链无序排列的非晶态逐渐变为有序排列的晶态,使聚合物的密度逐渐增大,则聚合物的体积随着结晶过程的进行而逐渐减少,用膨胀计跟踪聚合物试样的体积随结晶时间的减小值,即可得到聚合物的结晶速度。将聚合物试样和惰性跟踪液(高沸点液体,如水银等)装入膨胀计中,加热使聚合物完全熔融。然后将膨胀计移入温度已预定的恒温槽中,观察膨胀计毛细管内液柱的高度随时间的变化。如果 h_0,h_∞ 和 h_t 分别表示液柱高度的起始、最终和 t 时刻的读数,假定毛细管的内径是均匀的,($h_t -$ h_∞)/($h_0 - h_\infty$)则反映了结晶过程中试样体积的变化情况。以 $\dfrac{h_t - h_\infty}{h_0 - h_\infty}$ 对 t 作图,则可得到如图 2 – 30 所示的反 S 形曲线。由曲线可知,聚合物在等温结晶过程中,体积变化开始时较为缓慢,过了一段时间后速度加快,之后又逐渐减慢,最后体积收缩变得非常缓慢,趋于平衡。

从等温结晶曲线上各点切线的斜率变化可以看出,聚合物在结晶过程中反映结晶总速度的体积减小的瞬时速度时刻在变化。并且,结晶的时间很长,体积变化的终点时间难以确定。因此无法用结晶全过程的时间来衡量聚合物的结晶速度。但是,在结晶过程的后期,体积变化非常缓慢,趋于平衡,假定此时即为体积变化的假想终点,这样,体积收缩到体积总收缩量一半时的时间即半结晶时间是可以较准确地确定的,因为在这点附近,体积变

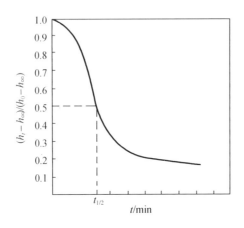

图 2 - 30　聚合物的等温结晶曲线

化的速度较大,时间测量的误差较小。为此,通常规定体积收缩进行到一半所需时间的倒数 $t_{1/2}^{-1}$ 作为实验温度下聚合物的结晶速度, $t_{1/2}^{-1}$ 称为半结晶期,单位为 s^{-1} , min^{-1} 或 h^{-1} 。

　　用膨胀计法测定聚合物结晶速度具有简便、重复性好等优点。但缺点是由于体系热容量较大,聚合物从熔融温度转变为结晶温度所需的热平衡时间较长,故研究结晶速度很快的聚合物结晶过程就不适用。

　　(2)解偏振光强度法

　　熔融聚合物是分子链无序排列的非晶态,其在光学上是各向同性的,将其置于正交的两偏振镜之间,解偏振光强度为零。而聚合物晶体中分子链是有序排列的,其在光学上是各向异性的,具有双折射性质,当置于正交的两偏振镜之间的聚合物试样在恒定的结晶温度下从非晶态转变为结晶状态的过程中,随着结晶的进行,解偏振光强度会逐渐增强,若试样未受到拉伸和内应力的作用,结晶过程中产生的解偏振光强度与试样中结晶部分的含量成比例。用光电倍增管将光信号转变为电信号,再经放大输出,用记录仪记录得到的曲线即为解偏振光强度与结晶时间的关系曲线,如图 2 - 31 所示。以 I_0 , I_∞ 和 I_t 分别表示结晶起始、结束和 t 时刻的解偏振光强度,则以 $(I_\infty - I_t)/(I_\infty - I_0)$ 对 t 作图得到的曲线即为聚合物试样的等温结晶曲线,如图 2 - 32 所示。同样,以半结晶时间的倒数 $1/t_{1/2}$ 作为实验温度下聚合物的结晶速度。

　　解偏振光强度法样品用量小,热平衡时间短,可研究结晶速度较快的聚合物结晶过程,并得到较可靠的结果。

　　实验表明,许多聚合物的等温结晶过程可沿用小分子等温结晶动力学 Avrami 方程来描述,Avrami 方程的形式为

$$1 - c = \exp(-Kt^n) \qquad (2-9)$$

式中　　c ——聚合物试样在 t 时刻已经结晶部分占结晶终点时全部结晶的质量百分比,称为结晶转化度;

　　　　K ——结晶速度常数;

　　　　n ——Avrami 指数,研究表明,Avrami 指数 n 与晶体生长方式和成核方式有关,它等于晶体生长的空间维数与成核过程的时间维数之和,均相成核时间维数为 1,异相成核时间维数为 0;

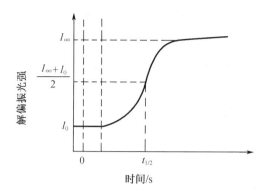

图 2 - 31　光学解偏振法等温结晶曲线

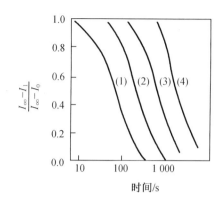

图 2 - 32　水解聚合尼龙 6 的等温结晶过程
(a)182.5 ℃；(b)188.3 ℃；
(c)194.2 ℃；(d)199.2 ℃

n——正整数。

表 2 - 7 为不同结晶形式的 Avrami 指数 n 值。

表 2 - 7　不同成核和生长类型的 Avrami 指数值

生长方式	成核方式	
	均相成核	异相成核
三维生长(球状晶体)	$n = 3 + 1 = 4$	$n = 3 + 0 = 3$
二维生长(片状晶体)	$n = 2 + 1 = 3$	$n = 2 + 0 = 2$
一维生长(针状晶体)	$n = 1 + 1 = 2$	$n = 1 + 0 = 1$

对于解偏振光强度法所得实验数据,若聚合物未受到拉伸、内应力和流动的影响,则解偏振光强度决定于具有双折射性质的晶体的量。

在 t 时刻,已经结晶部分引起的解偏振光强度变化为 $(I_t - I_0)$,结晶终点时全部结晶引起的解偏振光强度变化为 $(I_\infty - I_0)$,则 t 时刻,结晶转化度 c 可表示为

$$c = \frac{I_t - I_0}{I_\infty - I_0}$$

而

$$1 - c = \frac{I_\infty - I_t}{I_\infty - I_0}$$

将上式代入 Avrami 方程可得

$$\frac{I_\infty - I_t}{I_\infty - I_0} = \exp(-Kt^n) \tag{2-10}$$

将上式两边分别先后取自然对数和常用对数得

$$\lg\left[-\ln\left(\frac{I_\infty - I_t}{I_\infty - I_0}\right)\right] = \lg K + n\lg t$$

以 $\lg\left[-\ln\left(\dfrac{I_\infty - I_t}{I_\infty - I_0}\right)\right]$ 对 $\lg t$ 作图可得一直线段,如图2-33所示,由直线斜率可得 Avrami 指数 n,由截距 $\lg K$ 可求得结晶速度常数 K。

当 $\dfrac{I_\infty - I_t}{I_\infty - I_0} = \dfrac{1}{2}$ 时,代入式(2-10)可得 $t_{1/2}$,即

$$t_{1/2} = \left(\frac{\ln 2}{K}\right)^{1/n}$$

则

$$K = \ln 2 / t_{1/2}^n$$

以上两式说明了结晶速度常数的物理意义和以 $t_{1/2}$ 作为结晶速度的依据。

从图2-33可以看出,在结晶后期直线偏离 Avrami 方程,Avrami 方程只适用于定量描述聚合物结晶的主结晶期。并且,有些情况下得到的 Avrami 指数 n 不是整数,这在 Avrami 方程中是无物理意义的。由此可见,聚合物的结晶过程比 Avrami 方程描述的小分子结晶过程要复杂得多。有人认为可能是由于初始成核作用的时间依赖性、均相成核和异相成核同时存在以及二次结晶的缘故。

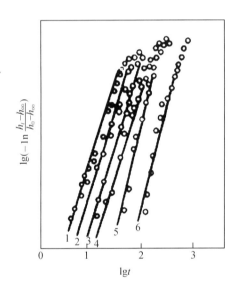

图2-33 尼龙1010等温结晶的 Avrami 方程
(a)89.5 ℃;(b)190.3 ℃;(c)191.5 ℃;(d)193.4 ℃;
(e)195.5 ℃;(f)197.8 ℃

(3)差示扫描量热法(DSC)

用等温 DSC 法,可方便地测定聚合物在设定温度下的结晶热焓变化 H_0,H_t 和 H_∞。再利用计算程序进行 Avrami 方程计算,获得 Avrami 指数 n 和结晶速率常数 K,是研究聚合物结晶动力学的有利方法。

3.结晶速度的温度依赖性

在不同温度下分别测定聚合物试样的结晶温度,以结晶速度对温度作图,即得到聚合物结晶速度与结晶温度的关系曲线,如图2-34所示,由图可知,结晶发生在玻璃化温度 T_g 与熔点 T_m 之间。聚合物结晶速度随温度的变化而并非单调变化,结晶速度有一极大值,曲

线呈单峰状。在某一适当的温度 T_{max} 下,结晶速度将出现极大值。聚合物最大结晶速度时的温度 T_{max} 可以由熔点 T_m 利用以下经验关系式来估算,即

$$T_{max} \approx 0.80 \sim 0.85 T_m (K)$$

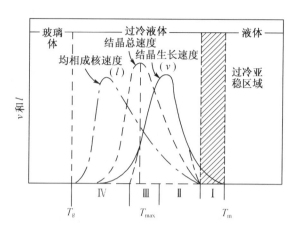

图 2 - 34　结晶速度同温度的关系

无论是晶核形成还是晶体的生长,都从两个方面受温度的影响。为了结晶,一方面要求有足够高的温度使分子链具有足够的动能而发生迁移,形成有序的排列。在玻璃化温度以下,分子链的链段以上的大尺寸单元运动被冻结,则不可能发生结晶;另一方面,温度太高时,分子链的热运动过于激烈,会破坏分子链的有序排列。因此在熔点 T_m 以上,晶体也不可能稳定存在。这就是说,结晶作用只能发生在玻璃化温度 T_g 和结晶熔融温度 T_m 之间。其次,均相成核的成核速度和晶体的生长速度对温度的依赖关系也不尽相同,在成核过程中,较低的温度有利于形成稳定的晶核,在较高的温度下,分子的热运动较强,晶核不易形成。晶体生长的过程是聚合物分子链段向晶核扩散而有序排列的过程,较高的温度有利于分子链段运动,做有序排列而形成晶体。因此成核速度的极大值在 T_g 附近,而晶体生长速度的极值则更靠近 T_m,两者的共同作用使结晶速度有一个极大值。我们把从 T_m 到 T_g 之间的温度范围划分成四个区域来说明结晶的情况(图 2 - 34)。

Ⅰ区,T_m 以下的 $10 \sim 30$ ℃范围内,这一区域称为过冷区。由于晶核的热力学稳定性差,因而在这一区间内难以形成稳定的晶核,成核速度接近于零,即不能发生熔融聚合物的结晶。

Ⅱ区,温度较Ⅰ区进一步降低,晶核的稳定性增加,且一旦形成晶核,由于链扩散较容易,晶体会很快地增长,结晶速度随温度下降而增加。但是,在此区间成核速度仍较低,结晶速度由成核速度控制。

Ⅲ区,成核速度和晶体增长速度都有较大的值,结晶速度很大,在适当温度 T_{max} 下,两者共同作用导致结晶速度出现极大值。

Ⅳ区,结晶速度随温度的下降而下降。由于随着温度下降链活动能力逐渐降低,晶体生长速度下降得很低,结晶速度由晶体生长过程控制。

研究结晶速度同温度的关系是十分重要的。有时为了提高结晶度,需要将样品在一定温度下进行热处理(退火)。有时为了尽可能地降低结晶度,则设法迅速躲过结晶温区而将熔体骤然冷却(淬火)。通过结晶过程的温度控制还可控制球晶尺寸,在较高温度下结晶,

成核速度慢,单位体积内成核的数目少,球晶可长得较大。反之,在接近 T_g 的温度下结晶,成核速度很快,则得到较小尺寸的球晶。由此可达到控制产品性能的目的。

4. 影响结晶速度的其他因素

(1) 分子结构

分子结构决定着分子链迁移进入晶格所需的活化能,同时决定着分子链有序排列的空间位置效应。因此分子结构的差异是决定不同聚合物结晶速度差异的根本原因。分子链的结构越简单、对称性越高、规整性越好以及取代基的空间位阻和极性越小,则聚合物结晶速度越大。

(2) 相对分子质量

通常,同一种聚合物,在相同结晶条件下,相对分子质量越大,分子链的迁移能力越低,结晶速度就越低。Magill 根据实验数据总结出描述聚合物重均相对分子质量 $\overline{M_w}$ 与球晶生长线速度 G 之间关系的经验式,即

$$\lg G = K \cdot \overline{M_w}^{-1/2}$$

式中,K 为常数,不同聚合物有不同的 K 值。以 $\lg G$ 对 $\overline{M_w}^{-1/2}$ 作图可得一直线(图2-35),由直线斜率可得到常数 K。

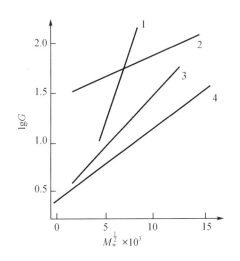

图 2-35　相对分子质量对结晶速度的影响
1—聚对苯二甲酸乙二酯;2—聚乙烯;3—反式聚二甲基丁二烯;
4—聚苯撑四甲基硅氧烷

(3) 杂质

有些杂质能促进聚合物结晶,这类杂质称为成核剂。聚合物中加入成核剂能明显加快聚合物的结晶速度,并且减小球晶尺寸,可改进结晶聚合物的性能。而有些杂质可作为稀释剂,阻碍聚合物的结晶过程,从而使结晶速度下降。

(4) 溶剂

有些小分子溶剂可诱导结晶,对结晶有明显的促进作用。如聚对苯二甲酸乙二醇酯、聚碳酸酯的结晶速度很慢,较容易得到非晶态聚合物。但是,把它们的非晶态透明薄膜浸入适当的有机溶剂中,就会促进结晶过程,使聚合物形成晶态,从而使薄膜变得不透明,这

是由于小分子的渗入增加了高分子链的活动能力所致。

（5）外力

外力对聚合物结晶速度有一定的影响。常压下，结晶性聚合物在熔点以上不能结晶，若将聚合物熔体置于高压下，就可以发生结晶。例如，聚乙烯的熔点为 137 ℃，只要将压力升高到 150 MPa，聚乙烯在 160 ℃时也能结晶，若压力升高到 480 MPa，聚乙烯在 227 ℃时也能结晶。同样，拉伸也能加快聚合物的结晶过程，例如，天然橡胶在室温下结晶极其缓慢，需要几十年，在 0 ℃下，结晶也需要几百小时。但如果将天然橡胶拉伸，几秒钟就能结晶，但除去外力，结晶立即破坏。涤纶在温度低于 90 ~ 95 ℃时，几乎不能结晶，但在 80 ~ 100 ℃时将其牵伸，其结晶速度比不牵伸时可以提高一千倍左右。

2.3.5　聚合物的结晶热力学

1. 聚合物结晶的熔融

熔融是指物质从结晶状态转变为液体状态的过程，所对应的转变温度称为结晶物质的熔点，以 T_m 表示。聚合物结晶的熔融与小分子结晶的熔融一样具有热力学一级相转变的特性，在熔融过程中的比热熵和体积等发生不连续变化，图 2 - 36 和图 2 - 37 分别是聚合物结晶和小分子结晶的熔融过程的体积随温度变化曲线。比较两曲线，小分子结晶的熔融过程的温度范围很窄，仅有 0.2 ℃左右，熔融过程基本保持在两相平衡的温度下。而聚合物结晶的熔融过程出现边熔融边升温的现象，熔融过程则发生在一个较宽的温度范围内，通常聚合物结晶完全融化时的温度称为熔点，记作 T_m，而把聚合物结晶从开始熔化到熔化完全的温度范围称为熔限。

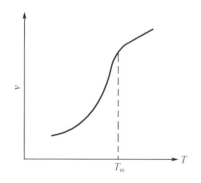

图 2 - 36　聚合物结晶的熔融过程的
体积—温度曲线

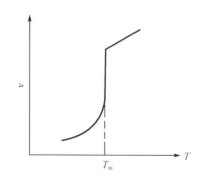

图 2 - 37　小分子结晶熔融过程的
体积—温度曲线

聚合物结晶出现边熔融边升温的现象是由于其含有一系列不同完善程度的晶体所致。因为聚合物在结晶过程中，一些分子链未经充分调整以最稳定的状态排入晶胞就被固定在晶格中，使得结晶中含有不同完善程度的结晶。结晶的完善程度越低，其稳定性越差，熔融温度就越低，随着结晶完善程度的提高，熔融温度逐渐升高，最后熔融的是完善程度最高，即热力学上最稳定的结晶。所以，在一般的升温速度下观察到聚合物结晶在熔融过程中是边熔融边升温，有较宽的熔限。如果在极缓慢的升温速度下观察聚合物结晶的熔融过程，例如，每升温 1 ℃，恒温至试样体积不再变化（约需一天），测定试样体积，这样测得的结晶聚合物的体积 - 温度曲线在熔融开始和完全熔融时发生明显突变，熔限也较窄，约为 3 ~ 4 ℃，如

图 2 - 38 所示。这是因为在缓慢的升温速度下,不完善的结晶可以发生较充分的再结晶而成为较完善的结晶,而完善的结晶在较高的温度和较窄的温度范围内被熔融。因此在本质上,聚合物结晶的熔融为热力学一级相变过程。

聚合物结晶在熔融时由分子链有序排列的晶态转变为无序排列的非晶态,并伴随着一些性质如比热容、比容(比体积)、折射率和透明性等的不连续变化,通过这些性质随温度变化的测定都可测定聚合物结晶的熔点。如测定结晶聚合物在熔融过程中比容随温度变化的膨胀计法、利用比热容变化的量热分析法、利用结晶的熔融过程发生较大的热焓变化的差热分析(DTA)和差示扫描量热法(DSC)以及利用结晶熔融时双折射消失的偏光显微镜法都是经常使用的方法。但因熔融温度出现在一定的温度范围内,不同的方法测定的结果有一定差别。

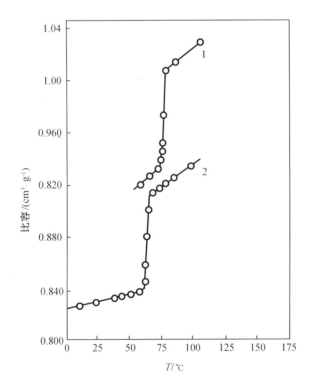

图 2 - 38 缓慢升温结晶聚合物的比容 - 温度曲线
1—聚己二酸癸二酯;2—聚氧化乙烯

2. 影响聚合物熔点的因素

聚合物结晶的熔融过程是热力学平衡过程,熔融自由能 $\Delta G_m = 0$,即

$$\Delta G_m = \Delta H_m - T\Delta S_m = 0$$

$$T_m = \frac{\Delta H_m}{\Delta S_m}$$

式中　ΔG_m——熔融自由能;

　　　ΔH_m——熔融热;

　　　ΔS_m——熔融熵。

由上式可知,凡是使 ΔH_m 增大或 ΔS_m 减小的因素都能使熔点升高。熔融热 ΔH_m 是分

子链或链段脱离晶格束缚所需吸收能量的衡量,与分子间作用力大小有关。分子间作用力越大,ΔH_m 就越大,T_m 则越高。熔融熵是聚合物结晶在熔融前后分子无序程度变化的衡量,与分子链的柔顺性有关,分子链柔顺性越差,ΔS_m 就越小,T_m 则越高。下面分别讨论各种影响聚合物结晶熔点的具体因素。

（1）结晶温度

实验表明,结晶性聚合物的熔点和熔限与其结晶温度有关,图 2 - 39 是天然橡胶结晶温度与熔点和熔化温度范围的关系。

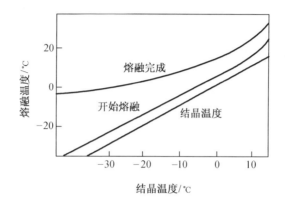

图 2 - 39　天然橡胶的结晶温度与熔融温度的关系

由图 2 - 39 可见,结晶温度越低,天然橡胶的熔点越低,熔限也越宽;反之,结晶温度越高,熔点就越高,熔限也越窄。这是由于聚合物在较低温度下结晶时,分子链段的活动能力较差,形成的晶体较不完善,完善程度的差别也较大。因此这种晶体将在比较低的温度下开始熔融,熔限也比较宽。反之,在较高温度下结晶时,分子链段的活动能力增加,分子链间有序排列能充分调整,使形成的结晶比较完善。因而晶体的熔点较高,且熔限比较窄。在接近聚合物熔点的温度下,长时间慢慢结晶,可得到完善晶体,这时的聚合物熔点定义为聚合物的平衡熔点 T_m^0。平衡熔点 T_m^0 的测定方法是:分别测定不同结晶温度 T_c 下结晶的聚合物的熔点 T_m,以 T_m 对 T_c 作图,外推到 $T_c = T_m$ 时的熔点为平衡熔点 T_m^0（图 2 - 40）。

（2）拉伸

拉伸使聚合物结晶前分子链取向,分子无序程度降低。这样,聚合物晶态与非晶态之间转变的熵变 $|\Delta S_m|$ 减少,结果可提高聚合物结晶能力（可使结晶过程 $\Delta G < 0$）和结晶度以及提高聚合物结晶的熔点。

（3）晶片厚度

聚合物晶片是由折叠链组成的,晶片表面的分子链折叠部分是不规则的,晶片内部分子链是有序排列的,晶片的厚度增加意味着晶体的完善性增加,则晶体的熔点将提高。

Hoffman1960 年推导了单晶晶片厚度与熔点的关系式,

$$T_m = T_m^0 \left(1 - \frac{2\sigma_e}{d\Delta h} \right) \tag{2-11}$$

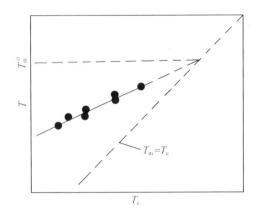

图 2-40 聚合物 T_m - T_c 关系曲线及平衡熔点 T_m^0

式中 T_m 和 T_m^0——指晶片厚度为 d 的熔点和无穷大时的平衡熔点,d 越大,T_m 则越高;

Δh——晶片单位面积的熔融热;

σ_e——晶片表面能。

根据上式,以 T_m 对 $1/d$ 作图可得直线,由直线斜率可求得晶片表面能 σ_e,由截距可求得平衡熔点 T_m^0,其中晶片厚度 d 由小角 X 光散射法测定。

(4)稀释剂

在聚合物成型加工过程中,通常需要加入各种可溶性添加剂以改善聚合物的加工性能和使用性能,这些添加剂或称稀释剂常使结晶聚合物的熔点下降。

(5)共聚

当把结晶聚合物的单体 A 与另一单体 B 进行无规共聚时,随着 B 组分的加入使所得共聚物结晶的熔点 T_m 较原单体 A 的聚合物结晶的熔点 T_m^0 降低,降低的幅度与加入的 B 组分的量有关。

若两单体各自的均聚物都能结晶,但单体 B 不能进入原单体 A 的结晶聚合物的晶格,形成共晶,则 A 和 B 的共聚物的熔点将低于各自均聚物的熔点的线性加和,在某一组成,形成低共熔点。

对于嵌段共聚物,其熔点比均聚物熔点只是稍有降低;而对于交替共聚物,其熔点比均聚物的熔点有急剧的下降。由此可见,对于相同组成的共聚物,由于组分的序列分布不同,共聚物的熔点有很大差异。

(6)分子链结构

分子链的柔顺性影响着结晶聚合物的熔融熵 ΔS_m,分子链柔顺性越大,则结晶聚合物的 ΔS_m 越大。而分子间作用力影响着结晶聚合物的熔融热 ΔH_m。通常,分子间作用力越大,则结晶聚合物的 ΔH_m 越大。根据熔点的热力学定义式:$T_m = \Delta H_m / \Delta S_m$ 可知,结晶聚合物的熔点的高低受这两方面因素的共同影响。

脂肪族聚脲、聚酰胺、聚氨酯和聚酯的主链分别含有—NH—CO—NH—,—CONH—,—NHCOO—和—COO—主链极性基团,增加了这几类聚合物的分子链之间的相互作用力。以聚乙烯为标准,比较这几类聚合物的熔点,如图 2-41 所示,可以发现,由于脂肪族聚脲、聚酰胺和聚氨酯这三类聚合物分子链之间都能形成氢键增加了分子间作用力,从而使这三类聚合物的熔点都比聚乙烯的熔点高,并随主链重复单元碳原子的增加,主链上极性基团的密度降低,分子间作用力下降,分子链柔性提高,使这三类聚合物的熔点逐渐下降,并趋近聚乙烯的熔点。然而脂肪族聚酯的熔点都比聚乙烯的熔点低,这是因为聚酯中的主链极性基团虽然增大了分子间的作用力,但是 C—O 键的存在同时也增加了分子链的柔性,使 ΔS_m 增大,而分子链柔性增加的因素对聚酯的熔点影响占优,结果使熔点降低。

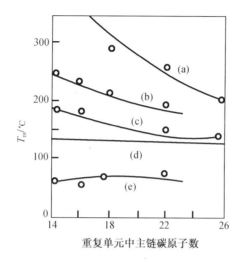

图 2-41　脂肪族聚合物熔点与重复单元中主链碳原子的关系
(a)聚脲;(b)聚酰胺;(c)聚氨酯;(d)线型聚乙烯;(e)聚烯

进一步研究发现,脂肪族聚酰胺的熔点随着主链中相邻两酰胺基之间主链碳原子数的增加呈锯齿形曲线下降,如图 2-42 所示。这是由于聚酰胺分子链之间所能形成的氢键密度差异所致。对于单体碳原子为偶数的聚 ω-氨基酸及碳原子数皆为偶数的二元胺二元酸合成得到的聚酰胺的所有酰胺基团之间都可形成分子间氢键,而含奇数碳的聚 ω-氨基酸及偶酸奇胺及奇酸奇胺的聚酰胺只有部分的酰胺基团能形成氢键。

对于脂肪族聚氨酯和聚酯的熔点随极性基团间主链原子数的变化与聚酰胺的情况相似。在高分子主链上引入苯环、共轭双键等刚性基团,将大大增加分子链刚性,从而减少了聚合物熔体中分子链的构象数,使 ΔS_m 减少,导致熔点升高。下面列出的三种聚合物的结构单元及其熔点清楚地体现了这一影响。

聚乙烯　　　　　$—CH_2—CH_2—$　　　　　$T_m = 146 \ ℃$

聚对二甲苯撑　　$—CH_2——CH_2—$　　　　　$T_m = 375 \ ℃$

聚苯撑　　　　　　　　　　　　　　　　　　　$T_m = 550 \ ℃$

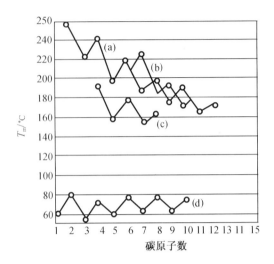

图 2-42 结晶聚合物熔点对极性基团间主链碳原子数的依赖性

(a)聚酰胺;(b)聚 ω - 氨基酸;(c)聚氨酯;(d)聚酯

  对于主链含苯环的芳香族聚合物,对位芳香族聚合物的熔点要比相应的间位芳香族聚合物的熔点高。这是因为,苯环的对位基团绕主链旋转 $180°$ 后构象几乎不变,而间位基团在转动时构象发生变化,使间位芳香族聚合物的 ΔS_m 较大,熔点就较低,例如:

$$\left(\bigcirc - \overset{\overset{O}{\parallel}}{C} - O \left(CH_2 \right)_2 O - \overset{\overset{O}{\parallel}}{C} \right)_n \quad T_m = 267\ ℃$$

$$\left(\bigcirc - \overset{\overset{O}{\parallel}}{C} - O \left(CH_2 \right)_2 O - \overset{\overset{O}{\parallel}}{C} \right)_n \quad T_m = 240\ ℃$$

  在高分子主链中引入醚键、孤立双键等基团,可有效地增加链柔性,使结晶聚合物的 ΔS_m 增加。这类聚合物的熔点通常要比聚乙烯的熔点来得低,如顺式聚异戊二烯的熔点为 $28\ ℃$,顺式聚 $1,4$ - 丁二烯熔点为 $11.5\ ℃$,且结晶能力较差,作为橡胶材料使用。

  侧基对聚合物熔点的影响同样从分子间作用力和分子链柔顺性两方面考虑。侧基为—OH,—NH_2,—CN,—NO_2 和卤素等极性基团时,可使分子间作用力增加,从而使 T_m 升高。例如:

$$\left\lceil CH_2 - CH_2 \right\rceil_n \qquad T_m = 137\ ℃$$

$$\begin{array}{c} \left\lceil CH_2 - CH_2 \right\rceil_n \\ \mid \\ Cl \end{array} \qquad T_m = 227\ ℃$$

$$\begin{array}{c} \left\lceil CH_2 - CH_2 \right\rceil_n \\ \mid \\ CN \end{array} \qquad T_m = 317\ ℃$$

侧基为刚性基团时,其体积越大,使得主链的单键内旋转位阻越大,链柔性降低,相应的聚合物应有较高的熔点。例如,熔点的顺序为:聚乙烯 < 聚丙烯 < 聚苯乙烯。

2.4　聚合物液晶结构

2.4.1　液晶结构

1. 液晶的概念

某些物质的结晶结构受热熔融或者被溶剂溶解后,虽然失去了固体物质的刚性,成为具有流动性的液态物质,但在结构上仍然保持着一维或二维的有序排列,物理性质上表现出各向异性。这种兼有晶体和液体的部分性质的过渡状态称为液晶态,处于这种状态下的物质叫作液晶。

2. 液晶的结构特征

液晶包括小分子液晶和高分子液晶。

对各种液晶物质的分子结构研究发现,它们具有以下结构特征:

(1)形成液晶的物质通常具有刚性的分子结构(例如,对位亚苯基),而且长径比远大于1,整个分子呈棒状或近似棒状的构象。

(2)分子间具有强大的分子间力,在液态下仍能维持分子的某种有序排列,所以液晶分子结构中含有强极性基团、高度可极化基团或者能够形成氢键的基团。

(3)在刚性结构的两端一般带有一定的柔性部分(如烷烃链),以利于液晶的流动。例如,4,4′-二甲氧基氧化偶氮苯是一种典型的小分子液晶。

$$H_3C-O-\!\!\!\bigcirc\!\!\!-N\!=\!N-\!\!\!\bigcirc\!\!\!-O-CH_3$$

其分子长宽比为2.6,长厚比为5.2,依靠分子间两个极性端基的相互作用形成线型结构。

这种结构有利于液晶有序态的稳定:4,4′-二甲氧基氧化偶氮苯在其熔点(116 ℃)与清晰点(134 ℃)之间的温度范围内呈液晶态,具有与水相近的流动性和光学双折射现象。

3. 形成液晶的方式

不同的液晶物质呈现液晶态的方式不同。通过加热使物质熔融后在一定温度范围内呈现液晶态的物质称为热致性液晶;通过加入溶剂使物质在溶剂中溶解,在一定的浓度范围内形成液晶态的物质称为溶致性液晶。最近有研究表明,对于一些柔性链高分子(如聚乙烯),在足够高的压力下也会出现液晶态,这种情况可以称之为"压致性液晶"。

4. 液晶的类型

根据液晶态内部分子排列的形式和有序性的不同,可以把液晶分成如图 2-43 所示的三种类型。

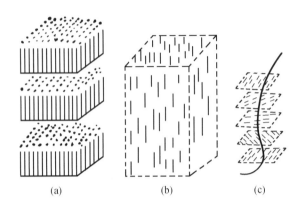

图 2-43　液晶态结构
(a)近晶型;(b)向列型;(c)胆甾型

(1)近晶型液晶

在所有液晶中该类液晶的结构与结晶结构最接近,所以称为近晶型。近晶型液晶中,棒状分子依靠所含官能团所提供的垂直于分子长轴方向上的强烈的相互作用力互相平行排列,形成层状结构。分子的长轴垂直于层片平面,每个层片内分子的排列保持着大量二维固体有序性,棒状分子可以在本层片内活动,但不能穿越各层之间。所以,层片与层片之间可以相互滑移,但垂直于层片方向上的流动则相当困难。因此这种类型的液晶表现出黏度的各向异性。

(2)向列型液晶

在向列型液晶中棒状分子相互平行排列,但它们的重心则是无序的,因此只保持了固体的一维有序性,实际上是由取向分子组成。当向列型液晶中的棒状分子在外力作用下流动时,棒状分子很容易沿流动方向取向,并且在流动取向中相互穿越,因此这类液晶具有很大的流动性。

(3)胆甾型或手征性液晶

胆甾型液晶的分子都具有不对称碳原子,这类分子所形成的液晶往往带有螺旋结构,具有极强的旋光性。在胆甾型液晶中,分子间依靠端基的相互作用平行排列形成层状结构。层内分子的长轴与层平面平行,排列方式与向列型液晶相似;但在相邻两层间,由于伸出层片平面的光学活性基团的作用,分子长轴的取向依次规则地扭转一定角度,经过多层扭转就形成了螺旋面结构。分子长轴方向在旋转了 360° 后恢复到原来的方向,这两个取向相同的层间距就称为胆甾型液晶的螺距。对于胆甾型液晶,由于扭转的分子层的作用,造成反射的白光发生色散,而透射光发生偏振旋转,从而使胆甾型液晶具有彩虹般的颜色。

2.4.2　高分子液晶的结构与性能

高分子液晶是指具有液晶性的高分子。如果能够满足形成液晶相要求的棒状小分子成为高分子结构单元的一部分,它与其他分子链段组成高分子链后,这种高分子也可以呈现液晶状态。

通常把分子链上能够满足形成液晶相要求的、具有一定长径比的刚性结构单元称为"液晶原"。在高分子液晶的大分子链上带有许多液晶原,根据液晶原在大分子链中所处的位置,可以将高分子液晶分为两类(图 2 - 44):第一类是液晶原连接在主链上的主链型液晶;第二类是液晶原连接在侧链上的侧链型液晶。无论是何种类型的高分子液晶,在形成液晶态的方式上,都有热致型和溶致型两类,也都可能呈现向列型、近晶型和胆甾型结构。

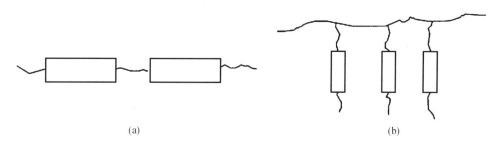

(a)　　　　　　　　　　　　　　　　　　　　(b)

图 2 - 44　高分子液晶的结构示意图
(a)主链型高分子液晶;(b)侧链型高分子液晶

聚对苯二酰对苯二胺(PPTA)是一种完全刚性的主链型高分子液晶,由于分子链的刚性,它只能以溶液的形式形成液晶态,在室温下,当浓度达临界值时,刚性分子平行排列成一维有序结构,成为各向异性的向列型结构的溶致型高分子液晶。升高温度,其向列型结构可以转变为胆甾型。在主链型液晶中,更常见的是主链上同时具有柔性链段(将刚性结构单元分隔开来)的高分子液晶。这类高分子液晶包括芳香族聚酯、芳香族聚酰胺、聚苯并噻唑等。

链柔性是影响主链型液晶行为的主要因素。对于完全刚性主链高分子,由于聚合物熔点很高,一般不会出现热致液晶行为,但可以在适当溶剂中形成溶致液晶。而对于含柔性链段主链型液晶,由于在刚性液晶原之间引入了柔性链段,主链柔性增大,聚合物熔点下降,可以出现热致液晶行为。但如果柔性链段含量太大,聚合物有可能不形成液晶。

侧链型高分子液晶可以是刚性的液晶原与柔性的大分子主链直接连接,也可以是刚性液晶原通过柔性连接链段与柔性主链相连。主链结构包括聚丙烯酸酯、聚甲基丙烯酸酯、聚硅氧烷、聚苯乙烯,而液晶原包括联苯类、对苯二甲酸类等。由于柔性连接链段使刚性液晶原的几何形状各向异性和高极化性几乎完全保留在其高分子液晶中,所以侧链型液晶比主链型液晶呈现出更为突出的光电性能。

影响侧链型高分子液晶行为的因素较多,例如,主链柔性会影响液晶的稳定性,一般随主链柔性增加,液晶的转变温度降低;柔性的连接链段可以降低高分子主链对刚性液晶原的排列与取向的限制,更加有利于液晶相的形成与稳定;此外,液晶原长径比的增加可以使液晶相(区域)温度变宽,稳定性提高。

高分子液晶溶液具有独特的流变性能。图 2 - 45 给出了聚对苯二甲酰对苯二胺溶液浓硫酸溶液的黏度 - 浓度关系曲线。可以看出,这种液晶态溶液的黏度随浓度的变化规律与一般高分子溶液体系完全不同。

一般的高分子溶液体系,黏度总是随溶液浓度的增加而单调增大。但是在这个液晶溶液体系中,溶液的黏度随浓度的增加先急剧上升,出现一个极大值,然后随浓度增加,溶液黏度反而急剧下降,出现一个极小值;最后,黏度又随浓度的增加而上升。这种复杂的黏度－浓度关系是溶液体系中结构变化的反映。当溶液浓度很低时,刚性高分子在溶液中均匀分散、无规取向,成为均匀的各向同性溶液,这时溶液的黏度－浓度关系与一般溶液体系相同,随浓度增加,黏度迅速增大,出现一个极大值。此后,溶液体系内分子开始有序排列,形成一定的有序结构,即形成了向列型液晶,使黏度急剧下降。随浓度进一步增大,溶液体系中各向异性相所占比例不断增加,使黏度持续下降,直至溶液体系全部成为均匀的各向异性相时,溶液的黏度达到最小值。在该点以后,浓度因素开始占主导地位,溶液的黏度随浓度的增加又开始上升。

黏度极大值和极小值时的溶液浓度与聚合物的相对分子质量和体系的温度有关,一般随相对分子质量增大而降低,随温度升高而增大。

图2－46是PPTA浓硫酸溶液的黏度－温度关系曲线。其黏度随温度的变化也与一般高分子溶液的变化关系不同。溶液黏度在某一温度下会出现一极小值,高于此温度后,黏度又开始上升。这种变化显然是因为溶液中的各向异性相向各向同性相转变所引起的。继续升高温度,在溶液完全转变为各向同性的均匀溶液之前,黏度达到最大值,之后和一般高分子溶液一样,随温度上升,黏度下降。

随着液晶溶液浓度的增加,与黏度的极小值和极大值所对应的临界温度向高温方向移动。

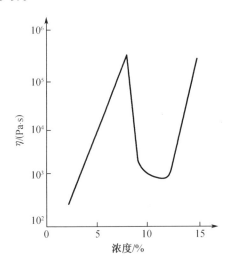

图2－45　聚对苯二甲酰对苯二胺浓硫酸

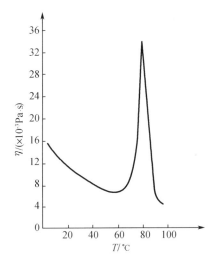

图2－46　聚对苯二甲酰对苯二胺浓硫酸

2.4.3　聚合物液晶的表征

液晶态是一种有序结构,因此可用于测量有序结构的方法都可用于表征液晶。常见的方法有:偏光显微镜、差热分析、黏度测定、折射率测定等,此外还有X射线衍射和光散射法等。

1. 偏光显微镜

通过偏光显微镜可直接观察高聚物液晶的相转变过程。在正交偏光下观察,不同的液晶有不同的图像。一般向列型液晶的图像表现出丝状纹理;近晶型液晶的图像呈现出角锥或扇形纹理;胆甾型液晶的图像呈现平行走向的消光条纹。

在偏光显微镜上安装加热台,还可研究相转变过程。

2. DSC 分析

从熔融状态到介晶态的变化会造成小的热熔变化(约 3 J/g),利用 DSC 仪器能够测出这些变化,从而进行相转变过程的研究或测定转变温度。

3. 黏度测定

即使在微弱的剪切力作用下,向列型液晶的主轴也会按流动方向取向,造成体系黏度明显下降,而相同组成的普通高聚物在较高温度下也有较高黏度。向列型液晶的这一特性在液晶的早期研究中曾被用来判断向列型的形成。

4. 折射率测定

测定样品在相互垂直的两个方向上的折射率,很早就被用来判断液晶相的存在和确定相转变温度等,具体方法是将样品装进一个四面具有透光窗口的样品池,放在折光仪的加热载物台上,测定不同温度下互相垂直的两个方向上的折射率。

2.4.4　高分子液晶的应用

高分子液晶与小分子液晶相比,具有高相对分子质量和高分子化合物的特征;与普通高分子相比,又具有液晶态所特有的取向性和有序性。高分子液晶的这些特点,使它们获得了一些独特的应用。

1. 液晶显示

利用高分子液晶对电的灵敏响应特性和光学特性,可以将液晶用于显示技术方面。将透明的向列型液晶薄膜夹在两块导电玻璃之间,在施加适当电压的点上液晶薄膜迅速地失去透明性,如果把电压以图形的方式加到液晶薄膜上,就会产生相应的图像。目前,液晶显示已广泛应用于数码显示、电视屏幕、广告牌等。另外,利用胆甾型液晶的颜色对温度变化的高度敏感性,可以将它用于测温用途。

2. 液晶纺丝

向列型高分子液晶溶液具有在高浓度下的低黏度以及在低剪切速率下的高取向度的特性。如果使用这类液晶高分子进行纺丝,一方面可以解决使用通常高分子溶液纺丝时高浓度带来的高黏度问题;另一方面液晶的易取向性和高取向度保证了采用较低的牵伸倍数就可以取得满意的取向效果,从而避免高倍牵伸时纤维产生的应力和受到的损伤。例如,由液晶纺丝工艺获得的 PPTA 纤维(又称为 Kevlar 纤维)具有极高的强度和模量,可以用来制造防弹衣和高强度缆绳。

3. 高性能材料

液晶高分子的刚性链结构使其具有高强度和高模量,因此可以使用液晶高分子制造强度要求很高的军事制品和宇航制品,例如,航天航空器上的大型结构部件等。由于液晶材料的热膨胀系数低,适合用于光导纤维的包覆。利用其微波吸收系数小、耐热性好的特点,可用来制造微波炉具。

4. 高分子材料改性

利用液晶高分子低黏度、流动中易取向的特性,可以使用液晶对一些聚合物材料进行改性。一方面增加聚合物的加工流动性;另一方面还可以利用液晶的高强度来对聚合物材料进行增强和提高耐热性。其中一项改性技术称为"原位复合",它是将热致性液晶与热塑性聚合物进行共混,就地(in situ)形成微纤结构,从而大幅度提高材料的力学性能。例如,聚碳酸酯是一种性能优异的工程塑料,但由于大分子链的刚性很大,熔体黏度相当高,加工流动性很差。如果用少量的聚酯型液晶与它进行共混改性,熔体黏度可以得到明显降低,成型加工性能得到改善;与此同时,由于刚性的液晶大分子流动取向后以棒状的形态分散在聚碳酸酯基体中,形成了微纤结构,提高了材料的强度和耐热性。

2.5　聚合物取向结构

2.5.1　聚合物的取向现象

链段、整个大分子链以及晶粒在外力场作用下沿一定方向排列的现象称为聚合物的取向。相应的链段、大分子链及晶粒称为取向单元。按取向方式可分为单轴取向和双轴取向;按取向机理可分为分子取向(链段或大分子取向)和晶粒取向。

单轴拉伸而产生的取向叫单轴取向,如图2-47(a)所示。双轴取向是沿相互垂直的两个方向上拉伸而产生的取向状态,取向单元沿平面排列,在平面内,取向的方向是无规的,如图2-47(b)所示。

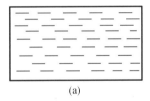
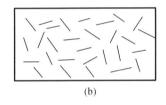

(a)　　　　　　　　　　　　　　(b)

图2-47　聚合物取向

(a)单轴取向;(b)双轴取向

非晶态聚合物取向比较简单,视取向单元的不同,分为大尺寸取向和小尺寸取向。大尺寸取向是指大分子链作为整体是取向的,但就链段而言,可能并未取向。小尺寸取向是指链段取向,而整个大分子链并未取向。大尺寸取向慢,解取向也慢,这种取向状态比较稳定。小尺寸取向快,解取向也快,此种取向状态不大稳定。分子链取向而链段不取向的情况对纺丝工艺十分重要,这样可制得强韧而又富弹性的纤维。

结晶聚合物的取向比较复杂,有凝聚态结构的变化。一般而言,结晶聚合物的取向实际上是球晶的形变过程。在弹性形变阶段,球晶被拉成椭球形,再继续拉伸到不可逆形变阶段,球晶变成带状结构。在球晶形变过程中,组成球晶的片晶之间发生倾斜,晶面滑移和转动甚至破裂,部分折叠链被拉成伸直链,原有的结构部分或全部破坏,形成由取向的折叠链片晶和在取向方向上贯穿于片晶之间的伸直链所组成的新结晶结构。这种结构称为微丝结构,如图2-48(a)所示。在拉伸取向过程中,也可能原有的折叠链片晶部分地转变成分子链沿拉伸方向规则排列的伸直链晶体,如图2-48(b)所示。拉伸取向的结果,伸直链段增多,折叠链段减少,伸直链数目增多,从而提高了材料的力学强度和韧性。

聚合物取向后呈现明显的各向异性。取向方向的力学强度提高,垂直于取向方向的强度下降。

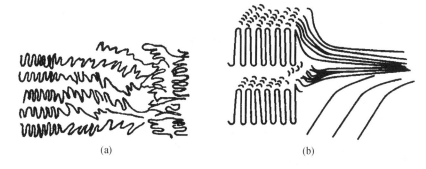

图 2-48　结晶聚合物取向机理

(a)微丝结构的形成;(b)形成伸直链晶体

2.5.2　取向机理

高分子的取向过程实际上是分子链和链段通过运动去适应外力的过程。由于链段的运动是通过单键内旋转来实现的,所以链段的取向需要在玻璃化转变温度以上(即高弹态)即可进行;而整个分子链的取向需要分子链上的各链段进行协同运动才可以实现,因此分子链的取向需要更高的温度条件,一般需要在黏流态下才可进行。

由于取向过程是分子链和链段运动的过程,必须通过克服运动的黏滞阻力才可完成,所以完成取向需要一定的时间,这个时间称为"松弛时间"。链段取向时,黏滞阻力小,松弛时间短,比较容易进行;而分子链的取向则由于黏滞阻力大,松弛时间长,不容易进行;所以在外力作用下,首先发生的是链段的取向,然后再发展到整个分子链取向。

聚合物的取向过程实际上存在着两个方向相反的作用:一是沿一定方向对材料施加的外力,它使得链段和分子链沿外力方向运动并产生取向,该过程是由无序化向有序化转变的熵减小过程,因此是非自发过程;二是分子的热运动,它促使分子排列由有序化向无序化恢复,产生解取向,这个过程是一个熵增大的自发过程。

显然,聚合物取向后所得到的取向态实际上只是取向和解取向的动平衡状态,这是一种热力学不稳定状态,外力消除后,链段和分子链又会自发地发生解取向而恢复到原来状态。只有阻断了解取向,取向态结构才能够稳定地存在。对于非晶态聚合物,稳定取向态的方法是取向后立即将温度降低到玻璃化转变温度以下,将链段的运动冻结,使解取向不至于发生。所以,非晶态聚合物的取向态结构在玻璃化转变温度以下才是稳定的。对于结晶聚合物,除了非晶区可以发生链段和分子链的取向外,晶区内部的晶片也会在外力作用下发生倾斜、滑移,同时晶片的结构也发生相应的变化,球晶被拉伸转变为微纤结构,折叠链片晶被破坏后沿取向方向重新排列,形成新的结晶结构。这种新的结晶结构在外力去除后起到了维持取向态结构的作用,只要晶格不被破坏,解取向就无法发生。所以,结晶聚合物的取向态比非晶聚合物的取向态稳定。这种稳定性可以一直保持到结晶聚合物的 T_m 温度以下。

2.5.3 取向度及其测定方法

1. 取向度的概念

聚合物的取向程度用取向度或者取向函数 F 来表示,即

$$F = \frac{1}{2}(3\overline{\cos^2\theta} - 1) \qquad (2-12)$$

式中,θ 为分子链主轴方向与取向方向的夹角。

对于理想单轴取向材料,取向角 $\theta = 0$,$\overline{\cos^2\theta} = 1$,则取向度 $F = 1$。

对于完全无规取向材料,$F = 0$,$\overline{\cos^2\theta} = 1/3$,平均取向角 $\theta = 54°44'$。

实际取向材料的取向度在 $0 \sim 1$ 之间,它们的平均取向角为

$$\overline{\theta} = \arccos\sqrt{\frac{2F+1}{3}} \qquad (2-13)$$

2. 取向度的测定方法

测定取向度的方法很多,包括声波传播法、光学双折射法、广角 X 射线衍射法、红外二向色谱法等。这里只简单介绍声波传播法和光学双折射法。

(1)声波传播法

声波沿分子主链方向的传播速率要比垂直于分子链方向的传播速率快得多,因为在主链方向上,原子间振动的传递是通过化学键来完成的,速率较快,而在垂直于分子链方向上,原子间只有弱的分子间作用力,致使原子间振动的传递很慢。如果用 C 表示被测试样中声波的传播速率,用 C_u 表示完全无规取向材料中声波的传播速率,则可以按以下公式确定试样的取向度和平均取向角,即

$$F = 1 - \left(\frac{C_u}{C}\right)^2 \qquad (2-14)$$

$$\overline{\cos^2\theta} = 1 - \frac{2}{3}\left(\frac{C_u}{C}\right)^2 \qquad (2-15)$$

显然,当被测试样是无规取向时,$C_u = C$,则 $F = 0$,$\overline{\cos^2\theta} = 1/3$,平均取向角 $\theta = 54°44'$;当被测试样是完全取向时,$C_u \ll C$,$(C_u/C)^2 \to 0$,$F \to 1$,$\overline{\cos^2\theta} \to 1$,$\overline{\theta} \to 0°$。

(2)光学双折射法

该方法利用光线在取向高分子材料中传播时产生的双折射现象来测定取向度 F。用 $n_{//}$ 表示平行于取向方向的折射率,用 $n_{\perp}$ 表示垂直取向方向上的折射率;$n_{//}$ 和 $n_{\perp}$ 可以通过偏光显微镜测得。两个方向上折射率之差($\Delta n = n_{//} - n_{\perp}$)随取向程度增加而增大,因此可以直接用 Δn 作为纤维取向程度大小的量度,而取向度 F 定义为

$$F = \frac{n_{//} - n_{\perp}}{n_{//}^0 - n_{\perp}^0} \times \frac{\rho_c}{\rho} \qquad (2-16)$$

式中　$n_{//}^0, n_{\perp}^0$——理想取向时平行或垂直于纤维方向的折射率;

ρ_c, ρ——晶态的密度和实际试样的密度。

2.5.4 取向的应用

1. 合成纤维纺丝

纤维需要有较高的径向强度,所以在合成纤维的生产过程中广泛采用了牵伸工艺,使分子链沿纤维方向取向,以提高其拉伸强度。这种取向要在熔融状态下进行,获得整链取向后再迅速地冷却,将取向状态固定下来。

牵伸后纤维的强度可以成倍上升,但同时带来了一些新的问题,纤维的断裂伸长率下降,弹性变差;另外,纤维在使用过程中一旦受热会因为链段的解取向而发生很大的热收缩,这些问题对纤维的使用都是不利的。在实际使用中,一般要求纤维具有 $10\% \sim 20\%$ 的弹性伸长,既有高强度又有适当的弹性,同时还要有较好的尺寸稳定性。

为了解决这些问题,人们利用了链段的取向比大分子链取向容易进行,解取向也比大分子链解取向更快、更容易的特点,在纤维的生产工艺中加入了一个"热定型"工序。在很短的时间内用热空气或水蒸气对牵伸过的纤维进行吹扫,温度控制在 $T_g \sim T_f$ 之间(尽可能接近 T_f),使链段解取向,发生卷曲,从而使纤维获得了必要的弹性,并且消除了尺寸收缩变形。由于大分子链并未发生解取向,纤维仍然具有较高的径向强度。

一般用作合成纤维的高分子材料都是结晶聚合物,较少使用非晶聚合物,这里有两方面的原因。

(1)由纤维纺丝对流动性的要求和纤维径向强度的要求所决定

纤维纺丝时要使高分子溶液或者熔体从很细的喷丝口流出,需要聚合物具有很好的流动性,因此聚合物的相对分子质量不能高。但相对分子质量低了以后又很难达到纤维强度的要求。采用相对分子质量较低的结晶聚合物,一方面可以满足纤维纺丝对聚合物流动性的要求;另一方面可以利用取向和结晶来满足纤维径向强度的要求。

(2)由稳定取向态结构和纤维的弹性要求所决定

要想获得高强度的纤维,必须使大分子取向,而取向后一方面取向态的结构要能够稳定住;另一方面纤维还必须具有一定的弹性,这对于非晶聚合物来说很难同时满足。因为如果聚合物是柔性大分子,分子运动能力较强,可以保证纤维具有一定的弹性,但是分子运动能力大,不利于稳定取向态结构,当温度稍有上升,自发的解取向就会发生;如果聚合物是刚性链大分子,分子运动能力减弱对稳定取向态结构有利,但却使纤维失去了必需的弹性,所以很难找到一种刚柔共济的非晶聚合物来同时满足这两方面的要求。但是,对结晶聚合物来说,其取向态是靠结晶结构来稳定的,不容易发生解取向(一直到 T_m 温度以下,取向结构都是稳定的);另一方面结晶聚合物内部含有的非晶无序区域为材料提供了必要的弹性。因此结晶聚合物可以同时满足稳定取向态和保持适当弹性的要求。所以绝大多数的合成纤维都是结晶聚合物。

2. 双向拉伸薄膜和吹塑薄膜

单轴拉伸只在一维方向上获得强度,仅适用于纤维的生产。对薄膜来说,在两个方向上都需要有强度,所以要进行双轴拉伸(薄膜吹塑过程也是双轴拉伸)。当挤出机挤出熔融的聚合物片状物料后,在适当的温度条件下沿相互垂直的两个方向同时对片状的聚合物进行拉伸,使制品的厚度减少而面积增大,最后形成薄膜。在这种薄膜中,分子链倾向于与薄膜平面相平行的方向排列,使薄膜在两个方向上都具有强度;在平面上分子链的取向则是无规的,所以在薄膜平面上具有各向同性,不存在薄弱部位,在存放时也不会发生不均匀收缩。

取向在塑料制品生产中也会带来一些危害,例如,制品表现出各向异性、尺寸收缩率不同、制品内部形成内应力等。

2.6 聚合物的多组分结构

2.6.1 高分子合金结构

多组分聚合物(multicomponent polymer)又称高分子合金。该体系中存在两种或两种以上不同的聚合物组分,不论组分之间是否以化学键相互连接。典型的高分子合金如图 2-49 所示。其中,互穿聚合物网络(IPN)是用化学方法将两种或两种以上的聚合物互穿成交织网络。两种网络可以同时形成,也可以分步形成。例如,将含有交联剂和活化剂的乙酸乙烯酯单体引发聚合,生成交联的聚乙酸乙烯酯,再用含有引发剂和交联剂的等量苯乙烯单体使其均匀溶胀,将苯乙烯聚合成聚苯乙烯并进行交联,得到 IPN(50/50PEA/PS)。如果聚合物 A,B 组成的网络中,有一种是未交联的线型分子,穿插在已交联的另一种聚合物中,称为半互穿聚合物网络(semi-IPN)。

高分子合金的制备方法可分为两类:一类称为化学共混,包括溶液接枝、溶胀聚合、嵌段共聚及相穿共聚等;另一类称为物理共混,包括机械共混、溶液浇铸共混、乳液共混等。

决定共混聚合物的结构和性能的一个重要因素是其组分的相容性。在共混聚合物中,如果两个组分能在分子水平上混合,形成热力学上的均相体系,则称这两组分是相容的;反之,则称为两组分不相容。

共混聚合物中两种高分子或者嵌段共聚物中两个嵌段能不能相容,或者相容的程度如何,这就是高分子的相容性问题。共混聚合物的织态结构与组分之间的相容性有着密切的关系。

高分子与高分子之间能否相容取决于混合过程的自由能变化 ΔG_m,如果 ΔG_m 小于零,则两组分能相容,根据热力学定律 $\Delta G_m = \Delta H_m - T\Delta S_m$ 可知,ΔG_m 的值取决于混合过程的混合熵 ΔS_m 和混合热 ΔH_m。由于高分子的相对分子质量很大,所以高分子与高分子混合时熵的变化 ΔS_m 很小,并且大多数高分子与高分子的混合为吸热过程,即 $\Delta H_m > 0$,因此要满足 $\Delta G_m \leq 0$ 的条件是困难的,大多数高分子-高分子混合物都不能达到分子水平的混合,或者说是热力学上不相容的,但又由于动力学上的原因,即混合物黏度很大,分子或链段运动速度极慢,又使这种热力学上不稳定的状态相对稳定下来,形成宏观均相、亚微观非均相的体系。两个组分各自成一相,相与相之间存在界面。材料的性能取决于各相的性能、两相之间的织态结构以及界面的特征,正是这种宏观均相亚微观分相的结构常赋予共混聚合物许多宝贵的性能。当两组分的相容性太差时,材料通常呈现宏观相分离,出现分层现象,不能形成性能优良的材料。

虽然高分子共混体系是不相容体系,但是具有实用价值的共混体系的共混组分应具有一定的相容性,使它们的相界面之间有较强的相互作用,或者说需要有强的界面黏结力,以便能很好地传递应力。否则,将导致材料性能变劣。因此增加不相容的相的黏合力或者说增加共混组分的相容性是十分重要的。

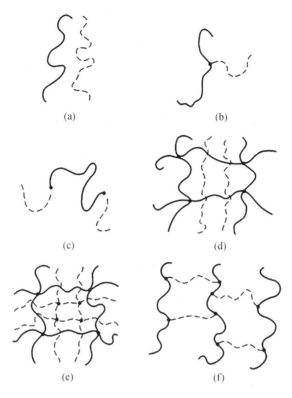

图 2 - 49　两种或多种聚合物连接的 6 种基本方式

(a)聚合物共混物;(b)接枝共聚物;(c)嵌段共聚物;

(d)半互穿聚合物网络;(e)互穿聚合物网络;(f)邻接聚合物

由嵌段或接枝共聚物等形成的非均相体系可以成为热力学上的稳定体系。

2.6.2　聚合物多组分的形态

共混聚合物的织态结构特征可以通过电子显微镜或相差显微镜观察研究,也可以利用共混聚合物中各相具有相对独立性的特点,利用差示扫描量热仪(DSC)或动态热机械分析仪(DTMA)测量共混聚合物的玻璃化温度 T_g 来判断。当共混聚合物两组分完全相容时,只存在一个 T_g,它介于两个组分均聚物的 T_g 之间;当两组分完全不相容时,存在两个 T_g,分别为两个组分均聚物的 T_g;当两组分有一定相容性时,存在两个 T_g,它们介于两个组分均聚物的 T_g 之间,其中,均聚物 T_g 较高的组分共混后 T_g 有所降低,而均聚物 T_g 较低的组分共混后 T_g 有所升高。两个 T_g 越接近,则表示两组分的相容性越好。

非均相的共混聚合物的织态结构与各组分的含量有关,按照紧密堆积原理提出了共混聚合物织态结构的理想模型,如图 2 - 50 所示。

通常,含量少的组分形成分散相,含量多的组分形成连续相。随着分散相含量的逐渐增加,分散相从球体分散变成棒状分散,到两个组分含量相近时,则形成层状结构,这时两个组分在材料中都形成连续相。

实验表明,嵌段共混物的织态结构符合上述理想模型。当然,实际共混聚合物的织态

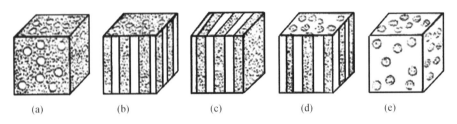

(a)   (b)   (c)   (d)   (e)

图 2-50 非均相多组分聚合物的织态结构模型

(组分 A 增加,组分 B 减少;组分 A:白色;组分 B:黑色)

(a)A 球;(b)A 棒;(c)AB 层;(d)B 棒;(e)B 球

结构要复杂得多,可能会存在过渡状态或几种形态同时出现,在结晶性聚合物或液晶高分子的共混物中,可以形成多种形式的形态或织态,它们可以形成共晶,或新的结构形态,它们对聚合物的性能都将会起着新的影响。

目前,利用共混聚合物各组分的特性,可大大改善一些聚合物的综合性能,例如,可提高通用塑料和工程塑料的冲击韧性、耐热性和加工流动性等,形成一系列的高性能共混高分子新材料。

最常见的共混高分子材料是由一个分散相和一个连续相组成的共混体系,通常根据两相组分情况,将它们分为四类:①分散相软(通常指橡胶),连续相硬(通常指塑料),如橡胶增韧塑料;②分散相硬,连续相软,如热塑性弹性体;③分散相硬,连续相硬,如聚苯乙烯改性聚碳酸酯;④分散相软,连续相软,如天然橡胶和合成橡胶的共混物。

高抗冲聚苯乙烯(HIPS)属于上述第一类共混聚合物,它可以采用含质量百分比为5%顺丁橡胶的苯乙烯溶液聚合制得。其中顺丁橡胶为分散相,聚苯乙烯为连续相,顺丁橡胶以颗粒状分散在连续的聚苯乙烯中,形成所谓的海岛结构,如图2-51所示,并且,在橡胶颗粒内部,还包含有聚苯乙烯。两相界面上还可能形成一种接枝共聚物。HIPS 的综合力学性能较普通的聚苯乙烯有较大的提高,它可以在其模量和拉伸强度下降不多的情况下较大地提高聚苯乙烯的冲击强度,起到增韧聚苯乙烯的作用。HIPS 的性能特点与其两相结构密切相关,聚苯乙烯作为连续相使整体材料的模

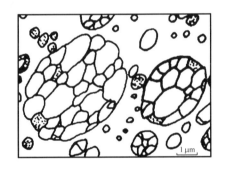

图 2-51 抗冲击聚苯乙烯接枝共聚超薄切片的电子显微镜照片示意图

量、拉伸强度和玻璃化温度等下降不多,仍基本保持普通聚苯乙烯的这些性能,而顺丁橡胶作为分散相能帮助分散和吸收冲击能量,从而提高整体材料的冲击强度,并且,橡胶颗粒中包含的聚苯乙烯,又提高了橡胶的模量,增加了橡胶分散相的实际体积分数。

第 3 章　聚合物溶液

高分子溶液是高分子材料应用和研究中常碰到的对象。实际应用的常是高分子浓溶液，如纺丝液、胶黏剂、涂料以及增塑的塑料等；稀溶液一般作研究之用，如测定聚合物相对分子质量等。稀和浓之间并无绝对界限，视溶质与溶剂的性质以及溶质的相对分子质量而定。一般而言，浓度（质量百分比）在1%以下的溶液为稀溶液。

高分子溶液是大分子分散的真溶液，它和小分子溶液一样是热力学稳定体系。但是，由于高分子溶液中溶质大分子比溶剂分子大得多，而且相对分子质量具有多分散性，使得高分子溶液的性质具有与小分子溶液不同的特殊性，突出地表现在以下几个方面。

（1）高分子溶解过程比小分子要缓慢得多。

（2）高分子溶液的性质随浓度的不同而有很大变化，当浓度较大时，大分子链之间的密切接触、相互缠结，可使体系产生冻胶或凝胶，呈半固体状态。

（3）小分子稀溶液的热力学性质一般接近于理想溶液，但高分子稀溶液的热力学性质与理想溶液有较大的偏差。

（4）高分子溶液的热力学性质（如黏度、扩散）和小分子溶液很不相同。例如，高分子溶液的黏度很大，浓度为1%左右的高分子溶液，其黏度可比纯溶剂的黏度高一个数量级，5%的天然橡胶苯溶液已呈冻胶状态。

这些特性来源于大分子的长链状结构。当溶剂分子与大分子的亲和性能较大时，在溶剂分子作用下，大分子无规线团大幅度扩展，大分子线团周围束缚大量溶剂分子，使得能自由流动的溶剂分子大量减少，表现出大的黏度。浓度越大，被束缚的溶剂分子越多，并且大分子线团之间的相互缠结越多，因此黏度急剧提高，最后导致冻胶或凝胶的出现。这类溶剂也称为良溶剂。其特点是使大分子链均方末端距大幅度增加。若溶剂分子与大分子的亲和性较小（不良溶剂），则大分子链的均方末端距增加得就少。当溶剂分子与大分子链段的相互作用相当时，大分子线团可基本上不扩展，均方末端距不增加，此种溶剂称为 θ 溶剂。这时高分子溶液的特性消失，在行为上接近理想溶液。对于不良溶剂，也存在所谓的 θ 温度，在此温度，高分子溶液也接近于理想溶液。

3.1　高分子的溶解

3.1.1　聚合物溶解过程的特点

将聚合物样品溶解于溶剂中，即得到聚合物溶液，分子链以单链形式分散于溶剂之中，这点与小分子溶液没有区别。但聚合物样品的溶解过程与小分子稍有不同。小分子的溶解过程是溶质与溶剂的双向扩散过程。而在聚合物的溶解初期，由于长链状分子运动困难，只有溶剂分子向聚合物体内的扩散过程。聚合物不断吸纳小分子溶剂，造成体积膨胀。这一过程称为溶胀（swelling）。溶胀为聚合物链提供了足够的运动空间后，才会发生高分子链向溶剂的扩散。此后两个方向的扩散同时进行，直至形成真溶液。交联聚合物中的分子链由化学键所连接，因而只能被溶胀而不会发生溶解。

分散在溶液中的高分子链同样呈无规线团形态，一个线团所包容的溶液体积称为扩张体积 V_e (pervaded volume)（图 3-1）。如果聚合物溶液的浓度 c（聚合物的体积分数为 ϕ）很低，高分子线团彼此独立地存在于溶剂之中。此时溶液中的浓度是不连续的，线团之间只有溶剂而无溶质，浓度为零。而在线团内部，溶液的浓度为 c^*（聚合物体积分数为 ϕ^*）。显然，$c < c^*$，$\phi < \phi^*$。随着溶液浓度的提高，线团间距离逐步变小；浓度到达某一临界值时，线团间空隙消失，扩张体积充满整个溶液空间，此时溶液总体浓度与线团内浓度相等，$c = c^*$，$\phi = \phi^*$，且每个扩张体积中所含线团数等于 1。浓度高于 c^* 时，扩张体积彼此重叠，每个扩张体积中所含的线团数大于 1。平均每个扩张体积中所含的线团数称为重叠度（overlap parameter），扩张体积恰好充满溶剂空间时的重叠度等于 1。这是聚合物溶液的一个临界点，此时的浓度称为重叠浓度（overlap concentration），聚合物体积分数称为重叠体积分数（overlap volume fraction）。低于重叠浓度 c^* 的溶液称为稀溶液（dilute solution），高于 c^* 的溶液称为半稀溶液（semi-dilute solution）。重叠浓度这个术语既代表处于重叠临界点上整个溶液的浓度，又代表稀溶液中扩张体积内溶液的浓度。

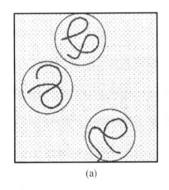

(a)   (b)   (c)

图 3-1 聚合物溶液中线团的扩张体积

(a) $c < c^*$；(b) $c = c^*$；(c) $c > c^*$

进一步提高浓度，溶液就成为浓溶液。浓溶液与半稀溶液之间没有明确的界限，对术语的使用完全根据在实际使用中的习惯。当聚合物的体积分数超过一定值（0.1~0.2）时，就只能观察到聚合物样品的溶胀而看不到一般意义上溶液的形成。这种体系虽仍可称为溶液，但习惯上称作聚合物的溶胀体系或增塑体系。增塑剂（plasticizer）是一类特殊的溶剂，其相对分子质量为数百，与聚合物混合后不容易迁出，对材料起到软化和韧化作用。增塑体系可以看作是聚合物与增塑剂混合形成的浓溶液。不同溶液浓度的大致分类如图 3-2所示。

3.1.2 溶剂的选择

对高聚物的溶剂选择通常要考虑以下三个原则："内聚能密度或溶度参数相近"原则、"相似相溶"原则和"溶剂化"原则。

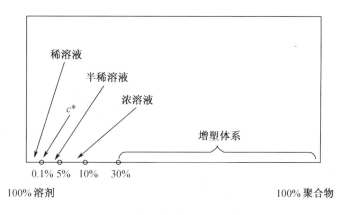

图 3 - 2　聚合物溶液的浓度范围

1."内聚能密度或溶度参数相近"原则

"内聚能密度或溶度参数相近"原则是定量性的原则,是选择高聚物的溶剂时主要考虑的原则。

所谓内聚能密度是指单位体积物质分子间作用力的大小,或者使这些分子彼此分离达到无限远距离所需要的能量,是表征组成物质分子间作用力强弱的定量指标。物质内聚能密度的平方根即溶度参数,同样是表征物质分子间作用力强弱的指标。

溶质能在溶剂中溶解的必要条件是:溶剂与溶质分子间的作用力一定既大于溶剂分子之间也大于溶质分子之间的作用力。因此可以用溶剂和溶质的内聚能密度判定其是否具有互溶的能力。按照聚合物溶解过程热力学原理,对于非极性的非晶态聚合物与非极性溶剂混合时,只有当聚合物与溶剂的溶度参数相等或接近的时候,溶解过程才能自动进行。而判断非极性的结晶聚合物与非极性溶剂的相溶性,必须在接近 T_m 的温度,才能使用溶度参数相近的原则。一般而言,只有当聚合物与溶剂的溶度参数差值小于 $\pm 3.1 (\mathrm{J/cm^3})^{1/2}$ 的时候,溶解过程才能顺利进行。

对于极性聚合物,其溶度参数规律需要作进一步的修正。Hansen 认为,分子间的相互作用力主要由色散力、极性力和氢键组成,因此溶度参数可写为

$$\delta^2 = \delta_d^2 + \delta_p^2 + \delta_h^2 \qquad (3-1)$$

其中,下标 d,p,h 分别表示色散力、极性力和氢键组分。对于极性聚合物 – 溶剂的溶液体系,不仅要求两者的溶度参数 ε 相近,而且还要求两者溶度参数值的 $\delta_d^2, \delta_p^2, \delta_h^2$ 也分别相近。

2."相似相溶"原则

"相似相溶"原则也称"极性相近"原则。就是极性高聚物溶于极性溶剂,非极性聚合物溶于非极性溶剂。例如,天然橡胶(顺聚异戊二烯)、丁苯橡胶等非极性的非晶态聚合物能溶于碳氢化合物(如苯、石油醚、甲苯、乙烷等)的非极性溶剂中。丁腈橡胶由于引入了极性氰基,氯丁橡胶引入极性的 Cl,从而它们在极性溶剂中明显溶胀,而对于碳氢类非极性溶剂几乎不起作用,这就是为什么丁腈橡胶和氯丁橡胶耐油(耐溶剂)的原因。按照"相似相溶"原则,聚乙烯醇不能溶于苯而能溶于水,聚甲基丙烯酸甲酯不易溶于苯而能很好地溶于丙酮。

3."溶剂化"原则

"溶剂化"原则就是极性定向和氢键形成原则。溶剂化作用与广义酸碱的相互作用有

关。所谓广义酸就是电子接受体(亲电体),广义碱就是电子给予体(亲核体),两者相互作用产生溶剂化,使高聚物溶解。

如果高聚物所带的基团亲电或亲核性较弱,有时不必一定要选用相反溶剂化的溶剂。它可溶于亲电和亲核两个序列中的多种溶剂。例如,聚氯乙烯既可溶于亲核试剂环己酮或四氢呋喃,也可溶于亲电试剂硝基苯中。反之,若聚合物含有亲电和亲核性较强的基团,应该选择含有较强亲核和亲电基团的溶剂。例如,聚酰胺 6 和聚酰胺 66 含酰胺基,易溶于含有羧基的甲酸和浓硫酸或间甲酚;而含有氰基的聚丙烯腈,它可很好地溶解于二甲基甲酰胺。

生成氢键实际上也是强烈溶剂化作用的一种。在生成氢键时,混合热是负值(放热),所以有利于溶解的进行。

溶剂选择的三个原则仅仅是出于对聚合物溶解能力的考虑。在环境和资源问题备受重视的今天,我们还要注意溶剂选择的其他一些问题,如尽可能选择毒性低、气味小、难燃等较环保的溶剂。还要注意溶剂回收难易问题,以节约资源等。

3.2　溶剂中的真实链

由于远程作用的影响,溶液中高分子链的扩张体积即线团尺寸将在无扰链的基础上有所变化。远程作用既包括链段与链段间的相互作用,也包括链段与溶剂分子间的相互作用,即溶剂的溶解能力。

3.2.1　链段与链段间的相互作用

链段与链段间的相互作用符合经典物理中粒子之间相互作用的规律,随链段之间的距离而变化,如图 3 – 3 所示。由图中可以看到,当两个链段相距较远($r > r^*$)时,链段间作用为相互吸引,势能为负值;随着距离的靠近,吸引作用增强,势能进一步下降。当距离为 r^* 时,达到最强的相互吸引,势能出现极小值,这就是链段间的平衡位置。随着两个链段的进一步靠近,吸引能变弱,势能开始升高,距离靠近到 r_0 处,链段间既无吸引也无排斥,此时势能为零。当距离小于 r_0 时,链段间发生强烈的排斥,势能迅速地增大到无穷大。这种强烈的排斥来自物质的不可穿性,即两个链段不可能同时占据同一个空间位置。这种作用被形象地称为刚球作用。

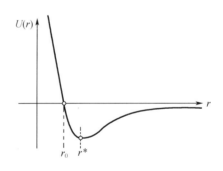

图 3 – 3　链段间相互作用势能

在理想链模型中,我们采用无规行走计算其线团尺寸。由于在理想链中没有远程作用,链段可以毫无阻挡地穿越已走过的路径,即允许两个或多个链段占据同一个空间位置。但在真实情况下,在任何高分子溶液中,物质的不可穿性即刚球作用是不能忽略的。真实链在行走过程中,至少要避开已经走过的路径。这样的行走就不再是无规行走,而称为自避行走(self avoiding walk)。行走时必须避开的空间体积称为排除体积(excluded volume)。如果单独刚球作用,排除体积就等于分子链的体积,记作 V_{chain}。排除体积的存在使扩张体积发生膨胀,这是真实链中远程作用对线团尺寸的第一类影响。

3.2.2　链段与溶剂间的相互作用

第二类影响来自链段与溶剂间的相互作用,这种作用将加大或减小排除体积。具体可分四种情况进行讨论。

(1)无热溶剂(athermal solvent)体系。无热溶剂中链段－链段相互作用等于链段－溶剂相互作用,溶液的生成没有任何热效应。链段间既不倾向于相互靠近,也不倾向于相互远离,体系中的净相互作用只有物质不可穿性造成的刚球作用。故无热溶剂中的排除体积等于 V_{chain},分子链的扩张体积等于无扰链的扩张体积加上分子链自身体积:

$$V_{e,athermal} = V_{e,0} + V_{chain}$$

其中,$V_{e,0}$ 代表无扰链的扩张体积。

(2)良溶剂(good solvent)体系。在良溶剂中,链段－溶剂间的相互吸引强于链段－链间的相互吸引,链段间倾向于相互远离。这种作用又称作链段的溶剂化,仿佛是一部分溶剂分子随链段一起运动。链段间的相互远离使排除体积在分子链体积的基础上进一步加大,链的膨胀程度大于无热溶剂:

$$V_{e,good} > V_{e,0} + V_{chain}$$

(3)不良溶剂(poor solvent)体系。该体系中链段－链段相互吸引远强于链段－溶剂相互吸引作用,使分子链的收缩超过刚球作用引起的膨胀,净排除体积为负值,使扩张体积小于无扰链的扩张体积:

$$V_{e,poor} < V_{e,0}$$

(4)θ 溶剂(θ solvent)体系。链段－链段相互吸引稍强于链段－溶剂相互吸引。吸引造成的分子链收缩与刚球作用引起的膨胀刚好抵消,排除体积为零。扩张体积恰等于无扰链的扩张体积:

$$V_{e,\theta} = V_{e,0}$$

四类体系中扩张体积的比较如图 3－4 所示。以上第四种体系为我们规定了聚合物溶液的一种特殊状态,即溶液中线团的扩张体积恰等于无扰链。我们称这种状态为 θ 状态,处于 θ 状态的溶液称作 θ 溶液。由于溶剂的溶解能力对温度变化非常敏感,一种溶剂只在一个特定的温度处于 θ 状态,这一温度就称为 θ 温度(θ temperature)。

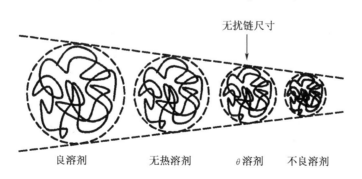

无扰链尺寸

良溶剂　　无热溶剂　　θ 溶剂　　不良溶剂

图 3－4　溶液中线团的膨胀与收缩

造成以上四种不同情况的根源是溶剂的溶解能力。溶解能力的顺序依次为

良溶剂 ＞无热溶剂 ＞θ 溶剂 ＞不良溶剂

事实上,以上所称的良溶剂、无热溶剂中的扩张体积均大于无扰链。我们对这两类溶剂将不再区分,统称为良溶剂。

在 θ 溶剂中,分子链的扩张体积等于无扰链的扩张体积,这为人们研究理想链提供了现实的条件。对无扰链线团尺寸的测定实际上就是测定 θ 溶液中的线团尺寸。前面所称的"实际"理想链,可以认为就是 θ 溶液中的高分子链。理想链、无扰链的领域还不止于此。将聚合物玻璃态固体及熔体中的线团尺寸与 θ 溶液中相比,人们发现玻璃态固体、熔体中的高分子链都是处于无扰状态。

3.3 聚合物溶液的热力学性质

高分子溶液是真溶液,是热力学稳定的体系,但其热力学性质与理想溶液有较大的偏差,这是因为:

(1)理想溶液的两组分的分子尺寸差不多,混合后体积不变;高分子的体积比溶剂分子大得多,不符合理想溶液的条件。

(2)理想溶液的分子间能在相同分子及不同分子间均相等,混合后无热量变化;高分子之间、溶剂分子之间以及高分子与溶剂分子之间这三种作用力不可能相等,所以混合热 $\Delta H_m \neq 0$。

(3)高分子溶解时,由聚集态分散到溶液中形成单个分子链,构象数增加,高分子本身的熵值就大为增加,所以混合熵特别大,即 $\Delta S_m > \Delta S_m^i$。

Flory-Huggins 从"似晶格模型"出发,运用统计热力学的方法推导出了高分子溶液的混合熵、混合热、混合自由能和溶剂的化学位的关系式为

$$\Delta S_m = -R(n_1 \ln\phi_1 + n_2 \ln\phi_2) \qquad (3-2)$$

$$\Delta H_m = RT\chi_1 n_1 \phi_2 \qquad (3-3)$$

$$\Delta F_m = RT(n_1 \ln\phi_1 + n_2 \ln\phi_2 + \chi_1 n_1 \phi_2) \qquad (3-4)$$

$$\Delta\mu_1 = RT\left[\ln\phi_1 + \left(1 - \frac{1}{x}\right)\phi_2 + \chi_1 \phi_2^2\right] \qquad (3-5)$$

式中　　R——摩尔气体常数;

　　　　n_1, n_2——溶剂和高分子的物质的量;

　　　　ϕ_1, ϕ_2——溶剂和高分子的体积分数;

　　　　x——链段数;

　　　　χ_1——称为 Huggins 相互作用参数,是一个表征溶剂分子与高分子相互作用程度大
　　　　　　　小的物理量。

式(3-5)中的 $\Delta\mu_1$ 可分解为两项。第一项相当于理想溶液的化学位变化;第二项相当于非理想部分,称为"过量化学位"(又称"超额化学位"),加上标 E 表示,即

$$\Delta\mu_1^E = RT\left(\chi_1 - \frac{1}{2}\right)\phi_2^2 \qquad (3-6)$$

可见 $\chi_1 = 1/2$,即 $\Delta\mu_1^E = 0$ 时才符合理想溶液的条件,此时的状态称为 θ 状态。θ 状态下的溶剂为 θ 溶剂,温度为 θ 温度。θ 状态必须同时满足溶剂和温度两个条件。在 θ 状态下高分子链不扩张也不紧缩,可以相互自由贯穿,所以又称"无扰状态"。当 $\chi_1 < 1/2$,即 $\Delta\mu_1^E < 0$,溶解自发发生。

3.4 聚合物浓溶液

3.4.1 聚合物的增塑

为了改进某些聚合物的柔软性能,或者为了加工成型的需要,常常在聚合物中加入高沸点、低挥发性并能与聚合物混溶的小分子液体。这种作用称之为增塑,所用的小分子物质称为增塑剂。例如,邻苯二甲酸二辛酯(DOP)是聚氯乙烯(PVC)的常用增塑剂。聚合物增塑体系属于高分子浓溶液的范畴。

塑料中加入增塑剂后,首先降低了它的玻璃化转变温度和脆化温度,这就可以使其在较低的温度下使用。同时,也降低了它的流动温度,这就有利于其加工成型。此外,被增塑聚合物的柔软性、冲击强度、断裂伸长率等都有所提高。但是,拉伸强度和介电性能却下降了。

一般认为,用极性增塑剂增塑极性聚合物,其玻璃化转变温度的降低(ΔT)正比于增塑剂的物质的量(n)。而非极性聚合物的增塑作用,其玻璃化转变温度降低(ΔT)正比于增塑剂的体积分数($\phi_{增}$)。

3.4.2 聚合物溶液纺丝

合成纤维工业中采用的纺丝法,或是将聚合物熔融成流体,或是将聚合物溶解在适宜的溶剂中配成纺丝溶液;然后,由喷丝头喷成细流,再经冷凝或凝固并拉伸成为纤维。前者称为熔融纺丝,后者称为溶液纺丝。锦纶、涤纶等合成纤维均采用熔融纺丝法,但像聚丙烯腈一类聚合物,由于熔融温度高于分解温度,因此不能采用熔融纺丝法,只能采用溶液纺丝法。聚氯乙烯纤维、聚乙烯醇纤维也都采用溶液纺丝法。

溶液纺丝时必须将聚合物溶解于溶剂中,配制成浓溶液;或者用单体均相溶液聚合直接制成液料,再进行纺丝。

选择纺丝溶液的溶剂非常重要。溶剂对聚合物应具有较高的溶解度。此外,要控制溶液的浓度以及黏度。相对分子质量、相对分子质量分布、流变性能等对纺丝工艺及制品性能都有影响。

3.4.3 凝胶和冻胶

聚合物溶液失去流动性,即成为所谓凝胶和冻胶。

通常,凝胶是交联聚合物的溶胀体,不能溶解,也不熔融。它既是聚合物的浓溶液,又是高弹性的固体。而冻胶是由范德华力交联形成的,加热或搅拌可以拆散范德华交联,使冻胶溶解。

自然界的生物体都是凝胶,一方面有强度可以保持形态而又柔软,另一方面允许新陈代谢,排泄废物汲取营养。

所以,凝胶和冻胶是高分子科学和生物科学的重要研究课题。

20世纪80年代以来发展起来的超高相对分子质量聚乙烯纤维是一种高性能的特种纤维,具有高强度、高模量、质量轻、耐腐蚀和耐气候等优良特性,可用于制作防弹衣、降落伞和光缆材料等。生产该种纤维采用十氢萘、煤油、液状石蜡、石蜡等为溶剂的冻胶纺丝新工艺。

第 4 章　聚合物的分子运动和转变

4.1　聚合物分子运动的特点

分子运动的性质和程度取决于温度。不同的运动形式需要不同数量的能量来激发。因此不同形式的运动,存在不同的临界温度,在此温度之下,该形式的运动处于"冻结"状态。

由于聚合物结构的多重性,因此聚合物的分子运动就存在与其结构相对应的一系列特点,可归纳为以下几个方面。

4.1.1　运动单元的多重性

从长链高分子结构角度来看,除了整个高分子主链可以运动之外,链内各个部分还可以有多重运动,如分子链上的侧基、支链、链节、链段等都可以产生相应的各种运动。具体地说,高分子的热运动包括四种类型。

1. 高分子链的整体运动

这是分子链质量中心的相对位移。例如,宏观熔体的流动是高分子链质心移动的宏观表现。

2. 链段运动

这是高分子区别于小分子的特殊运动形式。即在高分子链质量中心不变的情况下,一部分链段通过单键内旋转而相对于另一部分链段运动,使大分子可以伸展或卷曲。例如,宏观上的橡皮拉伸、回缩。

3. 链节、支链、侧基的运动

链节数 $n \geqslant 4$ 的主链 $+CH_2+_n$ 中,可能有 C_8 链节的曲柄运动。杂链聚合物聚芳砜中,可产生杂链节砜基的运动等。实验表明,这类运动对聚合物的韧性有着重要影响。侧基或侧链的运动多种多样,例如,与主链直接相连的甲基的转动,苯基、酯基的运动,较长的 $+CH_2+_n$ 支链运动等。上述运动简称次级松弛,比链段运动需要更低的能量。

4. 晶区内的分子运动

晶态聚合物的晶区中,也存在着分子运动。例如,晶型转变、晶区缺陷的运动、晶区中的局部松弛模式、晶区折叠链的"手风琴式"运动等。

几种运动单元中,整个大分子链称作大尺寸运动单元,链段和链段以下的运动单元称作小尺寸运动单元。

4.1.2　分子运动的时间依赖性

在一定的温度和外场(力场、电场、磁场)作用下,聚合物从一种平衡态通过分子运动过渡到另一种与外界条件相适应的新的平衡态总是需要时间的,这种现象即为聚合物分子运动的时间依赖性。分子运动依赖于时间的原因在于整个分子链、链段、链节等运动单元的运动均需要克服内摩擦阻力,是不可能瞬时完成的。

如果施加外力将橡皮拉长 Δx,然后除去外力,Δx不能立即变为零。形变恢复过程开始时较快,以后越来越慢,如图 4 - 1 所示。橡皮被拉伸时,高分子链由卷曲状态变为伸直状态,即处于拉紧的状态。除去外力,橡皮开始回缩,其中的高分子链也由伸直状态逐渐过渡到卷曲状态,即松弛状态。故该过程简称松弛过程,可表示为

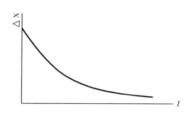

图 4 - 1　拉伸橡皮的回缩曲线

$$\Delta x(t) = \Delta x(0) e^{-t/\tau} \qquad (4-1)$$

式中　$\Delta x(0)$——外力作用下橡皮长度的增量;

　　　$\Delta x(t)$——除去外力后 t 时间橡皮长度的增量;

　　　t——观察时间,一般为物性测量中所用的时间尺度;

　　　τ——松弛时间。

$\Delta x(t)$变到 $\Delta x(0)$ 的 $\dfrac{1}{e}$ 倍时所需要的时间。一般,松弛时间的大小取决于材料固有的性质以及温度、外力的大小。聚合物的松弛时间一般都比较长,当外场作用时间较短或者实验的观察时间不够长时,不能观察到高分子的运动,只有当外场作用时间或实验观察时间足够长时,才能观察到松弛过程。此外,由于聚合物相对分子质量具有多分散性,运动单元具有多重性,所以实际聚合物的松弛时间不是单一的值,可以从与小分子相似的松弛时间 10^{-8} s 起,一直到 $10^{-1} \sim 10^4$ s 甚至更长。

4.1.3　分子运动的温度依赖性

温度变化对于高分子分子运动的影响非常显著。温度升高,一方面运动单元热运动能量提高,另一方面由于体积膨胀,分子间距离增加,运动单元活动空间增大,使松弛过程加快,松弛时间减小。

对于高分子中的许多松弛过程,特别是那些由于侧基运动或主链局部运动引起的松弛过程,松弛时间与温度的关系符合 Eyring 关于速度过程的一般理论,即

$$\tau = \tau_0 e^{\frac{\Delta E}{RT}} \qquad (4-2)$$

式中　τ_0——常数;

　　　R——气体常数;

　　　T——绝对温度,K;

　　　ΔE——松弛过程所需要的活化能,kJ/mol。

ΔE 相应于运动单元进行某种方式运动所需要的能量,其值可以通过测定各种温度下过程的松弛时间,以 $\ln\tau$ 对 $\dfrac{1}{T}$ 作图,从所得直线的斜率 $\Delta E/R$ 求出。

由式(4-2)可以看出,温度增加,τ减小,松弛过程加快,可以在较短的时间内观察到分子运动;反之,温度下降,τ增大,则需要较长的时间才能观察到分子运动。所以,对于分子运动或对于一个松弛过程,升高温度和延长观察时间具有等效性。

4.2 聚合物的物理状态

4.2.1 凝聚态和相态

相态是热力学概念。相的区别主要是根据结构学来判别的。具体地说,相态取决于自由焓、温度、压力、体积等热力学参数,相之间的转变必定有热力学参数的突跃变化。

凝聚态是动力学概念,是根据物体对外场特别是外力场的响应特性来划分的,所以也常称为力学状态。凝聚态所涉及的是松弛过程。一种物质的力学状态与时间因素密切相关,这是与相态的根本区别。

气相和气态是一致的。液态一般即为液相,但有时,力学状态为液体,结构上却划入晶相,如液晶的情况。液相也不一定是液态,如玻璃的情况。玻璃属于液相,但表现固体的性质。液相的水,在频率极大的外力作用下会表现固体的弹性。对凝聚态而言,速度和时间是关键,因此它只有相对的意义。当然,我们平常所指的凝聚态(固态、液态和气态)都是指一般时间尺度下的情况。

4.2.2 非晶态聚合物的力学状态

聚合物无气相和气态。聚合物存在晶态和非晶态(无定形)两种相态,非晶态在热力学上可视为液相。

当液体冷却固化时,有两种转变过程。一种是分子作规则排列,形成晶体,这是相变过程。另一种情况,液体冷却时,分子来不及作规则排列,体系黏度已变得很大(如10^{12} Pa·s),冻结成无定形状态的固体。这种状态又称为玻璃态或过冷液体。此转变过程称作玻璃化过程。玻璃化过程中,热力学性质无突变现象,而有渐变区,取其折中温度,称为玻璃化温度T_g。

非晶态聚合物,在玻璃化温度以下时处于玻璃态。玻璃态聚合物受热时,经高弹态最后转变成黏流态(图4-2),开始转变为黏流态的温度称为流动温度或黏流温度。这三种状态称为力学三态。在图4-2所示的温度-形变曲线(热机械曲线)上有两个斜率突变区,分别称为玻璃化转变区和黏弹转变区。

1. 玻璃态

由于温度低,链段的热运动不足以克服主链内旋转位垒,因此链段的运动处于"冻结"状态,只有侧基、链节、键长、键角等的局部运动。在力学行为上表现为模量高($10^9 \sim 10^{10}$ Pa)和形变小(1%以下),具有虎克弹性行为,质硬而脆。

玻璃态转变区是对温度十分敏感的区域,温度范围约$3 \sim 5$ ℃。在此温度范围内,链段运动已开始"解冻",大分子链构象开始改变、进行伸缩,表现出明显的力学松弛行为,具有坚韧的力学特性。

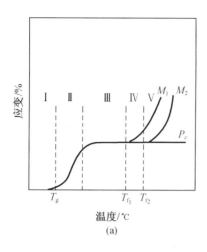
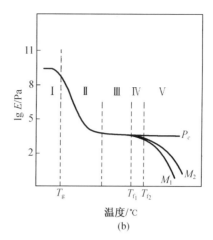

图 4 - 2　非晶态聚合物的温度 - 形变曲线

2. 高弹态

在 T_g 以上,链段运动已充分发展。聚合物弹性模量降为 $10^5 \sim 10^6$ Pa,在较小应力下,即可迅速发生很大的形变,除去外力后,形变可迅速恢复,因此称为高弹性或橡胶弹性。

黏弹转变区是大分子链开始运动的区域,模量降至 10^4 Pa 左右。在此区域,聚合物同时表现黏性流动和弹性形变两个方面。这是松弛现象十分突出的区域。

应当指出,交联聚合物不发生黏性流动。对线型聚合物,高弹态的温度范围随相对分子质量的增大而增大。相对分子质量过小的聚合物无高弹态。

3. 黏流态

温度高于 T_f 以后,由于链段的剧烈运动,在外力作用下,整个大分子链质心可发生相对位移,产生不可逆形变即黏性流动。此时聚合物为黏性液体。相对分子质量越大,T_f 就越高,黏度也越大。交联聚合物则无黏流态存在,因为它不能产生分子间的相对位移。

同一聚合物材料,在某一温度下,由于受力大小和时间的不同,可能呈现不同的力学状态。因此上述的力学状态只具有相对意义。

在室温下,塑料处于玻璃态,玻璃化温度是非晶态塑料使用的上限温度,熔点则是结晶聚合物使用的上限温度。对于橡胶,玻璃化温度则是其使用的下限温度。

4.2.3　结晶聚合物的力学状态

结晶聚合物因存在一定的非晶部分,因此也有玻璃化转变。但由于结晶部分的存在,链段运动受到限制,所以 T_g 以上,模量下降不大。T_g 和 T_m 之间不出现高弹态。在 T_m 以上模量迅速下降。若聚合物相对分子质量很大且 $T_m < T_f$,则在 T_m 与 T_f 之间将出现高弹态;若相对分子质量较低且 $T_m > T_f$,则熔融之后即转变成黏流态。不同结晶度聚合物的应变 - 温度曲线和模量 - 温度曲线如图 4 - 3 所示。图 4 - 3 还显示,聚合物的熔点随结晶度的降低而逐渐降低,材料内非晶态部分的力学特征逐渐显现,即在熔点以下的应变逐渐增加,玻璃化转变过程和玻璃化温度逐渐显现,橡胶态平台逐渐加宽。当结晶度很低时,其应变 - 温度曲线就与一般非晶态聚合物非常接近了。

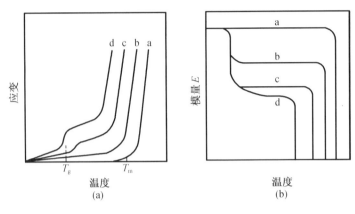

图 4 – 3　晶态聚合物的应变 – 温度曲线和模量 – 温度曲线

(a)晶态聚合物的应变 – 温度曲线;(b)晶态聚合物的模量 – 温度曲线

(结晶度 a > b > c;d 为线型非晶态聚合物)

4.2.4　交联聚合物的力学态

　　由于交联聚合物分子链间存在着或多或少、或长或短的交联键或链段。当温度高于黏流温度时,交联键的存在使分子链无法相对滑动,所以交联聚合物一般不会出现黏流态。但是,当交联度较低,或者分子链间"交联桥"的长度大于链段长度,且温度高于玻璃化温度 T_g 时,链段仍然能够进行较大幅度的运动。因此低交联度聚合物仍然表现出明显的玻璃化转变过程,也存在玻璃态和橡胶态。

　　随着交联度的继续增加,交联点间的距离缩短,链段的运动变得越来越困难,受力拉伸时的形变率越来越小,材料的弹性也就越来越低。当交联度增大到某一数值以后,链段运动将被完全抑制,此时的交联聚合物只表现出玻璃态的力学特性,既不存在橡胶态,也不出现玻璃化转变过程,更不会出现黏流态和黏流转变过程。图 4 – 2 中曲线 P_c 即为低交联度非晶态聚合物。例如,以 10% 固化剂六次甲基四胺固化成型的酚醛树脂就不存在橡胶态和黏流态,即使在高温条件下也仍然保持玻璃态聚合物的性能,这是作为高分子结构材料使用最重要的特性。当然,作为橡胶制品而言则需要控制恰当的低交联度,使之既能维持高弹性能,又不会出现不可逆的黏流转变。

4.3　聚合物的玻璃化转变

　　关于玻璃化转变现象解释,已经提出了许多理论,其中应用较广的是自由体积理论。此外,还有基于计算理想玻璃态熵的热力学理论和考虑玻璃化转变松弛本质的动力学理论。这里将着重介绍自由体积理论。

4.3.1　自由体积理论

自由体积理论最初由 Fox 和 Flory 提出。自由体积理论认为液体或固体物质,其体积由两部分组成:分子本身占据的体积,称为占有体积;未被占据的自由体积,包括分配在整个物质中的大小不等的"空穴"。

当聚合物冷却时,自由体积逐渐收缩,达到某一温度时,自由体积收缩到最低值,这时高聚物进入玻璃态。对任何聚合物,自由体积达到这一临界值的温度即为玻璃化转变温度。在玻璃化转变温度以下,自由体积处于冻结状态,其"空穴"的大小及分布基本保持固定,没有足够的空间供分子链段运动以及进行分子链构象的调整,链段运动也被冻结。因而高聚物的玻璃态可视为等自由体积状态。

在玻璃态,高聚物随温度升高而发生的膨胀,基本上是由分子振动幅度的增加和键长的变化而引起的,即分子占有体积的膨胀,其膨胀系数以 α_g 表示。在玻璃化转变温度以上,自由体积开始解冻而膨胀,为链段运动提供了必要的自由空间。同时,分子热运动也为链段运动提供了足够的能量。用 α_r 表示高弹态自由体积的膨胀系数,α_r 比 α_g 更大。T_g 上下聚合物的膨胀系数分别表示为

$$\alpha_r = \frac{1}{V_g}\left(\frac{\mathrm{d}V}{\mathrm{d}T}\right)_r \tag{4-2}$$

$$\alpha_g = \frac{1}{V_g}\left(\frac{\mathrm{d}V}{\mathrm{d}T}\right)_g \tag{4-3}$$

式中　V_g——玻璃化转变温度时聚合物的总体积;

T_g——附近自由体积的膨胀系数;

α_f——T_g 上下聚合物的膨胀系数差。

α_f 的计算公式为

$$\alpha_f = \alpha_r - \alpha_g = \Delta\alpha \tag{4-4}$$

若以 V_0 表示玻璃态聚合物在绝对零度时的占有体积,V_f 表示玻璃态时的自由体积。当 $T < T_g$ 时,聚合物在玻璃化转变温度时的总体积为

$$V_g = V_f + V_0 + T_g\left(\frac{\mathrm{d}V}{\mathrm{d}T}\right)_g \tag{4-5}$$

当 $T > T_g$ 时,聚合物的体积 V_r 为

$$V_r = V_g + (T - T_g)\left(\frac{\mathrm{d}V}{\mathrm{d}T}\right)_r \tag{4-6}$$

而高弹态某温度 T 时的自由体积 V_f^T 和自由体积分数 f_r^T 分别为

$$V_f^T = V_f + (T - T_g)\left[\left(\frac{\mathrm{d}V}{\mathrm{d}T}\right)_r - \left(\frac{\mathrm{d}V}{\mathrm{d}T}\right)_g\right] \tag{4-7}$$

$$f_r^T = f_g + \alpha_f(T - T_g) \tag{4-8}$$

其中,f_g 是玻璃态聚合物的自由体积分数。即

$$f_g = V_f/V_g \tag{4-9}$$

自由体积理论认为玻璃态时自由体积不随温度变化,且对于所有高聚物自由体积分数为同一数值。目前关于自由体积的概念缺乏严格、一致的定义。其中,较常运用的是由WLF 方程定义的自由体积,与 R. Simha 和 R. F. Boyer 定义的自由体积,两种定义给出了不

同的 f_g 值(图 4 - 4)。

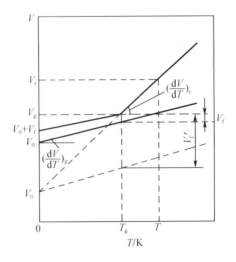

图 4 - 4　两种定义的自由体积示意图

1. WLF 自由体积

WLF 方程是由 M. L. Williams, R. F. Landel 和 J. D. Ferry 提出的关于本体黏度与温度关系的一个半经验方程,即

$$\lg \frac{\eta(T)}{\eta(T_g)} = -\frac{C_1(T - T_g)}{C_2 + (T - T_g)} \qquad (4 - 10)$$

式中　$\eta(T), \eta(T_g)$——温度 T 和 T_g 时聚合的黏度;

　　　C_1, C_2——两个经验常数近似为 17.44 和 51.6。

由描述液体的黏度与自由体积关系的 Doolittle 方程出发推导本体黏度与温度的关系如下。Doolittle 方程为

$$\eta = A \exp\left[\frac{B(V - V_f)}{V_f}\right] \qquad (4 - 11)$$

式中　A, B——常数;

　　　V——体系的总体积。

对式(4 - 11)取对数从而得到

$$\ln\eta = \ln A + B\left(\frac{1}{f} - 1\right) \qquad (4 - 12)$$

当 $T > T_g$ 时

$$\ln\eta(T) = \ln A + B\left[\frac{1}{f_g + \alpha_f(T - T_g)} - 1\right] \qquad (4 - 13)$$

当 $T = T_g$ 时

$$\ln\eta(T_g) = \ln A + B\left(\frac{1}{f_g} - 1\right) \qquad (4 - 14)$$

式(4 - 13)减去式(4 - 14)得

$$\ln \frac{\eta(T)}{\eta(T_g)} = B\left[\frac{1}{f_g + \alpha_f(T - T_g)} - \frac{1}{f_g}\right] \qquad (4 - 15)$$

将式(4-15)自然对数化成常用对数,则得

$$\ln \frac{\eta(T)}{\eta(T_g)} = -\frac{B}{2.303 f_g}\left[\frac{1}{f_g/\alpha_r + \alpha_f(T-T_g)}\right] \tag{4-16}$$

式(4-16)与 WLF 方程式(4-10)比较,可得

$$\frac{B}{2.303 f_g} = 17.44, \frac{f_g}{\alpha_f} = 51.6$$

通常 $B \approx 1$,则

$$f_g = 0.025, \alpha_f = 4.8 \times 10^{-4}/\text{℃}$$

结果说明,玻璃化转变时,WLF 方程定义的高聚物的自由体积分数为 2.5%。这一理论已被一些聚合物的实验结果证实。WLF 自由体积分数与聚合物的类型无关。

2. R. Simha 和 R. F. Boyer 自由体积

R. Simha 和 R. F. Boyer 认为自由体积随温度的下降而减少,如果在玻璃态自由体积不冻结,那么在绝对零度时自由体积将减少到零。将高弹态下体积与温度的线性关系外推到绝对零度时的截距即为 $T = 0$ K 时高聚物的占有体积 V'_0,那么玻璃化转变时高聚物的体积 V_g 为

$$V_g = \left(\frac{\text{d}V}{\text{d}T}\right)_r T_g + V'_0 \tag{4-17}$$

将式(4-17)代入方程(4-5)中,得

$$V'_f = \left[\left(\frac{\text{d}V}{\text{d}T}\right)_r - \left(\frac{\text{d}V}{\text{d}T}\right)_g\right] T_g \tag{4-18}$$

将式(4-2)和式(4-3)代入式(4-18)便得

$$V'_f = V_g(\alpha_r - \alpha_g)T_g = V_g \alpha_f T_g \tag{4-19}$$

玻璃态下,SB 自由体积理论的自由体积分数为

$$f_{SB} = \frac{V'_f}{V_g} = \alpha_f T_g = 0.113 \tag{4-20}$$

WLF 和 SB 两种自由体积值差异是由于他们关于自由体积的定义不同引起的,但两者都认为玻璃态下,自由体积不随温度而变化。

自由体积理论简单明了,可以解释玻璃化转变的许多实验事实,如冷却速度快或作用力的频率高,测得的 T_g 值偏高;增加压力可使 T_g 升高等。应用自由体积理论处理玻璃化温度与围压力的关系如下,即

$$\frac{\text{d}T_g}{\text{d}P} = \frac{K_f}{\alpha_f} = \frac{\Delta K}{\Delta \alpha} \tag{4-21}$$

式中 ΔK——T_g 上下聚合物的压缩系数差;

K_f, α_f——玻璃化转变时自由体积的等温压缩系数和膨胀系数;

P——围压力。

对一些高聚物的研究表明,压力增加 100 MPa,T_g 提高 15~50 ℃。

自由体积理论对玻璃化转变现象的描述基本成功,但也存在一些不足。例如,随着冷却速度的不同,高聚物的 T_g 并不一样,T_g 时的比容积也不一样,自由体积分数实际上并不相等;实验观察到淬火后的聚醋酸乙烯酯在恒温放置时,其体积随着放置时间的延长而不断减小,这表明自由体积并没有完全冻结。实际上 T_g 以下自由体积仍然会变,这是自由体积理论的不足之处。

4.3.2 热力学理论

热力学研究指出相转变过程中 Gibbs 自由能是连续的,而与自由能的导数有关的性质则发生不连续的变化。以温度和压力作为变量,与自由能的一阶偏导数有关的性质如体积、焓及熵在晶体熔融和液体蒸发过程中发生突变,这类相转变称为一级转变。与 Gibbs 自由能的二阶偏导数有关的性质显示不连续的相转变称为二级转变。例如,液氦在 2.2 K 时的转变、铁磁性物质在居里点的有序到无序转变即属于二级转变。

按照上述定义,二级转变时恒压热容 C_P、体膨胀系数 α 和压缩系数 K 将发生不连续变化。

$$\left(\frac{\partial^2 F}{\partial T^2}\right)_P = \left(\frac{\partial S}{\partial T}\right)_P = \frac{C_P}{T} \tag{4-22}$$

$$\left[\frac{\partial}{\partial T} \times \left(\frac{\partial F}{\partial P}\right)_T\right]_P = \left(\frac{\partial V}{\partial T}\right)_P = \alpha V \tag{4-23}$$

$$\left(\frac{\partial^2 F}{\partial P^2}\right)_T = \left(\frac{\partial V}{\partial P}\right)_T = -KV \tag{4-24}$$

非晶态高聚物在玻璃化转变时,由于接近玻璃化转变时体系的黏度很大,分子链段运动十分缓慢,体积松弛和构象重排在实验的时间标尺内已不可能实现,体系很难达到真正的热力学平衡状态,因而出现,C_P,α 和 K 的不连续变化,而其体积、焓及熵是连续变化的。这些现象恰好与二级转变相似,因而在早期的研究文献中,玻璃化转变常被看作二级转变,T_g 常被称为二级转变点。

二级转变作为热力学转变,其转变温度仅取决于热力学的平衡条件,与加热速度和测量方法应无关系。实际玻璃化转变的测量过程中,转变温度强烈地依赖于温度的变化速度和测试方法,例如,升温或降温速度快,测得的高聚物的玻璃化转变温度 T_g 较高;反之则较低。因此实验观察到的玻璃化转变过程并不是真正的二级转变,而是一个松弛过程。欲使聚合物体系达到热力学平衡,在温度较低时需要无限缓慢的变温速率和无限长的测试时间,这在实验上是做不到的。

W. Kauzmann 将玻璃状物质的构象熵外推到低温,发现在温度到达绝对零度前,熵已经变为零,当外推至 0 K 时,便会得到负熵。由此 Kauzmann 认为玻璃态不是平衡态,在外推熵到达零之前的某一温度,玻璃态将转变为平衡状态的结晶,从而否定了热力学二级转变的存在。

J. H. Gibbs 和 E. A. DiMarzio 对 Kauzmann 观察到的现象提出了另一种解释。他们认为,在 0 K 以上存在一个真正的二级转变温度 T_2,这时高聚物发生热力学二级转变,平衡构象熵变为零,链构象不再发生变化,只有一种能量最低的构象存在。在 T_2 到 0 K 之间,构象熵不再改变,恒等于零。

T_2 对应的是分子链由多种构象状态到能量最低的统一构象状态的转变。为保证所有的链都转变成最低能态的构象,在 T_2 时观察到真正的二级转变,实验必须进行得无限慢,而这很难实现。

热力学二级转变温度 T_2 可以由 WLF 方程求出。当取 T_g 作为参考温度时,式(4-10)可表示为

$$\lg\alpha_T = \lg\left(\frac{\tau}{\tau_g}\right) = -\frac{17.44(T - T_g)}{51.6 + (T - T_g)} \tag{4-25}$$

式中，α_T 称为移动因子；τ_g 是温度为 T_g 的松弛时间。$T = T_2$ 时，构象重排需要无限长的时间，即 $\tau = \tau_2 \to \infty$。显然，为满足上述条件，必须使 $51.6 + T_2 - T_g = 0$，即

$$T_2 \approx T_g - 52$$

在一个进行得无限慢的实验中，可以在 T_g 以下约 50 ℃ 处观察到二级相转变。

由于在正常实验条件下观察到的玻璃化转变现象和 T_2 时的二级转变非常相似，理论得到的关于 T_2 的结果往往适用于 T_g。因而，二级热力学转变理论可成功地解释玻璃化转变现象，说明玻璃化转变行为与交联密度、增塑、共聚和相对分子质量的关系，解释压力对 T_2 和 T_g 的影响。

4.3.3　动力学理论

玻璃化转变的自由体积理论没有考虑自由体积的膨胀或收缩的时间依赖性。热力学理论考虑平衡态构象的变化，也不涉及到达平衡状态的时间问题。玻璃化转变现象具有明显的动力学性质，T_g 与实验的时间标尺（如升降速度和动态实验时所用的频率等）有关，因此有人指出，玻璃化转变是由动力学方面的原因引起的。

最初的动力学理论认为：当高聚物冷却时，链段的热运动降低，同时由于链段运动具有松弛特性，在降温的过程中，当构象重排远远跟不上降温速度时，这种运动就被冻结，因此出现玻璃化转变。

动力学理论的另一类型是位垒理论，认为大分子链构象重排时，主链单键内旋转需克服一定的位垒。当温度在 T_g 以上时，分子运动有足够的能量去克服位垒，达到平衡。但温度降低时，分子热运动的能量不足以克服位垒，于是便发生分子运动的冻结。

此外，A. J. Kovacs 采用单有序参数模型定量地处理玻璃化转变的体积收缩过程。由于它只包含一个推迟时间，不符合高聚物分子运动的真实情况。为此，Aklonis 和 Kovacs 提出了多有序参数模型，建立了体积与松弛时间的联系。

玻璃化转变的各种理论从不同角度出发解释玻璃化转变现象。热力学理论虽然取得了不少成就，但很难说明玻璃化转变时复杂的时间依赖性。动力学理论虽然能解释许多玻璃化转变的松弛现象，但无法从分子结构来预示 T_g。建立更为完善的兼顾这两个方面的玻璃化转变理论还有待于进一步研究。

4.3.4　玻璃化转变温度的测量

T_g 测定的方法很多，有膨胀法 V-T，量热法如差热分析（DTA）和补偿式差动扫描量热法（DSC）。测出的 T_g 值受温度变化速率的影响，变化速率（升温或降温）快者，测得的 T_g 越高，其比溶（比体积）也大。

此外，还可用静态相动态力学的方法测定，用动态力学的方法测定更能反映出 T_g 转变及其松弛特征。在玻璃化转变范围内，储能模量 G' 有 3~4 个数量级的变化，同时损耗模量 G'' 或损耗角正切 $\tan\delta$ 出现峰值。$\tan\delta$ 峰的位置比膨胀法和量热法所测得的为高，频率增高，$\tan\delta$ 峰值移向高温。同理，用介电法也可测量 T_g。

通常在记录某聚合物的 T_g 时，应注明测试的方法和时标。

4.4 玻璃态的次级松弛

玻璃态时的松弛统称次级松弛(或转变),依次称 β,γ,δ 等,它们仅是次序的标记,并无固定的相对应的分子机理。

研究玻璃态时的次级松弛,不能用热膨胀法,也不能用静态黏弹性的方法,而只能用动态的方法。

4.4.1 $T < T_g$ 的 β 松弛

1. β 松弛的分子机理

一般认为是主链的局部模式运动,即短链($C_n = C_3 \sim C_8$)的局部运动(不同于 α 松弛的整个链段 $C_n = 20 \sim 100$ 的运动),也可认为 β 松弛是玻璃化转变的先导。

在短链的运动中,可以是键长的伸缩振动,键角的变形振动,以及 C—C 单键的扭转振动等,故振动的频率和振幅变动范围很大,或在一定频率下,呈现 β 松弛的温度范围较宽。

聚苯乙烯的 β 松弛认为是带有庞大侧基的主链的局部运动,"淬火"能使 β 峰增强,因受自由体积的影响。

聚碳酸酯的 $-O-\overset{\overset{O}{\|}}{C}-O-$,聚芳砜的 $-\overset{\overset{O}{\|}}{\underset{\underset{O}{\|}}{S}}-$ 和聚酰胺中的 $-\overset{\overset{O}{\|}}{C}-\overset{\overset{H}{|}}{N}-$ 在

玻璃态中小区域的协同运动所产生的内耗峰亦称 β 松弛。

环氧树脂的 β 松弛也可认为是双酚 – A 上醚键之间的运动,由固化剂酸酐反应而形成的醚键的运动,对 β 松弛也有贡献。也有认为环氧树脂的 β 峰是其中未固化树脂的玻璃化转变,随着固化进行,β 峰移向高温,最后与 α 峰合并。

主链旁较大的侧基,如聚苯乙烯的苯基,聚甲基丙烯酸甲酯的 $-\overset{\overset{O}{\|}}{C}-O-CH_3$ 基的内旋转所产生的松弛,也被认为是 β 松弛,它们与主链局部模式运动的松弛在相同的温度范围内出现,这可能是由于庞大侧基使局部模式运动松弛强度减弱的缘故。

聚甲基丙烯酸环己酯的 β 松弛,有人认为是环己基的椅 – 船式构型转变。

聚异丁烯、聚乙酸乙烯酯、聚丙烯酸丁酯等不显示 β 松弛,这可能是被 α 峰所掩盖,用适当方法如改变频率或温度以及增大压力可能分开,如图 4 – 5 所示。

2. β 松弛与玻璃态韧性的关系

聚苯乙烯 T_g 为 110 ℃,常温下很脆,不能进行冷加工。

聚碳酸酯 T_g 为 149 ℃,常温下不脆,0 ℃ 以下也强韧,可冷加工。

决定常温下脆性的两个因素如下。

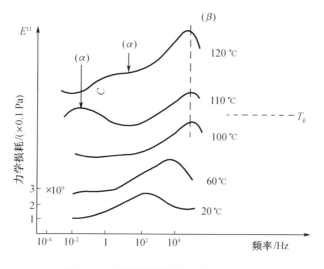

图 4 - 5　聚甲基丙烯酸甲酯 α - β 混合

（1）$T_g \sim T_\beta$ 要宽，且包括室温，即 T_β 低于室温。

聚碳酸酯 $T_g \sim T_\beta$：149 ～ - 100 ℃。

聚苯乙烯 $T_g \sim T_\beta$：110 ～ 60 ℃（80 ℃时不脆），如用橡胶改性，使得在 0 ℃以下低温区有第二个 β 松弛，即 β′，便可加工，ABS 便是一例。

（2）β 峰不是侧基运动的结果，而是主链局部模式运动的结果，则常呈现韧性，如聚甲基丙烯酸环己酯的 T_β 与聚碳酸酯很近，但前者在室温下却性脆。

4.4.2　$T \ll T_g$ 的松弛

主要是小结构单元产生的松弛，如 $\gamma, \delta, \varepsilon$ 等。

1. γ 松弛

（1）曲柄运动

如图 4 - 6 所示，其中：

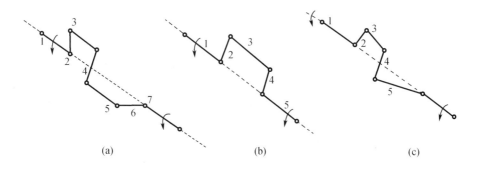

图 4 - 6　曲柄运动的三种类型

①是次甲基链节第一根和第七根碳-碳在一直线上,中间的碳原子绕此直线转动;

②直线中间只有两个碳原子,呈顺式结构,在能量上不利,故一般认为这种曲柄运动可能性不大;

③呈紧缩的螺旋,具有较低的能量。

曲柄运动不仅发生于主链的—CH₂—较长的链中,在四个以上—CH₂—的支链中也会发生,另外在带有不大侧基(如甲基)的主链上也能发生。

(2)与主链直接相连的 α - 甲基的内旋转

如聚甲基丙烯酸甲酯的 α - 甲基内旋转在 - 173 ℃产生小的 γ 峰。

2. δ 松弛

如聚甲基丙烯酸甲酯中酯甲基转动产生的一个很低的内耗峰就是一个 δ 松弛。

不同的甲基转动的能垒是不同的,如图 4 - 7 所示。

当 1 000/T ≈ 10,即 T = 100 K 时,隧道效应起着主导作用,表现为温度再降低而频率不再下降。

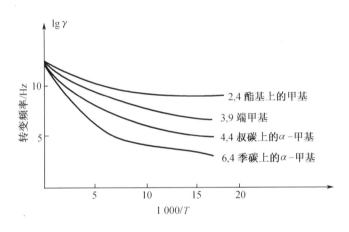

图 4 - 7　甲基转动的转变频率图

4.5　高聚物的耐热性及热稳定性

高聚物材料与金属材料相比,在受热过程中将产生物理变化和化学变化,这两种变化将直接影响材料的物理性质及性能。物理变化主要表现为高聚物受热时发生软化和熔融。化学变化则包括高聚物在热及环境共同作用下发生的环化、交联、降解、氧化和水解等结构变化,这种变化对高聚物的破坏是不可逆的。高聚物的热稳定性主要讨论由这两种变化决定的材料尺寸稳定性和组成稳定性。通常尺寸稳定性更多地表示为材料的耐热性,与高聚物的 T_g,T_m 值相关,组成稳定性则更偏向表示为材料的热稳定性,与高聚物的 T_d 值有关。

4.5.1　高聚物的耐热性

高聚物在升温过程中首先发生软化或熔融,可以由此来衡量高聚物的耐热性。高聚物的耐热性能,通常是指它在温度升高时保持物理机械性质的能力。高聚物材料的耐热温度是指在一定负荷下,其到达某一规定形变值时的温度。发生形变时的温度通常称为塑料的软化点 T_s。因为使用不同测试方法各有其规定选择的参数,所以软化点的物理意义不像玻璃化转变温度那样明确,但是可以作为材料正常使用的一个工艺指标。

依应力作用方式不同,高聚物耐热性能测试方法分为维卡(Vicat)耐热和马丁(Marin's)耐热以及热变形温度法。不同测试方法所得结果即维卡耐热温度、马丁耐热温度、热变形温度通称为软化点,没有可比性。但从本质上看,T_s 的高低与非晶态高聚物的玻璃化转变温度 T_g、晶态高聚物的熔融温度 T_m 相联系,提高高聚物材料的耐热性,实质上就是如何提高高聚物的 T_g,T_m 值。

欲提高高聚物的耐热性,主要包括三个结构因素:增加高分子链的刚性、提高高聚物的结晶性及采用交联结构、引入较强分子间作用力。这就是马克(H. Mark)提出的三角形原理,如图 4-8 所示。图中,A 代表结晶因素,许多软链的、热塑性的结晶性高聚物属于这类,如聚乙烯、等规聚丙烯、聚甲醛、聚乙烯醇、聚氯乙烯、聚偏二氯乙烯、聚酰胺 6 和聚酰胺 66 等;B 代表交联因素,许多热固性树脂、高度交联的高聚物如硬橡皮、脲醛树脂、三聚氰胺及酚醛树脂、高度网状树脂、环氧树脂及聚氨基甲酸

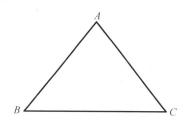

图 4-8　马克三角形原理

酯等属于这类;C 代表链刚性因素,有较大刚性及高软化温度的非结晶热塑性树脂属于这类,如聚苯乙烯及其衍生物、聚甲基丙烯酸甲酯、AS 共聚物和聚碳酸酯等。

三角形的三边表示合并两种因素的影响,可以得到性能更好的高聚物。一些纤维和薄膜可体现 AC 线所表示的结晶 + 链刚性的结合优势,例如,涤纶由于分子链中的对苯基结构单元使高分子链具有了足够的刚性,能结晶,使其熔点达到约 260 ℃,虽然是聚酯,分子链间不形成氢键,而其熔点与聚酰胺 66 相近。纤维素虽然结晶程度不高,主链又有醚键—O—,但是由于吡喃环及多羟基使其分子链很刚硬,因此具有高的拉伸强度及高软化温度,T_g 约为 220 ℃,比其分解温度 180 ℃ 还高。

AB 线体现结晶和交联因素,包括许多橡皮,它们是微量或中度交联的高聚物,拉伸时会逐步结晶,使材料的拉伸强度提高。天然橡胶、顺丁橡胶、丁基橡胶及氯丁橡胶随着交联程度增加而变硬。如果在树脂中加入晶态填充剂,如 SiO_2 或 Al_2O_3,由于其在复合材料中与基体树脂具有较好的相互作用,制约柔性基体的链段运动,使复合材料的性能接近 A。

CB 线的意义在于用交联的方法进一步提高刚性材料的强度及耐热性、耐溶剂性,提高材料的软化温度等。如果结合 A,B,C 三种因素,便能得到具备多种特性的高聚物,例如,棉纤维或黏胶纤维后处理时用某些交联剂改性,则能在保持其结晶性及强度的同时,提高回复能力及抗皱性。由此,根据结构和性能的关系,我们可以按照需要的性能来设计相应结构的高分子材料,即所谓的高分子设计。

4.5.2　高聚物的热稳定性

高聚物的热稳定性是指高温下保持其化学结构或组成稳定性的能力。高温下,高聚物将出现热分解或交联现象导致材料化学结构发生变化。高分子材料的热分解是指高分子主链的断裂,导致相对分子质量下降,材料的物理力学性能变坏。交联则使高分子链间产

生化学键,引起相对分子质量增加,适度交联可改善高分子的力学性能和耐热性,但交联过度则使高聚物发硬、发脆,同样造成材料性能下降。许多高聚物的降解和交联作用几乎同时发生并达到平衡,这时材料的宏观性质变化不是十分明显。只有当其中一种效应起主要作用时,材料或因交联过度而失效,或因降解而破坏。

1. 高聚物的热分解

从结构变化特征来看,高分子材料的热分解主要分为三种形式。

(1) 链式分解

高分子链端或其他薄弱点先生成自由基,并由此开始引发自由基式连锁降解生成单体。聚甲基丙烯酸甲酯等主链含有季碳原子的高聚物的热分解大多采用这种形式。这类降解开始时,单体迅速挥发,高聚物相对分子质量变化不大,但质量损失较大。降解到一定程度时,高聚物质量几乎完全损失,相对分子质量急剧降低。高聚物热降解形成单体对于回收废旧塑料具有很大的经济价值。

(2) 无规断链

高分子链随机地发生异裂或均裂,高聚物相对分子质量随着降解过程的进行而迅速降低,分布变宽,类似逐步聚合的逆过程,降解作用最终不生成单体或单体产率不高。聚乙烯、聚丙烯等材料的热降解就采用这种形式。

(3) 侧基分解

在主链不断裂的情况下先发生侧基消除降解,例如,聚氯乙烯降解时脱去氯化氢,聚乙烯醇降解初期发生脱水的消除反应,聚甲基丙烯酸叔丁酯的脱异丁烯反应等。由于高聚物的热降解和交联作用与化学键的断裂或生成有关,组成高聚物的化学键的键能越大,材料就越稳定,耐热分解的能力也就越强。此外,聚合物的热稳定性和热破坏机理还受周围环境的影响,材料的受热环境可分为有氧、真空和惰性气体气氛。在空气中,氧的影响十分突出,聚合物的分解一般为热氧降解。在无氧环境中,高聚物的稳定性比有氧环境好,但热对材料仍然会带来热降解,造成直接破坏。

2. 高聚物热稳定性评价

聚合物的热稳定性可通过材料在受热条件下的力学性能、质量及分子结构的变化三方面进行评价。

(1) 从性能上评价聚合物的热稳定性,可以将材料能够相对长期使用的温度上限或在一定温度下材料性能能够维持的时间上限(如氧化诱导期)作为评价指标。

(2) 高分子发生热分解时,由于分解产生的小分子片段逸出体系而产生质量损失,可由此评价聚合物的热稳定性。热失重分析是一种研究聚合物热稳定性的重要手段,其中热失重速率、一定温度下的质量 – 时间曲线、一定升温速率下的质量 – 温度曲线以及一定时间间隔内材料质量损失到某一特定值(例如,10% 或 50%)所需的温度等都可作为质量法的评价指标。失重 50% 时的温度称为聚合物的半分解温度。由于性能测试和质量分析方法具有方便、直观的特点,因而在高聚物热稳定性能研究中广泛应用。

(3) 结合分子链结构及相对分子质量与分子链分布的研究测试进行评价,能够更深入地了解聚合物的降解机理,寻找到改善高聚物热稳定性的有效途径。

3. 提高聚合物热稳定性的方法

改善高聚物的热稳定性可从两方面着手:一方面可针对不同材料具体的降解机理加入相应的稳定剂,如加入酚类、胺类、亚磷酸盐类、硫酯类等抗氧剂可阻碍高聚物的热氧化作用,加入苯并呋喃酮类、醌类、炭黑、多核芳烃等自由基捕获剂可减少自由基引起的降解反应等,均可使高聚物的热稳定性有一定程度的提高;另一方面可从改变高聚物的化学结构入手,这就需要了解高聚物结构与热稳定性的关系,合理地设计高分子结构与正确地选择适应使用环境的材料品种。

从化学结构方面提高高聚物热稳定性的途径有以下几种。

(1)在高分子链中避免弱键

①主链中靠近叔碳原子和季碳原子的键比较容易断裂,故聚合物分解温度的高低顺序为:聚乙烯 > 支化聚乙烯 > 聚异丁烯 > 聚甲基丙烯酸甲酯。

②侧基体积增大通常使聚合物的热稳定性降低。

③当主链碳原子和其他原子相连时,高聚物的热稳定性顺序为:C—F > C—H > C—C > C—O > C—Cl。C—F 结构的高聚物热稳定性最好,因而聚四氟乙烯在所有碳链高聚物中最为稳定,仅次于耐高温特种塑料聚酰亚胺。而聚氯乙烯很容易脱出 HCl,耐热性最差,加工时必须加入热稳定剂以防止其降解反应。高聚物的立体异构对它的分解温度影响不大,如全同立构和无规立构聚环氧丙烷半分解温度分别为 313 ℃ 和 295 ℃。

④主链含有氧原子的高聚物,其耐热性一般较纯碳链高聚物差,前面所讲的聚环氧丙烷的半分解温度就明显低于聚乙烯和聚丙烯。聚甲醛、聚碳酸酯、聚苯醚和聚砜等,由于具有不稳定的端基,其稳定性和加工性较差,采用封闭端基法,即提供 C—C 链段,可有效阻止降解反应,提高其热稳定性。

⑤分子主链全部为非碳原子的元素高分子具有较好的热稳定性,如长链聚硅氧烷的耐热氧稳定性最好,即使取代基遭受氧化而环化,无机主链的长链结构也不会破坏。如果在其主链上再引入 Al、Ti 或 Sn 等金属元素,那么,这类聚合物很容易交联形成兼具优良热稳定性和优良力学性能的材料。但是高聚物中游离的金属离子,特别是过渡金属离子的存在,使聚合物自动氧化速率增加。铜、铁、钴、锌、锰等离子对橡胶、聚丙烯和聚氯乙烯等聚合物都有催化作用,这一现象尤其在电线、电缆制造中受到极大重视。金属离子可能是聚合时加入的引发剂的残余,也可能是从生产设备上混入的,或由电线中的铜迁移造成。

⑥对于热氧降解,高聚物分子链的饱和程度也会影响材料的热稳定性,不饱和结构对 α –氢原子的反应性具有明显的活化效应。许多研究也证明带有不饱和链结构的橡胶的耐氧化性比饱和结构聚合物的差。

(2)在主链中避免过长的亚甲基

在高分子主链中避免一长串连接的亚甲基(—CH$_2$—)结构,并尽量引入较大比例的环状结构。芳环和杂环可有效增加聚合物的热稳定性,如聚苯醚的耐热性要比普通脂肪族聚醚好,其熔融温度在 300 ℃ 以上,在空气中 150 ℃ 下,经 150 h,性能不发生变化。

(3)合成"梯形""螺形"和"片状"结构的聚合物

所谓梯形结构和螺形结构是指高分子的主链不是一条单链,而是由连续的环状结构形成主链的高聚物。因为在这类高分子中,一个链断裂并不影响相对分子质量,即使几个链同时断裂,只要不是断在同一个梯格内,也不会降低聚合物的相对分子质量,而同一个梯格内的两个键同时断开的概率很小。因此这类高分子具有优异的耐高温性能。

如图 4 – 9 所示为片状和梯形结构高聚物。片状结构即相当于石墨结构,整个分子呈片层网络状,耐高温性能优异,例如,将聚丙烯腈纤维加热,在升温过程中会环化、芳构化而形成梯形结构,继续升温处理则可制成具有石墨晶体结构的碳纤维。片状及梯形结构高聚物难以熔融,不利于加工成型。如果把梯形结构作为链段单元并由单键相连,形成半梯形或分段梯形结构,虽然会牺牲一些热稳定性,但加工性能得到明显改善。

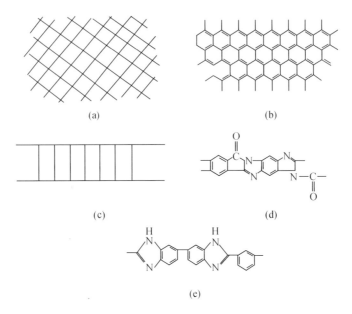

图 4 – 9　片状和梯形分子链结构模型及聚合物

(a)片状结构模型;(b)石墨;(c)全梯形结构模型;(d)全梯形吡咙;(e)聚苯并咪唑

第 5 章　聚合物的力学性能

高弹性、黏弹性和强韧性是聚合物力学性能的突出特点。不过化学组成和结构不同的聚合物其力学性能也存在巨大差异。按照材料对外力作用承受能力的大小,通常将材料大体分为刚性和非刚性两大类,而绝大多数合成聚合物均属于非刚性材料。基于上述原则,本章将重点讲述聚合物的应力-应变行为和特点、强度与断裂行为、高弹性与黏弹性、屈服与强迫高弹性,简要讲述聚合物的抗冲击韧性和疲劳强度以及动态力学行为和特点,最后还将对聚合物加工和使用过程中的一些力学行为和现象进行分子结构与运动学的解释。

5.1　描述材料力学行为的基本物理量

5.1.1　应力和应变

当材料在外力作用下,而材料不能产生位移时,它的几何形状和尺寸将发生变化,这种形变称为应变(strain)。材料发生形变时内部产生了大小相等但方向相反的反作用力抵抗外力,定义单位面积上的这种反作用力为应力(stress)。

材料受力方式不同,形变方式也不同。常见的应力和应变有以下几种:

1. 张应力、张应变和拉伸模量

材料受简单拉伸(stretch, tensile, draw)时(图 5-1),张应力变 $\sigma = \dfrac{F}{A_0}$;张应变(又称伸长率,elongation percentage)为 $\varepsilon = \dfrac{l - l_0}{l_0} = \dfrac{\Delta l}{l_0}$。

2. (剪)切应力、(剪)切应变和剪切模量

剪切(shear)时,应力方向平行于受力平面,如图 5-2 所示。切应力 $\sigma_s = \dfrac{F}{A_0}$,切应变 $\gamma = \tan\theta$。

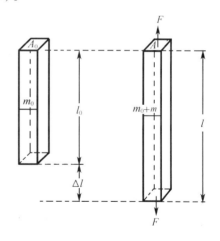

图 5-1　简单拉伸示意图

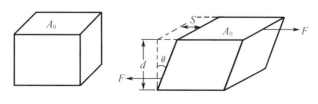

图 5-2　简单剪切示意图

3. 压缩应变与压缩应力

材料受均匀压缩应力(P)的作用而产生致其体积缩小的形变定义为压缩应变（$-\Delta V/V$）。虽然产生于流体静压力的压缩应变是可压缩流体材料的基本应变类型，但在聚合物材料中却很少采用。

5.1.2 强度与模量

将材料对于所受强大而持续、能致其破坏的外力作用的抵抗能力定义为强度，通常用其模量表征。换言之，模量是材料抵抗外力作用不致变形或破坏的极限能力指标。

超过材料强度的外力必然造成其严重变形直至断裂。材料断裂的方式和过程与其结构和性质密切相关，一般脆性材料的断裂是其结构缺陷快速扩展的结果，而韧性材料的断裂则首先经过屈服以后再发展成最后的断裂。

1. 弹性模量

理想弹性固体的应力与应变成正比，服从于 Hooke 定律，其比例常数即为弹性模量 = 应力/应变。可见弹性模量是材料产生单位应变时的应力，用以表征材料抵抗变形能力的大小。如前所述，对应于前述三种基本应变类型的弹性模量分别为杨氏模量（Young's modulus）、剪切模量和体积模量，分别记为 E，G 和 B。

杨氏模量 $E = \dfrac{\sigma}{\varepsilon}$，式中的 σ 和 ε 分别为张应力和张应变。

剪切模量 $G = \dfrac{\sigma_s}{\gamma}$，式中的 σ_s 和 γ 分别为切应力和切应变。

体积模量 $B = PV/\Delta V$，式中的 P，V 和 ΔV 分别为围压力、试样原体积及其体积增量。由于三种应变均无量纲，所以其弹性模量的单位分别与其应力相同。

2. 柔量与可压缩度

有时使用弹性模量的倒数（柔量）更为方便，对应于三种弹性模量的倒数分别称为拉伸柔量 D、切变柔量 J 和可压缩度 K。

简而言之，材料产生单位应变所需应力为模量，而施以单位应力使其产生的应变即为柔量。

3. 泊松（Poisson）比

还有一个材料常数称为泊松比，定义为在拉伸试验中，材料横向单位宽度的减小与单位长度的增加的比值 $\nu = \dfrac{-\Delta m/m_0}{\Delta l/l_0}$（注：加负号是因为 Δm 为负值）。

可以证明没有体积变化时，$\nu = 0.5$，橡胶拉伸时就是这种情况。其他材料拉伸时，$\nu < 0.5$。ν 与 E 和 G 之间有关系式 $E = 2G(1 + \nu)$。

因为 $0 < \nu \leqslant 0.5$，所以 $2G < E \leqslant 3G$。也就是 $E > G$，即拉伸比剪切困难，这是因为在拉伸时高分子链要断键，需要较大的力；剪切时是层间错动，较容易实现。

4. 极限强度

极限强度是材料抵抗外力破坏能力的量度，不同形式的破坏力对应于不同意义的强度指标。极限强度在实用中有重要意义。

（1）抗张强度

在规定的试验温度、湿度和试验速率下，在标准试样（通常为哑铃形）上沿轴向施加载荷直至拉断为止。抗张强度(tensile strength)定义为断裂前试样承受的最大载荷 P 与试样的宽度 b 和厚度 d 的乘积的比值,即

$$\sigma_t = \frac{P}{bd} \qquad\qquad (5-1)$$

(2)冲击强度

冲击强度(impact strength)是衡量材料韧性的一种强度指标,定义为试样受冲击载荷而折断时单位截面积所吸收的能量,即

$$\sigma_i = \frac{W}{bd} \qquad\qquad (5-2)$$

式中　W——冲断试样所消耗的功;

　　　b——试样宽度;

　　　d——试样厚度。

有简支梁(charpy)和悬臂梁(izod)两种冲击方式。前者试样两端支承,摆锤冲击试样的中部(图 5-3);后者试样一端固定,摆锤冲击自由端。试样可用带缺口和不带缺口两种,带缺口试样更易冲断,其厚度 d 指缺口处剩余厚度。

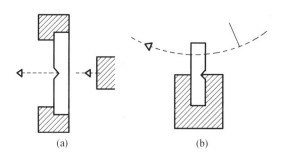

(a)　　　　　　　　　　(b)

图 5-3　Charpy 式和 Izod 式摆锤冲击试验
(a)Charpy 式;(b)lzod 式

根据材料的室温(20 ℃)冲击强度,可以将聚合物分为三类:

脆性——聚苯乙烯、聚甲基丙烯酸甲酯;

缺口脆性——聚丙烯、聚氯乙烯(硬)、尼龙(干)、高密度聚乙烯、聚苯醚、聚对苯二甲酸乙二醇酯、聚砜、聚甲醛、纤维素酯、ABS(某些)和聚碳酸酯(某些);

韧性——低密度聚乙烯、聚四氟乙烯、尼龙(湿)、ABS(某些)和聚碳酸酯(某些)。

(3)硬度

硬度(hardness)是衡量材料表面抵抗机械压力的能力的一种指标。硬度实验方法很多,采用的压头及方式不同,计算公式也不同。硬度可分为布氏、洛氏和邵氏等几种。

5.1.3　弹性与黏弹性

材料受到逐渐增大的外力作用时将首先发生弹性形变。不同类型、不同结构和特性的材料,其弹性形变的程度及其所需应力大小相差很大。一般金属和非金属无机刚性材料在外力作用下的弹性形变很小,所需应力相当高。

一般合成聚合物在较小应力作用下就能产生较大的弹性形变。非晶态聚合物与晶态

聚合物在外力作用下的弹性行为存在明显差异。前者在低于玻璃化温度 T_g 时首先发生普弹形变,在 T_g 与黏流温度 T_f 之间发生高弹形变;后者在熔点以下可发生强迫高弹形变。非晶态聚合物在黏流温度之上、晶态聚合物在熔点之上产生的永久性黏弹形变包含着部分可回复的弹性形变。

5.1.4　屈服与塑性

材料发生弹性形变以后,如果外力继续增加到超过材料的弹性极限,就可能出现脆性断裂或者屈服,这取决于材料的类型和结构。经屈服的材料随后发生幅度很大的塑性形变,即强迫高弹形变。总而言之,断裂是材料脆性的表现,屈服和强迫高弹性则是材料具有塑性即延展性的表现。

5.1.5　抗冲击性能

材料在极短时间内承受到强大应力作用称为"冲击",材料承受冲击应力作用的能力称为抗冲击能力(冲击强度)。聚合物材料及其制品的抗冲击能力同样是一项重要的力学性能指标。

5.1.6　疲劳与寿命

材料的疲劳是指在持续恒定或周期性应力作用下发生的破坏行为。一般情况下施加持续恒定应力或周期性应力均不高于材料静态条件下的破坏应力,可见导致材料最终破坏的决定因素并非应力强度,而是应力作用时间的长短以及作用方式和频率。相比之下,材料及其制品在其强度限定条件下长期使用的寿命,往往决定于其疲劳强度的大小,而与材料极限强度并无直接联系。

5.2　聚合物的拉伸行为及应力－应变曲线

5.2.1　非晶态聚合物拉伸时的应力－应变曲线

应力－应变曲线包含许多描述聚合物的力学性能的特征参数,例如,弹性模量、屈服强度、拉伸强度和断裂伸长率。在不同的温度和形变速率下测得的数据有助于判断聚合物材料的强弱、硬软和韧脆,并估计聚合物所处的状态及其拉伸取向情况。

在规定的温度、湿度下,将标准试样以匀速拉伸至试样断裂,线型非晶态聚合物在拉伸时典型的应力－应变关系如图5－4所示。应力－应变曲线可以分为五个阶段:

1. 弹性形变

在 Y 点之前应力随应变正比增加,从直线的斜率可以求出杨氏模量 E。从分子机理看来,这一阶段的普弹性行为主要是由于高分子的键长键角变化引起的。

2. 屈服(yield)

应力在 Y 点达到极大值,这一点叫屈服点,其应力 σ_Y 为屈服应力。

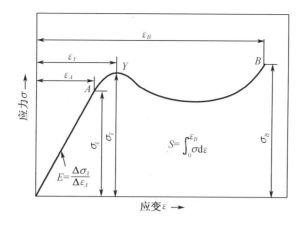

图 5 - 4　玻璃态聚合物拉伸时的应力 - 应变曲线示意图

3. 强迫高弹形变(又称大形变)

过了 Y 点应力反而降低,这是由于此时在大的外力帮助下,玻璃态聚合物本来被冻结的链段开始运动,高分子链的伸展提供了材料的大的形变。这种运动本质上与橡胶的高弹形变一样,只不过是在外力作用下发生的,为了与普通的高弹形变相区别,通常称为强迫高弹形变。这一阶段加热可以恢复。

4. 应变硬化

继续拉伸时,由于分子链取向排列,使硬度提高,从而需要更大的力才能形变。

5. 断裂(break ,fracture ,rupture ,cleavage)

达到 B 点时材料断裂,断裂时的应力 σ_B 即是抗张强度 σ_t;断裂时的应变 ε_B 又称为断裂伸长率。直至断裂,整条曲线所包围的面积 S 相当于断裂功。

因而从应力 - 应变曲线上可以得到以下重要力学指标:E 越大,说明材料越硬,相反则越软;σ_B 或 σ_Y 越大,说明材料越强,相反则越弱;S 越大,说明材料越韧,相反则越脆。

实际聚合物材料,通常只是上述应力 - 应变曲线的一部分或其变异,如图 5 - 5 所示五类典型的聚合物应力应变曲线,它们的特点分别为软而弱、硬而脆、硬而强、软而韧和硬而韧。其代表性聚合物如下:

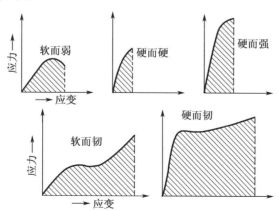

图 5 - 5　聚合物的应力 - 应变曲线类型

软而弱——聚合物凝胶;

硬而脆——聚苯乙烯、聚甲基丙烯酸甲酯、酚醛塑料;

硬而强——硬聚氯乙烯;

软而韧——橡胶、增塑聚氯乙烯、聚乙烯、聚四氟乙烯;

硬而韧——尼龙、聚碳酸酯、聚丙烯、醋酸纤维素。

5.2.2 晶态聚合物的应力－应变曲线

未取向晶态聚合物的单轴拉伸应力－应变曲线,如图5－6所示。它比玻璃态聚合物的拉伸曲线具有更明显的转折,整个曲线近似由三段直线组成。在拉伸初期,应力增加较快且随应变线性地增加,应力与应变关系服从虎克定律。试样被均匀地拉长,伸长率可达百分之几到十几,为普弹形变所贡献。b 点后,试样的截面积突然变得不均匀,出现一个或几个细颈,由此拉伸进入第二阶段。随应变增加,细颈部分不断扩展,非细颈部分逐渐减少,且细颈与非细颈部分的截面积分别维持不变直至整个试样完全变细为止,试样产生冷拉。这一阶段应力几乎不变,而应变不断增加。d 点后进入第三阶段,成颈后的试样重新被均匀拉伸,应力随应变迅速增加直到断裂点。结晶聚合物拉伸曲线上的转折点与细颈的突然出现、发展、终止有关。

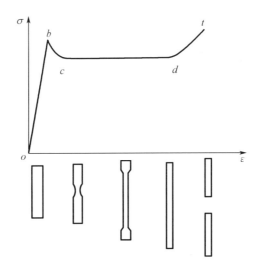

图5－6 晶态聚合物拉伸时应力－应变曲线

晶态聚合物屈服点后细颈的形成伴随比非晶态聚合物拉伸过程复杂得多的分子凝聚态结构的变化。非晶态聚合物拉伸时只发生分子链段的取向,不发生相变。而晶态聚合物在接近屈服点或超过屈服点时,非晶区分子链段发生运动,产生高弹形变,并沿外力方向开始取向。晶区中的微晶也进行重排,晶片或球晶之间产生滑移,一些晶轴垂直于拉伸方向的晶体发生破裂并重新取向,然后再结晶成为取向晶态聚合物。拉伸后的材料在熔点以下不易回复到原先未取向的状态,只有加热到熔点附近才能回复到未拉伸状态,因而形变本质上也为高弹形变。由于细颈部分取向结晶后的分子链排列紧密,分子间作用力增加,拉伸强度增大,因而进一步拉伸时不再变形,而是在细颈的两端发展,直至细颈发展完全。然后,必须进一步增大应力,才能破坏晶格或克服分子间相互作用力,使分子间或微晶间发生相对位移,甚至产生分子链断裂而导致材料最终破坏。

非晶态聚合物与晶态聚合物在屈服点以后的大形变过程通称为冷拉,形变不是整个分子链间的相对运动,具有可回复性。此外两者都经历普弹形变、屈服成颈、发展大形变等过程。但非晶态聚合物与晶态聚合物的冷拉又具有一定差别,非晶态聚合物的冷拉温度范围在其脆化温度与玻璃化转变温度之间,在 T_g 以上形变得以回复,而晶态聚合物的冷拉一般发生在玻璃化转变温度与熔点之间,在 T_m 以上形变可以回复。在结构变化上,非晶态聚合物又发生链段取向,而晶态聚合物则要发生晶粒取向、晶片滑移、晶体变形与破坏以及再结晶等相态变化。

5.2.3　多相体系的塑 – 橡转变

由玻璃态塑料和高弹态橡胶组成的聚合物多相体系,其相态结构对体系力学性能产生很大影响。某些嵌段共聚物及其与相应均聚物组成的多相材料表现出一种特有的应变软化现象,即应变诱发塑料向橡胶转变。例如,苯乙烯 – 丁二烯 – 苯乙烯三嵌段共聚物(SBS),当其中的塑料相和橡胶相的组成比近 1∶1 时,材料室温下显示塑料性能,其拉伸行为与普通塑料的冷拉过程一致,如图 5 – 7 曲线 1 所示。在伸长率约为 5% 时材料发生屈服成颈,随后细颈逐渐发展,应力几乎不变而应变不断增加,直到细颈发展完成,此时应变约 200%。进一步拉伸,细颈被均匀拉伸,应力可进一步升高,最大应变可高达 500%,甚至更高。可是如果移去外力,这种大形变却能迅速回复,而不像一般塑料强迫高弹性需要加热到 T_g 或 T_m 附近才回复。而且,如果接着进行第二次拉伸,则开始发生大形变所需的外力比第一次拉伸要小得多,试样不再发生屈服和成颈过程,而与一般交联橡胶的拉伸过程相似,材料呈现高弹性,即应变诱发了塑料向橡胶的转变。电子显微镜的观察表明发生这种塑 – 橡转变的根源在于拉伸造成的材料相态结构的变化。拉伸前,SBS 试样中聚苯乙烯相和聚丁二烯相呈片层状交叠的两相共连续结构,连续塑料相的存在,使材料在室温呈现塑料的拉伸行为。第一次拉伸至 80% 的试样,塑料相发生歪斜、曲折和部分碎裂,拉伸至 500% 时,塑料相已完全碎裂成分散在橡胶连续相中的微区。此时橡胶相成为唯一的连续相使材料呈现高弹性,外力撤去后形变能迅速回复,塑料分散相则起物理交联作用,阻止永久形变的发生。试验表明,去除外力后,如果将第二次拉伸后的试样在室温下放置数日或在聚苯乙烯 T_g 附近进行短时间的热处理后,塑料连续相态结构可重新建立,使材料又表现出塑料的特性。

5.2.4　取向聚合物的拉伸行为

取向聚合物的拉伸行为呈现各向异性。对于已取向的晶态聚合物,如果沿取向方向拉伸,则断裂伸长率极小,不出现细颈现象,应力 – 应变曲线相当于图 5 – 6 晶态聚合物冷拉后的 dt 段。若沿垂直于取向的方向拉伸,则其拉伸过程与未取向试样相似,最后得到与原取向垂直的新取向聚合物,断裂伸长率可达 500% ~ 800%。如果材料的拉伸强度低于其屈服应力,则材料发生脆性断裂,强度及断裂伸长率均较低。

已取向非晶态聚合物的拉伸行为同样存在各向异性。沿取向方向拉伸,其应力 – 应变曲线视聚合物的取向程度而定,若原来取向程度已较高,则曲线可能不再出现屈服伸长而断裂,拉伸强度较大。沿垂直方向拉伸,其曲线视强迫高弹性大小而定。若拉伸过程中分子链可再取向,则断裂伸长率及拉伸强度均较大;若拉伸时强迫高弹形变不能发生,则材料呈脆性断裂,其拉伸强度较低。经纵向拉伸的聚对苯二甲酸乙二酯(PET)薄膜,当从横向拉伸时,强度很低,容易断裂。图5-8为取向后的PET薄膜在不同方向的拉伸行为。随着拉伸方向与取向方向夹角 θ 的增加,材料屈服强度、弹性模量和断裂强度都有不同程度的下降。

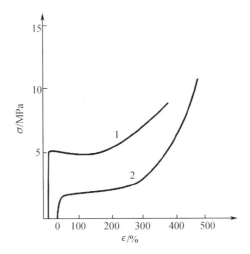

图5-7 嵌段共聚物 SBS(S:B=1:1)的拉伸行为

1—第一次拉伸;2—第二次拉伸

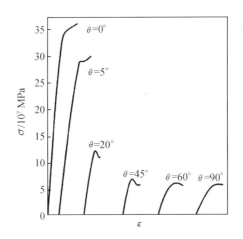

图5-8 单轴取向 PET 薄膜在不同拉伸方向的应力-应变曲线

(θ 为拉伸方向与取向方向间的夹角)

5.2.5 聚合物的屈服判据及影响因素

材料是否出现屈服行为一般可从应力-应变曲线是否出现极大值来作判断。在研究聚合物的拉伸行为时,由于形变很大,试样的截面积缩小很多,用原截面积 A_0 计算的应力与材料的真实应力之间存在很大差距,采用真应力将更能体现材料受力的大小。假定试样形变时体积不变,即 $A_0L_0 = AL$,并定义拉伸比 $\lambda = l/l_0 = 1 + \varepsilon$,则实际受力的截面积为

$$A = \frac{A_0 l_0}{l} = \frac{A_0}{1 + \varepsilon} \tag{5-3}$$

真应力 σ' 为

$$\sigma' = \frac{F}{A} = (1 + \varepsilon)\sigma \tag{5-4}$$

　　根据应力 - 应变曲线,由上式可以作出真应力 - 应变曲线,如图 5 - 9 所示。根据原来对屈服点的定义,从横坐标上 $\varepsilon = -1$ 或 $\lambda = 0$ 的一点向真应力 - 应变曲线作切线,切点便是屈服点,对应的真应力就是屈服应力 σ'_y。这种作图法称为 Considére 作图法,有助于根据真应力 - 应变曲线来深入研究聚合物的屈服行为,判断聚合物屈服后能否形成稳定的细颈。

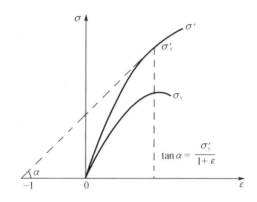

图 5 - 9　真应力 - 应变曲线与屈服点

　　聚合物材料的真应力 - 应变曲线可归纳为三种类型,如图 5 - 10 所示。第一种类型 a 曲线向下凹,$\mathrm{d}\sigma'/\mathrm{d}\lambda$ 总是大于 σ'/λ,由 $\lambda = 0$ 点不可能向真应力 - 应变曲线作切线。这种聚合物拉伸时,随负荷增大均匀伸长,但不能成颈,一些橡胶材料或脆性材料表现为此种情况。第二种类型 b 曲线,由 $\lambda = 0$ 点可以向曲线引一条切线,即曲线上有一个点满足 $\mathrm{d}\sigma'/\mathrm{d}\lambda = \sigma'/\lambda$,此点即屈服点。这种情况表示聚合物能均匀伸长到这点成颈,但细颈并不稳定,而是逐渐变细直至断裂,玻璃态非晶聚合物的拉伸通常属于这一类。第三种类型如曲线 c 所示,由 $\lambda = 0$ 点可向曲线引两条切线,即曲线上有两个点满足 $\mathrm{d}\sigma'/\mathrm{d}\lambda = \sigma'/\lambda$。$A$ 点为屈服点,应力在此处达到一个极大值。进一步拉伸时,应力沿曲线下降,直至 B 点,之后应力稳定在 OB 切线斜率代表的数值上,试样被冷拉,最后,拉伸沿曲线的陡峭部分发展,直到断裂,又成颈又冷拉的结晶态聚合物拉伸行为属于这类。

5.3　聚合物的高弹性

　　相对分子质量较大的柔性链聚合物在其玻璃化转变温度 T_g 和黏流温度 T_f 之间具有独特的力学状态,即高弹态。聚合物在这个力学状态表现出区别于其他材料的特殊的高弹性特征,具有重要的使用价值。橡胶材料在常温下处于高弹态,高分子可通过分子内旋转实

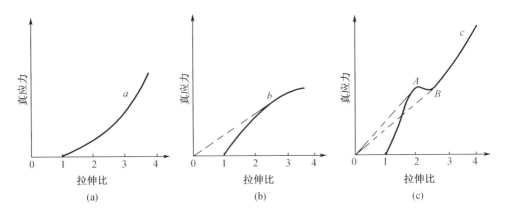

图 5 - 10　聚合物真应力 - 应变曲线的三种类型
(a) 不能形成细颈;(b) 形成不稳细颈;(c) 形成稳定细颈

现链段运动,改变分子链构象。材料在较小的外力作用下,柔性的无规卷曲的高分子链伸展开来,产生很大的形变。除去外力后,伸展的高分子链通过链段的运动又重新回复到卷曲状态,表现出可逆的回弹性。聚合物的这一性质与其化学结构、相对分子质量大小及其分子链间作用力等因素有关。高弹形变不同于普弹形变,高弹性常称为熵弹性,而普弹性是一种能弹性。本节将从热力学和统计力学观点着重分析橡胶的高弹形变与分子结构的关系,并简单介绍橡胶弹性的唯象理论。

5.3.1　高弹性的特点

高弹性即橡胶弹性,同一般的固体物质所表现的普弹性相比具有如下的主要特点,这些特点也就是橡胶材料的特点。

(1) 弹性模量小、形变大。一般材料,如铜、钢等,形变量最大为1%左右,而橡胶的高弹形变很大,可拉伸5~10倍。橡胶的弹性模量则只有一般固体物质的万分之一左右。

(2) 弹性模量与绝对温度成正比,而一般固体的模量随温度的提高而下降。

(3) 形变时有热效应,伸长时放热,回缩时吸热。

(4) 高弹性的本质为一种熵弹性,即高弹形变主要引起体系的熵的变化。

5.3.2　高弹性的热力学分析

对固体的弹性形变如可逆平衡的拉伸形变,根据热力学第一定律和第二定律,可导出式(5 - 5)、式(5 - 6)所表示的弹性回复力关系式,即

$$f = \left(\frac{\partial u}{\partial l}\right)_{T,V} - T\left(\frac{\partial S}{\partial l}\right)_{T,V} \tag{5 - 5}$$

或

$$f = \left(\frac{\partial u}{\partial l}\right)_{T,V} + T\left(\frac{\partial f}{\partial T}\right)_{l,V} \tag{5 - 6}$$

可将弹性区分为能弹性和熵弹性两个基本类型。晶体、金属、玻璃以及处于 T_g 以下的塑料等,弹性产生的原因是键长、键角的微小改变所引起的内能变化,熵变化的因素可以忽

略,所以称为能弹性。表现能弹性的物体,弹性模量大,形变小,一般为 0.1% ~ 1%。绝热伸长时变冷,即形变时吸热,恢复时放热(释放出形变时储存的内能)。能弹性变称为普弹性,弹力 $f = \left(\dfrac{\partial u}{\partial l}\right)_{T,V}$,即式(5 - 5)及式(5 - 6)中的第二项可以忽略。普弹形变遵从虎克定律。

理想气体、理想橡胶的弹性起源于熵的变化,内能不变,即式(5 - 5)及式(5 - 6)中的第一项可以忽略,故称为熵弹性。例如,压缩理想气体时,其弹性来源于体系的熵值随体积的减小而减小,即 $f = -T\left(\dfrac{\partial S}{\partial l}\right)_{T,V}$。实验表明,典型的橡胶材料进行拉伸形变时,其弹力可表示为 $f = -T\left(\dfrac{\partial S}{\partial l}\right)_{T,V}$,属于熵弹性。

大分子链在自然状态下处于无规线团状态,这时构象数最大,因此熵值最大。当处于拉伸应力作用下时,拉伸形变是大分子链被伸展的结果。大分子链被伸展时,构象数减少,熵值下降,即 $\left(\dfrac{\partial S}{\partial l}\right)_{T,V} < 0$。热运动可使大分子链恢复到熵值最大、构象数最多的卷曲状态,因而产生弹性回复力,这就是高弹形变的本质。由此本质出发即可解释高弹形变的一系列特点。例如,根据 $f = -T\left(\dfrac{\partial S}{\partial l}\right)_{T,V}$ 即可解释温度上升时何以弹性模量提高。

由线型无交联的大分子构成的聚合物,虽然在高弹态能表现一定的高弹形变,但作用力时间稍长时,会发生大分子之间的相对位移而产生永久形变,所以不能表现典型的高弹性。适度交联的聚合物,如交联的天然橡胶,则表现出典型的高弹行为。

5.3.3　高弹形变的统计理论

如前所述,通过热力学分析已经明确,橡胶高弹性的本质是体系熵值变化的宏观表现,因此可以采用对分子链的构象统计理论研究交联网络应力与应变之间的定量关系。为此首先计算体系中所有分子链在受到拉伸力时的构象改变,然后再计算交联网络形变导致的系统熵值变化,主要推演步骤如下:

1. 单个线型柔性分子链的构象熵

对于孤立的线型柔性大分子链,可采用 1.2 节所述的"等效自由连接链"模型进行处理,即将分子链视为由 z 个长度为 b 的链段组成的自曲结合链。如果将分子链的一端"固定"于直角坐标系的原点,则另一端出现在三维坐标系中任意体积元中的概率就可以用高斯分布函数进行描述,即

$$W(x,y,z)\,\mathrm{d}x\mathrm{d}y\mathrm{d}z = \left(\frac{\beta}{\sqrt{\pi}}\right)^3 \mathrm{e}^{-\beta^2(x^2+y^2+z^2)\mathrm{d}x\mathrm{d}y\mathrm{d}z},\quad \beta^2 = \frac{3}{2zb^2}$$

如果将 $\mathrm{d}x\mathrm{d}y\mathrm{d}z$ 视为三维空间体积元,则该分子链的构象数目与分子链自由端在空间体积元内出现的概率密度 $W(x,y,z)$ 成比例。按照 Boltzmann 定律,该体系的熵值 S 与其微观状态数(构象数) Ω 的关系应为

$$S = k\ln\Omega$$

式中,k 为 Boltzmann 常量,因此单个柔性大分子链的构象熵应为

$$S = c - k\beta^2(x^2 + y^2 + z^2) \tag{5 - 7}$$

式中,c 为常数。

2. 理想交联网络模型的构象熵

由于线型分子链受到拉伸时容易产生分子链的滑动而导致永久性塑性形变,因此橡胶分子链之间必须形成适度的三维交联网络。为了简化处理实际橡胶内部复杂的交联网络,采用理想化的所谓"仿射网络模型",该模型必须同时满足下列四个条件:

①整个网络中所有交联点均系无规分布,每个交联点均由四个彼此连接的链构成;②两个交联点之间的链段属于独立连接的自由高斯链,其末端距符合高斯分布,两个链端就是交联点;③网络体系的热力学能与每个链段各自的构象无关,由这些高斯链构成的各向同性的交联网络的构象总数是所有单个链段构象数的乘积;④在受力变形前后,每个交联点都固定在各自的平衡位置上,产生变形时微观交联网络的形变与整个试样的形变具有相似性,即符合所谓"仿射形变"假设。

按照前述四个基本假设,橡胶试样发生弹性形变过程中,其在三维坐标系中三个轴向的伸长率分量($\lambda = l/l_0$)分别为λ_1,λ_2,λ_3,则大分子链的末端距也发生了相应的变化。仍然假设交联链段的一端固定在原点,而另一端则从原来的坐标(x, y, z)运动到新的坐标$(\lambda_1 x, \lambda_2 y, \lambda_3 z)$,这样形变前后第$i$个交联链的构象熵分别应为

$$S_i = c - k\beta^2(x_i^2 + y_i^2 + z_i^2)$$
$$S_i' = c - k\beta^2(\lambda_1^2 x_i^2 + \lambda_2^2 y_i^2 + \lambda_3^2 z_i^2)$$

形变前后第i个交联链构象熵的变化值应为

$$\Delta S_i = S_i' - S_i = -k\beta^2[(\lambda_1^2 - 1)x_i^2 + (\lambda_2^2 - 1)y_i^2 + (\lambda_3^2 - 1)z_i^2] \tag{5-8}$$

如果单位体积试样内交联链的数目为N,则形变前后单位体积试样内总的构象熵应该等于N个链段构象熵的加和,即

$$\Delta S = -k\beta^2\sum_{i=1}^{N}[(\lambda_1^2 - 1)x_i^2 + (\lambda_2^2 - 1)y_i^2 + (\lambda_3^2 - 1)z_i^2] \tag{5-9}$$

由于每个交联网络链的末端距并不相等,因此取其平均值,得

$$\Delta S = -kN\beta^2[(\lambda_1^2 - 1)\overline{x^2} + (\lambda_2^2 - 1)\overline{y^2} + (\lambda_3^2 - 1)\overline{z^2}] \tag{5-10}$$

假设交联网络在形变前都是各向同性的,则

$$\overline{x^2} = \overline{y^2} = \overline{z^2} = \overline{h^2}/3 \tag{5-11}$$

式中,$\overline{h^2}$是网络链的均方末端距,将其代入式(5-10),即得

$$\Delta S = -\frac{1}{3}k\beta^2\overline{h^2}[(\lambda_1^2 - 1) + (\lambda_2^2 - 1) + (\lambda_3^2 - 1)] \tag{5-12}$$

对于高斯链而言,$\overline{h^2} = zb^2 = \dfrac{3}{2\beta^2}$,$\beta^2 = \dfrac{3}{2\overline{h^2}}$,将其代入式(5-12),则

$$\Delta S = -\frac{1}{2}kN(\lambda_1^2 + \lambda_2^2 + \lambda_3^2 - 3) \tag{5-13}$$

Helmholtz自由能的定义为$F = U - TS$,其在恒温过程中的变化为

$$\Delta F = U - T\Delta S$$

3. 推导储能函数

由于前面已假设橡胶态聚合物交联网络在发生形变过程中的热力学能并不改变,所以外力在恒温恒容条件下对体系所做的功应该等于体系Helmholtz自由能的增量,即

$$W_{形变} = \Delta F = \frac{1}{2}kNT(\lambda_1^2 + \lambda_2^2 + \lambda_3^2 - 3) \tag{5-14}$$

该式称为所谓"储能函数"关系式,借以表征产生高弹形变后单位体积橡胶所储存的能量,它是交联聚合物的结构参数(N)、温度(T)和形变参数($\lambda_1,\lambda_2,\lambda_3$)三者的函数。

可以用两个交联点之间链段的平均相对分子质量$\overline{M_c}$表示单位体积试样内交联链的数目 N,两者之间的关系为 $N\overline{M_c}/N_A = \rho$,式中,$\rho$ 为聚合物的相对密度;N_A 为 Avogadro 常量。于是橡胶的储能函数就有如下形式,即

$$W_{形变} = \frac{\rho RT}{2\overline{M_c}}(\lambda_1^2 + \lambda_2^2 + \lambda_3^2 - 3) \tag{5-15}$$

令 $G = NkT = \rho RT/M_c$,则将储能函数简化为

$$W_{形变} = \frac{G}{2}(\lambda_1^2 + \lambda_2^2 + \lambda_3^2 - 3) \tag{5-16}$$

实验证明,单向拉伸橡胶所发生的体积膨胀率一般很小(约为 10^{-4}),所以通常将其忽略。现在只考虑 1 个体积元,由于 $\lambda_1 + \lambda_2 + \lambda_3 = 1$,因此 $\lambda_2 = \lambda_3 = 1/\lambda^{1/2}$,于是将式(5-16)简化为

$$W_{形变} = \frac{G}{2}\left(\lambda^2 + \frac{2}{\lambda} - 3\right)$$

由于 $\mathrm{d}W = \sigma\mathrm{d}\lambda$,$\sigma$ 为拉伸力 f 产生的应力,因此

$$\sigma = \frac{\mathrm{d}W}{\mathrm{d}\lambda} = G\left(\lambda - \frac{1}{\lambda^2}\right) \tag{5-17}$$

这就是橡胶态聚合物应力与应变之间的状态方程式。

再按照 Hooke 定律:$\sigma = E\varepsilon = E(\lambda - 1)$,而 $\lambda = 1 + \varepsilon$,于是当橡胶的形变值($\varepsilon$)很小时,该状态方程可以简化成更简单的形式

$$\sigma = 3\varepsilon G \approx 3G(\lambda - 1) \tag{5-18}$$

由此可见,只有当形变很小的时候,适度交联的橡胶态聚合物的应力-应变关系才符合 Hooke 定律。由于橡胶态聚合物发生高弹形变时体积几乎不变,其泊松比(ν)为 0.5,杨氏模量与切变模量的关系为

$$E = 2G(1 + \nu) = 3G$$

由此可见,交联橡胶状态方程式中的 G 正是切变模量,其数值等于 NkT,而切变模量随温度的升高而增加。将理论推导出的应力-应变关系与实验测得的曲线进行比较如图 5-11。从图中可以发现只有在形变较小范围内($\lambda < 1.5$),理论推导获得的结果才与实验值基本相符。

曲线为实验结果,直线为按照 $\sigma = 4 \times 10^5(\lambda - 1/\lambda^2)$ 计算的结果。

4. 橡胶弹性状态方程式产生偏差的原因

研究发现,橡胶态聚合物试样的形变越大,采用状态方程式计算应力-应变理论值与实验测定值之间的偏离也越大,产生原因有两个:

(1)形变值很大时,橡胶分子网络交联点间的链段不再完全符合关于高斯链的前述四点假设;

(2)橡胶态聚合物在形变较大条件下容易结晶,从而导致模量增加。

归根结底,在进行理论推导过程中采用过于理想化的模型假定,如理想的交联网络、链段两端都有交联点、热力学能对弹性无贡献、形变时试样体积不变等,都是导致理论推导结果与实验结果不完全相符的原因。除此以外,假设单键内旋转完全自由、构象变化不改变

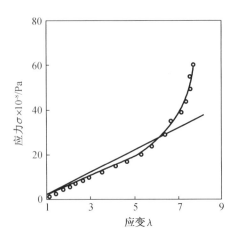

图 5-11　天然橡胶的应力-应变曲线

热力学能等也属于与实际情况不完全相符的绝对理想化假定。

事实上,橡胶受到拉伸力作用时其分子链变得伸展,必然会导致热力学能的变化,因此外力可以分为对热力学能和对熵的贡献两个部分。已有实验结果证明,外力作用于热力学能的贡献大约只占 12% ~ 15%,其余超过 80% 的外力都贡献于熵值的减小。

近年来,学术界对橡胶态聚合物的状态方程进行了一些修正,其中包括采用所谓"有效交联链数目"代替总的交联链数,以及对均方末端距引入所谓"前置因子"进行修正等,使状态方程能更准确地描述橡胶态聚合物的力学行为。例如,将均方末端距的前置因子 $(\overline{h^2}/\overline{h_0^2})$ 引入以后,橡胶态聚合物的切变弹性模量即为

$$G = NkT(\overline{h^2}/\overline{h_0^2})$$

综上所述,虽然式(5-18)所描述的橡胶态聚合物的力学特性还存在一些不足,但是应该承认其在处理结构如此复杂、分子运动形式如此多样的体系中,该方程仍然是基本正确的,所以仍不失为高分子物理学最伟大的理论性成果之一。

5.3.4　橡胶弹性的唯象理论

关于橡胶态高弹性的解释也可以从实验现象出发,从橡胶的一般通性考虑,建立描述橡胶一般性质的数学表示式,而不顾及任何可能的分子解释,这便是唯象论。唯象论和统计理论一起得以发展并形成了多种形式,其中 Mooney 理论是较早提出的唯象理论之一,在这里对其作简单介绍。

1940 年,Mooney 在橡胶弹性统计理论建立之前提出了描述橡胶弹性的唯象理论。该理论假设:①橡胶是不可压缩的,在未应变状态下各向同性;②简单剪切形变的状态方程可由虎克定律描述。基于这两个假定,Mooney 从宏观弹性行为出发,认为当橡皮发生形变时,外力所做的功一定储存在这个变形了的橡皮中,因此用储能函数 ΔA 作为基本点,由纯粹的数学论证推导出橡胶材料的应变储能函数为

$$\Delta A = C_1(\lambda_1^2 + \lambda_2^2 + \lambda_3^2 - 3) + C_2\left(\frac{1}{\lambda_1^2} + \frac{1}{\lambda_2^2} + \frac{1}{\lambda_3^2} - 3\right) \tag{5-19}$$

式中，C_1 和 C_2 是常数。当 $C_2 = 0$，Mooney 的应变储能函数与统计理论的储能函数形式相同，此时，$2C_1 = G = N_0kT$。因此可把统计理论看作是 Mooney 理论的特殊情况。

从 Mooney 储能函数出发，可推导出各种应变形式下的状态方程。对于单轴拉伸或压缩，$\lambda_1 = \lambda$，$\lambda_2^2 = \lambda_3^2 = \dfrac{1}{\lambda}$，代入式(5 - 19)得

$$\Delta A = C_1\left(\lambda^2 + \frac{2}{\lambda} - 3\right) + C_2\left(\frac{1}{\lambda^2} + 2\lambda - 3\right) \tag{5 - 20}$$

对 λ 微分，就得到应力与拉伸比之间的一个半经验表达式，即 Mooney 方程

$$\sigma = 2\left(C_1 + \frac{C_2}{\lambda}\right)\left(\lambda - \frac{1}{\lambda^2}\right) \tag{5 - 21}$$

按照这个方程，以 $\sigma/\left[2\left(\lambda - \dfrac{1}{\lambda^2}\right)\right]$ 对 $1/\lambda$ 作图得到一条直线，其斜率为 C_2，截距为 C_1，在 $1/\lambda$ 处的截距为 $C_1 + C_2$，如图 5 - 12 所示，不同硫化程度的天然橡胶单轴拉伸 Mooney 图。而按照统计理论得到的橡皮状态方程，$\sigma/\left[2\left(\lambda - \dfrac{1}{\lambda^2}\right)\right]$ 对 $1/\lambda$ 作图应为一条水平线。实验事实说明，Mooney 理论由于 C_2 的引入，当拉伸比在 1~2 时与实验结果十分吻合，能够更好地描述橡胶弹性模量的伸长比依赖性。而统计理论则在处理小形变时比较成功。

Mooney 图中所有直线有基本相同的斜率，即 C_2 保持不变，C_1 则随交联程度的增加而增大。说明 C_1 与网络结构密切相关，与统计理论对比，C_1 与 $G/2$ 相似，而 C_2 则可视为是由于非仿射变形引起的对统计理论偏差的一种量度。Mooney 方程成功地描述了单轴拉伸时的应力与应变关系。

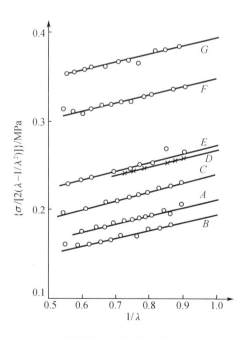

图 5 - 12　不同硫化程度的天然橡胶单轴拉伸 Mooney 图

5.3.5　热塑性弹性体

热塑性弹性体(thermoplastic elastomer,TPE)是一种兼具塑料和橡胶特性,被称为第三代橡胶的新型弹性材料。热塑性弹性体在常温条件下显示橡胶的高弹特性,在高温条件下又可很方便地塑化成型,并不需要像传统橡胶那样硫化,其加工边角余料容易回收利用等一系列优越性,因此广受学术界和产业界的重视。

按照合成方法的不同,TPE 分为两大类:其一,采用阴离子聚合反应合成,如 SBS 之类的嵌段共聚物;其二,由某些弹性体与塑料在特定条件下的共混物,具有代表性的是乙丙橡胶与聚丙烯的共混物——通常称为热塑性乙丙橡胶。

虽然化学合成的 TPE 具有诸多优点,不过与传统的硫化橡胶比较,却存在弹性较差、压缩永久形变较大、热稳定性较差、相对密度较高和价格昂贵等缺点,使其应用受到一定限制。而共混型 TPE 则在很大程度上弥补了上述缺陷,尤其受到学术界和产业界的重视。

1. 嵌段共聚型 TPE

嵌段共聚型 TPE 包括苯乙烯系、聚氨酯系、聚酯系和聚硅橡胶系等系列。在这类 TPE中,玻璃化温度较低、为材料提供弹性、构成材料连续相的组分称为"橡胶段"或"软段",如SBS 中的丁二烯 B 段;而玻璃化温度较高、为材料提供韧性和强度、构成材料分散相的组分称为"塑料段"或"硬段",如 SBS 中的苯乙烯 S 段。

2. 共混型 TPE

以热塑性乙丙橡胶为例,其共混工艺经历了简单机械共混、部分动态硫化共混和动态硫化共混三个发展阶段。第一阶段是在 PP 中掺入未硫化的乙丙橡胶以后再进行简单的机械共混,产品密度较低且抗冲击性能良好;第二阶段是在 PP 与乙丙橡胶共混时借助于过氧化物交联剂和机械剪切力的作用对乙丙橡胶组分进行部分动态硫化,产生少许化学交联结构,其综合性能得以显著提高;第三阶段是制备完全硫化的热塑性乙丙硫化橡胶。

虽然热塑性弹性体具有诸多优点,不过其压缩永久形变仍然高于化学交联弹性体,有待继续改善。

5.4　聚合物的黏弹性

聚合物的黏弹性是指聚合物既有黏性又有弹性的性质,实质是聚合物的力学松弛行为。在玻璃化转变温度以上,非晶态线型聚合物的黏弹性表现最为明显。

对理想的黏性液体,即牛顿液体,其应力－应变行为遵从牛顿定律,$\sigma = \eta \dot{\gamma}$。对虎克体,应力－应变关系遵从虎克定律,即应变与应力成正比,$\sigma = G\gamma$。聚合物既有弹性又有黏性,其形变和应力或其柔量和模量都是时间的函数。多数非晶态聚合物的黏弹性都遵从Boltzman 叠加原理,即当应变是应力的线性函数时,若干个应力作用的总结果是各个应力分别作用效果的总和。遵从此原理的黏弹性称为线性黏弹性。线性黏弹性可用牛顿液体模型及虎克体模型的简单组合来模拟。

温度提高会加速黏弹过程,也就是使过程的松弛时间减少。黏弹过程中时间－温度的相互转化效应可用 WLF 方程表示。

5.4.1 聚合物的力学松弛现象

1. 静态黏弹

静态黏弹性是指在固定的应力(或应变)下形变(或应力)随时间延长而发展的性质。典型的表现是蠕变和应力松弛。

(1)蠕变

在一定温度、一定应力作用下,材料的形变随时间的延长而增加的现象称为蠕变(creep)。对线型聚合物,形变可无限发展且不能完全回复,保留一定的永久形变。对交联聚合物,形变可达一平衡值。

蠕变的简易测定方法:把 PVC 薄膜切成一长条,用夹具分别夹住两端。上端固定,下端挂上一定质量的砝码,就会观察到薄膜慢慢地伸长;解下砝码后,薄膜会慢慢地回缩。记录形变与时间的关系,得到如图5-13 所示的蠕变及其回复曲线。

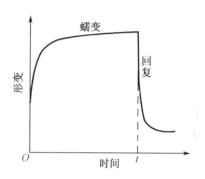

图 5 - 13 线型非晶态聚合物的蠕变及其回复曲线

从分子机理来看,蠕变包括三种形变,即普弹形变、高弹形变和黏性流动。

① 普弹形变:当外力作用在高分子材料上时,分子链内部的键长、键角的改变是瞬间发生的,但形变量很小,叫普弹形变,用 ε_1 表示。外力除去后,普弹形变能立刻完全回复。

② 高弹形变:当外力作用时间和链段运动所需要的松弛时间同数量级时,分子链通过链段运动逐渐伸展,形变量比普弹形变大得多,称高弹形变,用 ε_2 表示。外力除去后,高弹形变能逐渐完全回复。

③ 黏性流动:对于线型聚合物,还会产生分子间的滑移,称为黏性流动,用 ε_3 表示。外力除去后黏性流动产生的形变不可回复,是不可逆形变。

所以聚合物受外力时总形变可表达为 $\varepsilon = \varepsilon_1 + \varepsilon_2 + \varepsilon_3$。

蠕变影响了材料的尺寸稳定性。例如精密的机械零件必须采用蠕变小的工程塑料制造;相反聚四氟乙烯的蠕变性很大,利用这一特点可以用作很好的密封材料(用于密封水管接口等的生料带)。

(2)应力松弛

在温度、应变恒定的条件下,材料的内应力随时间延长而逐渐减小的现象称为应力松弛(stress relaxation)。这种现象在日常生活中能观察到,例如,橡胶松紧带开始使用时感觉比较紧,用过一段时间后越来越松。也就是说,实现同样的形变量,所需的力越来越少。

从分子机理来看,线型聚合物拉伸时张力迅速作用使缠结的分子链伸长,但这种伸直的构象是不平衡的,由于热运动分子链会重新卷曲,但形变量被固定不变,于是链可能解缠结而转入新的无规卷曲的平衡态,于是应力松弛为零。交联聚合物不能解缠结,因而应力不能松弛到零。

应力松弛同样也有重要的实际意义。成型过程中总离不开应力,在固化成制品的过程中应力来不及完全松弛,或多或少会被冻结在制品内。这种残存的内应力在制品的存放和使用过程中会慢慢发生松弛,从而引起制品翘曲、变形甚至应力开裂。消除的办法是退火或溶胀(如纤维热定形时吹入水蒸气)以加速应力松弛过程。

2. 动态黏弹性

(1)滞后现象

当外力不是静力,而是交变力(应力大小呈周期性变化)时,应力和应变的关系就会呈现出滞后现象。所谓滞后现象(retardation),是指应变随时间的变化一直跟不上应力随时间的变化的现象。

例如,自行车行驶时橡胶轮胎的某一部分一会儿着地,一会儿离地,因而受到的是一个交变力。在这个交变力作用下,轮胎的形变也是一会儿大一会儿小的变化。形变总是落后于应力的变化,这种滞后现象的发生是由于链段在运动时要受到内摩擦力的作用。当外力变化时,链段的运动跟不上外力的变化,所以落后于应力,有一个相位差 δ。相位差越大,说明链段运动越困难。

(2)力学损耗

当应力与应变有相位差时,每一次循环变化过程中要消耗功,称为力学损耗(又称内耗,internal friction)。相位差 δ 又称为力学损耗角,人们常用力学损耗角的正切 $\tan\delta$ 来表示内耗的大小。

从分子机理看,橡胶在受拉伸阶段外力对体系做的功,一方面改变链段构象,另一方面克服链段间的摩擦力。在回缩阶段体系对外做功,一方面使构象改变重新卷曲,另一方面仍需克服链段间的摩擦力。这样在橡胶的一次拉伸 - 回缩的循环中,链构象完全恢复,不损耗功,所损耗的功全用于克服内摩擦力,转化为热。内摩擦力越大,滞后现象越严重,消耗的功(内耗)也越大,所以橡胶轮胎行驶一段时间后会发烫。

内耗大小与聚合物结构有关。顺丁橡胶内耗小,因为它没有侧基,链段运动的内摩擦力较小;相反丁基橡胶和丁腈橡胶内耗大,因为有庞大的苯基侧基或极性很强的氰基侧基。丁基橡胶的侧基虽不大,极性也弱,但由于侧基数目非常多,所以内耗比丁苯橡胶和丁腈橡胶还大。

对于制作轮胎的橡胶来说,希望它具有最小的内耗。但用作吸音或消震材料来说,希望有较大的内耗,从而能吸收较多的冲击能量。

5.4.2　黏弹性的数学描述

为了更加深刻地理解黏弹性现象,人们借助于各种模型对黏弹性现象进行描述。从黏弹性的现象出发,通过理想弹簧和黏壶组合的力学模型和 Boltzmann 叠加原理可对黏弹性作直观的唯象描述,并得到黏弹性总的定性概括,为黏弹性研究打下基础。另一方面,从高分子的结构特点出发的分子模型理论,例如,RBZ 理论的珠簧模型和 de Greens"蛇行"理论的管子模型,对于研究高分子的力学松弛本质也有重要作用。本节只对力学模型和 Boltzmann 叠加原理进行介绍。

1. 黏弹性的力学模型

一个服从虎克定律的理想弹簧能够很好地描述理想弹性体的力学行为。理想弹簧如图 5 - 14(a)所示。应力和应变服从虎克定律,与时间无关,即

$$\sigma = E\varepsilon = \frac{1}{D}\varepsilon \qquad (5-22)$$

式中　E——弹簧的模量；

　　　D——柔量。

理想黏壶能够很好地描述理想流体的力学行为，如图 5 – 14(b)所示。理想黏壶由一个活塞和充满黏度为 η 的液体的容器组成。应力和应变与时间有关，服从牛顿流动定律，即

$$\sigma = \eta \frac{\mathrm{d}\varepsilon}{\mathrm{d}t} \text{ 或 } \varepsilon = \frac{\sigma}{\eta}t \qquad (5-23)$$

式中，$\mathrm{d}\varepsilon/\mathrm{d}t$ 为应变速率。

力学模型将理想弹簧和理想黏壶以不同方式组合起来，以模拟聚合物的力学松弛过程，并且得到力学松弛的各种数学表达式。

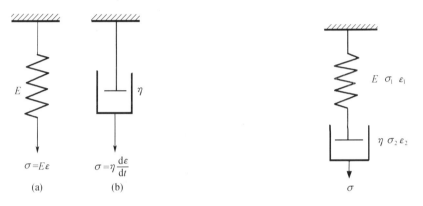

图 5 – 14　力学元件理想弹簧和理想黏壶　　　　　图 5 – 15　**Maxwell** 模型

（1）Maxwell 模型

Maxwell 模型由一个理想弹簧和一个理想黏壶串联而成，如图 5 – 15 所示。当外力作用在此模型上时，弹簧和黏壶的应力与总应力相等 $\sigma = \sigma_{弹} = \sigma_{黏}$，而体系的总应变则等于两个元件的应变之和 $\varepsilon = \varepsilon_{弹} + \varepsilon_{黏}$，则有

$$\frac{\mathrm{d}\varepsilon}{\mathrm{d}t} = \frac{\mathrm{d}\varepsilon_1}{\mathrm{d}t} + \frac{\mathrm{d}\varepsilon_2}{\mathrm{d}t} \qquad (5-24)$$

将式（5 – 7）对时间求导后和式（5 – 8）一起代入式（5 – 9），即得 Maxwell 模型的运动方程，即

$$\frac{\mathrm{d}\varepsilon}{\mathrm{d}t} = \frac{1}{E} \frac{\mathrm{d}\sigma}{\mathrm{d}t} + \frac{\sigma}{\eta} \qquad (5-25)$$

应力松弛过程中材料瞬时应变并维持恒定。对于 Maxwell 模型，受到一个外力时，体系的瞬时起始形变 ε_0 由理想弹簧提供，而黏壶由于黏性作用，来不及发生形变。若维持应变不变，则在弹簧回弹力 σ_0 的作用下迫使理想黏壶慢慢拉开，弹簧则逐渐回缩，形变减小直到回复到未拉伸状态，因而总应力下降直到完全消除为止，产生与线型聚合物相符的应力松弛过程。应力松弛过程中总形变恒定，$\mathrm{d}\varepsilon/\mathrm{d}t = 0$，则式（5 – 10）变为

$$\frac{1}{E} \frac{\mathrm{d}\sigma}{\mathrm{d}t} + \frac{\sigma}{\eta} = 0 ; \frac{\mathrm{d}\sigma}{\sigma} = \frac{E}{\eta}\mathrm{d}t \qquad (5-26)$$

当 $t = 0$ 时，$\sigma = \sigma_0$，对式（5 – 26）积分可得

$$\sigma(t) = \sigma_0 \mathrm{e}^{-t/\tau} \qquad (5-27)$$

将式（5 – 12）除以 ε_0 便得应力松弛模量为

$$E(t) = E(0) e^{-t/\tau} \qquad (5-28)$$

其中，$E_{(0)} = \sigma_0/\varepsilon_0$，表示起始模量。式中 $\tau = \eta/E$，是一个具有时间量纲的量，称为松弛时间。当 $t = \tau$ 时 $\sigma = \sigma_0/e$，所以松弛时间表示形变固定时由于黏性流动使应力减少到起始应力的 $1/e$ 即 0.368 倍时所需的时间。因 $\tau = \eta/E$，说明松弛过程必然是黏性和弹性共存的结果，不同材料的应力松弛行为对应于力学元件不同的模量和黏度。Maxwell 模型的价值就在于它成功模拟线型聚合物的应力松弛过程，应力随时间延长而减小，当 $t \to \infty$ 时，$\sigma \to 0$。

在动态力学实验中，模型受到一个交变应力 $\sigma(t) = \sigma_0 e^{i\omega t}$ 的作用，则 $\varepsilon(t) = \sigma(t)/E^*$。对 t 求导得：$d\sigma(t)/dt = i\omega\sigma_0 e^{i\omega t}$；$d\varepsilon(t)/dt = i\omega\sigma_0 e^{i\omega t}/E^*$。Maxwell 模型的运动方程式可以写成

$$\frac{i\omega\sigma_0 e^{i\omega t}}{E^*} = \frac{\sigma_0}{E} i\omega e^{i\omega t} + \frac{\sigma_0}{\eta} e^{i\omega t} \qquad (5-29)$$

令 $\tau = \eta/E$，上式整理后得

$$E^* = \frac{E\omega\tau}{\omega\tau - i} = \frac{E\omega^2\tau^2}{1 + \omega^2\tau^2} + i\frac{E\omega\tau}{1 + \omega^2\tau^2} \qquad (5-30)$$

因此 Maxwell 模型的储能模量、损耗模量和损耗角正切分别为

$$E' = \frac{E\omega^2\tau^2}{1 + \omega^2\tau^2}; E'' = \frac{E\omega\tau}{1 + \omega^2\tau^2}; \tan\delta = \frac{1}{\omega\tau} \qquad (5-31)$$

它们都是频率 ω 的函数，如图 5 - 16 所示。图中 E' 与 E'' 的变化规律与聚合物的动态力学行为一致，但是 $\tan\delta$ 的形状与聚合物的实际表现不符。

对于蠕变过程，$\sigma = \sigma_0$ 为一定值，所以 $d\sigma/dt = 0$，代入 Maxwell 运动方程(5 - 25)得 $d\varepsilon/dt = \sigma_0/\eta$，为牛顿流体的流动方程。从以上讨论可以看出，Maxwell 模型用于模拟聚合物的蠕变过程是不成功的，它的蠕变相当于牛顿流体的黏性流动，而聚合物的蠕变要复杂得多。此外，应力松弛表达式中只有一个对数衰减项，表示在无限长时间应力将衰减为零，因此 Maxwell 模型也不能模拟交联聚合物的应力松弛过程。

（2）Voigt(Kelvin)模型

Voigt 模型是由一个理想弹簧和一个理想黏壶并联而成，如图 5 - 17 所示。并联元件的应变与总应变相同 $\varepsilon = \varepsilon_1 = \varepsilon_2$，应力则始终满足 $\sigma = \sigma_1 + \sigma_2$。因此 Voigt 模型的运动方程为

$$\sigma = E\varepsilon + \eta\frac{d\varepsilon}{dt} \qquad (5-32)$$

Voigt 模型可以用来模拟交联聚合物的蠕变过程。当外力一定时，由于黏壶的存在，弹簧只能随着黏壶一起慢慢被拉开，因此形变是逐渐发展的。如果外力除去，由于弹簧的回弹力和黏壶的黏滞阻力，使整个模型的形变慢慢回复。对于蠕变过程，应力保持不变 $\sigma = \sigma_0$，运动方程变为

$$\frac{d\varepsilon}{\sigma_0 - E\varepsilon} = \frac{dt}{\eta} \qquad (5-33)$$

当 $t = 0$ 时，$\varepsilon = 0$，对式(5 - 33)积分得

$$\varepsilon(t) = \frac{\sigma_0}{E}(1 - e^{-t/\tau}) = \varepsilon(\infty)(1 - e^{-t/\tau}) \qquad (5-34)$$

式中，$\tau = \eta/E$；$\varepsilon(\infty)$ 是 $t \to \infty$ 时的平衡形变。蠕变过程的松弛时间 τ 也称为推迟时间。当 $t = \tau$ 时，$\varepsilon(\tau) = \varepsilon(\infty)/\left(1 - \frac{1}{e}\right)$，因此推迟时间即形变为平衡形变的 $\left(1 - \frac{1}{e}\right) \approx 0.633$ 倍时所

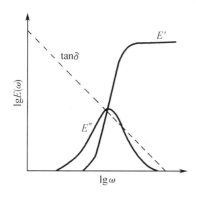

图 5 – 16　Maxwell 模型的动态力学行为

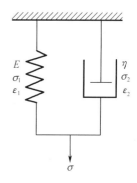

图 5 – 17　Voigt 模型

需时间。

蠕变过程也可以用蠕变柔量来表示。式(5 – 34)除以起始应力 σ_0 便得

$$D(t) = D(\infty)(1 - e^{-t/\tau}) \tag{5 - 35}$$

蠕变回复时,$\sigma = 0$,式(5 – 32)表示为

$$E\varepsilon + \eta \frac{\mathrm{d}\varepsilon}{\mathrm{d}t} = 0$$

$$\frac{\mathrm{d}\varepsilon}{\varepsilon} = -\frac{E}{\eta}\mathrm{d}t$$

当 $t = 0$ 时,$\varepsilon = \varepsilon(\infty)$,上式积分即得蠕变回复方程,即

$$\varepsilon(t) = \varepsilon(\infty)e^{-t/\tau} \tag{5 - 36}$$

可见蠕变的回复与 Maxwell 模型描述的应力松弛过程相似。当 $t \to \infty$ 时,$\varepsilon(t) \to 0$,即时间无限长时,蠕变能够完全回复。

用 Voigt 模型来模拟聚合物的动态力学行为。若模型的应变为 $\varepsilon(t) = \varepsilon_0 e^{i\omega t}$,则运动方程式(5 – 32)写成

$$\sigma(t) = E\varepsilon_0 e^{i\omega t} + i\omega\eta\varepsilon_0 e^{i\omega t} \tag{5 - 37}$$

复数模量为

$$E^* = \frac{\sigma(t)}{\varepsilon(t)} = E + i\omega\eta \tag{5 - 38}$$

因此 $E' = E$,$E'' = \omega\eta$,不符合实际情况。而 $\sigma(t) = \varepsilon(t)/D^*$,则复数柔量为

$$D^* = \frac{1}{E + i\omega\eta} = \frac{D}{1 + \omega^2\tau^2} - i\frac{D\omega\tau}{1 + \omega^2\tau^2} \tag{5 - 39}$$

储能柔量、损耗柔量和损耗角正切分别为:$D' = D/(1 + \omega^2\tau^2)$,$D'' = D\omega\tau/(1 + \omega^2\tau^2)$,$\tan\delta = \omega\tau$。$D'$,$D''$ 和 $\tan\delta$ 与 $\lg\omega$ 的关系见图 5 – 18,除了 $\tan\delta$ 的曲线型状与聚合物的实际情况不符,D' 和 D'' 曲线的形状与聚合物的黏弹性一致。

Voigt 模型不能用以模拟应力松弛过程,因为黏壶的限制,模型很难产生一个瞬时应变。同时 Voigt 模型模拟的蠕变过程不存在永久变形,不能模拟发生永久形变的线型聚合物的蠕变过程。

(3)四元件模型

为了更全面地模拟高分子材料的黏弹行为,将两个弹簧和两个黏壶组合成四元件模

型,如图 5 - 19 所示。四元件模型可以看作由一个 Maxwell 模型和一个 Voigt 模型串联而成,根据高分子的运动机理,分别由不同的元件或组合来模拟聚合物的形变过程:

①普弹形变。由分子内部键长键角的改变引起,形变瞬时完成,在外力去除后则瞬时回复。用一个硬弹簧 E_1 可模拟第一部分。

②高弹形变。由链段的伸展、卷曲运动引起,形变随时间而变化,可以用弹簧 E_2 和黏壶 η_2 并联的 Voigt 模型去模拟。

③黏性流动。由高分子链沿力场方向的相互滑移引起,形变随时间线性发展,可以用一个黏壶 η_3 来模拟。

聚合物的总形变等于这三部分形变的总和。用这个四元件模型来模拟线性聚合物的蠕变过程。蠕变实验中 $\sigma = \sigma_0$,因而四元件模型模拟蠕变过程的运动方程为

$$\varepsilon(t) = \varepsilon_1 + \varepsilon_2 + \varepsilon_3 = \frac{\sigma_0}{E_1} + \frac{\sigma_0}{E_2}(1 - e^{-t/\tau}) + \frac{\sigma_0}{\eta_3}t \tag{5-40}$$

蠕变柔量为

$$D(t) = \frac{\varepsilon(t)}{\sigma_0} = \frac{1}{E_1} + \frac{1}{E_2}(1 - e^{-t/\tau}) + \frac{t}{\eta_3} \tag{5-41}$$

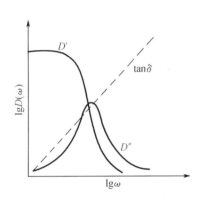

图 5 - 18　Voigt 模型的动态力学行为

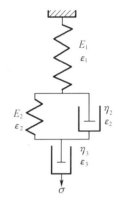

图 5 - 19　四元件模型

图 5 - 20 是四元件模型的蠕变及蠕变回复曲线,以及各时刻模型各元件的相应行为。与图 5 - 21 所示的天然橡胶的实测蠕变和回复曲线比较,四元件模型的蠕变过程与聚合物的相符。

(4)多元件模型和松弛时间谱

由于高分子运动单元具有多重性,每一运动单元的运动模式又具有多样性,不同的运动单元和不同的运动模式具有不同的松弛时间。上述模型虽然可以模拟聚合物黏弹行为的主要特征,但它们给出的单一的松弛时间难以全面反映实际聚合物黏弹行为的复杂性。由于聚合物的多重松弛转变行为,其力学松弛不止一个松弛时间,而是一个宽分布的连续谱,为此提出多元件组合模型即广义力学模型。

多元件模型一般分别取任意多个 Maxwell 单元并联或任意多个 Voigt 模型串联而成,通常称为广义 Maxwell 模型和广义 Voigt 模型,如图 5 - 22 和图 5 - 23 所示。由于每个单元由不同模量 E_i 的弹簧和不同黏度 η_i 的黏壶组成,因而具有不同的松弛时间 $\tau_i = \eta_i/E_i$。对于广义 Maxwell 模型,体系的总应变与各单元的应变相等,体系的总应力等于各单元应力的加

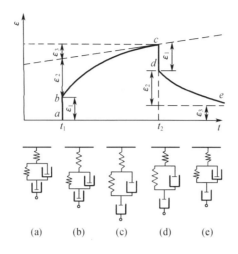

图 5 - 20 四元件模型的蠕变及蠕变回复曲线

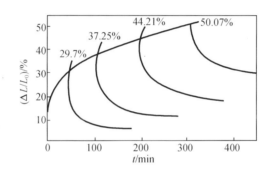

图 5 - 21 天然橡胶的蠕变及回复曲线

和。对于应力松弛过程,根据式(5 - 28)总应力为

$$\sigma(t) = \varepsilon_0 \sum_i^n E_i \mathrm{e}^{-t/\tau} \qquad (5 - 42)$$

应力松弛模量为

$$\sigma(t) = \varepsilon_0 \sum_i^n E_i \mathrm{e}^{-t/\tau} \qquad (5 - 43)$$

当 $n \to \infty$ 时,式(5 - 43)可以写成积分形式,即

$$E(t) = \int_0^\infty f(\tau) \mathrm{e}^{-t/\tau} \mathrm{d}\tau \qquad (5 - 44)$$

其中,$f(\tau)$ 称为松弛时间谱,表明复杂的分子的运动松弛时间是连续变化的。为了模拟交联聚合物的应力松弛现象,可在广义 Maxwell 模型中并联一个模量为 E_e 的弹簧,交联聚合物的模量最后松弛到平衡值 E_e。这时式(5 - 44)修正为

$$E(t) = E_e + \int_0^\infty f(\tau) \mathrm{e}^{-t/\tau} \mathrm{d}\tau \qquad (5 - 45)$$

对于广义的 Voigt 模型,在拉伸蠕变时,其各串联单元的应力相同,总应变等于全部 Voigt 单元应变的加和,根据式(5 - 35)总应变为

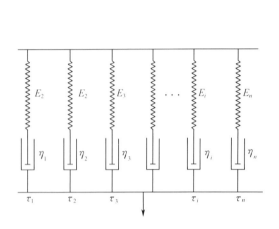

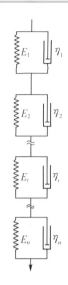

图 5-22　广义 Maxwell 模型　　　　　　图 5-23　广义 Voigt 模型

$$\varepsilon(t) = \sum_i^n \varepsilon_i(\infty)(1 - e^{-t/\tau}) \tag{5-46}$$

蠕变柔量为

$$D(t) = \sum_i^n D_i(\infty)(1 - e^{-t/\tau}) \tag{5-47}$$

当 $n \rightarrow \infty$ 时,式(5-47)可以写成积分形式

$$D(t) = \int_0^\infty g(\tau)(1 - e^{-t/\tau}) d\tau \tag{5-48}$$

式中,$g(\tau)$ 称为推迟时间谱。为了模拟聚合物的普弹形变和线型高分子的永久形变,可在广义 Voigt 模型中串联一个柔量为 D_0 的弹簧和一个黏度为 η 的黏壶,则式(5-48)修正为

$$D(t) = D_0 + \int_0^\infty g(\tau)(1 - e^{-t/\tau}) d\tau + \frac{t}{\eta} \tag{5-49}$$

由于聚合物的松弛时间分布范围很宽,实际上采用对数时间坐标更为方便,因此通常另外定义一个新的松弛时间谱 $H(\tau)$ 和新的推迟时间谱 $L(\tau)$,即

$$H(\tau) = \tau f(\tau) \tag{5-50}$$

$$L(\tau) = \tau g(\tau) \tag{5-51}$$

则应力松弛模量和蠕变柔量分布表示为

$$E(t) = \int_0^\infty \frac{H(\tau)}{\tau} e^{-t/\tau} d\tau = \int_{-\infty}^{+\infty} H(\tau) e^{-t/\tau} d\ln\tau \tag{5-52}$$

$$D(t) = \int_0^\infty \frac{L(\tau)}{\tau}(1 - e^{-t/\tau}) d\tau = \int_{-\infty}^{+\infty} L(\tau)(1 - e^{-t/\tau}) d\ln\tau \tag{5-52}$$

对于动态力学的储能模量和损耗模量可作类似的处理,此处不一一介绍。知道聚合物的松弛时间谱 $H(\tau)$ 和推迟时间谱 $L(\tau)$,可以求得聚合物的应力松弛模量、蠕变柔量和动态黏弹性参数。

2. Boltzmann 叠加原理

力学模型通过引入松弛时间谱和推迟时间谱提供了描述高聚物黏弹性积分表达式。

而 Boltzmann 叠加原理通过另一简单途径同样也给出应力和应变在时间进程中的积分关系。Boltzmann 叠加原理指出,高聚物的力学松弛行为是其整个历史上诸松弛过程的线性加和的结果。对于蠕变过程,每个负荷对高聚物的形变的贡献是独立的,总的形变是整个负荷历史的函数,是各个负荷引起的形变的线性加和,即在时刻 t 所观察到的应变除了与时刻 t 施加的应力有关外,还要加上时刻 t 以前曾经承受过的各应力在时刻 t 相应的应变。对于应力松弛,每个应变对高聚物的应力松弛的贡献也是独立的,高聚物的总应力等于历史上诸应变引起的应力松弛过程的线性加和。

对于蠕变过程,在 $t=0$ 时刻对高聚物施加应力 σ_0,则时刻 t 的应变为

$$\varepsilon(t) = \sigma_0 D(t)$$

如果在时刻 u_1 施加给高聚物的应力为 σ_1,则该力在 t 时刻引起的应变为

$$\varepsilon_1(t) = \sigma_1 D(t - u_1)$$

根据 Boltzmann 叠加原理,当这两个应力 σ_0 和 σ_1 相继作用在同一高聚物上时,则在 t 时刻总的应变是两者的线性加和。

5.4.3　时温等效原理与时温转换

1. 时温等效原理

现已明确,聚合物内某个层次的分子运动主体获得足够能量开始运动而显现力学松弛过程总是需要一定时间,而温度升高则可使松弛时间缩短。因此同一黏弹过程(松弛过程),既可在较高温度和较短时间(或较高频率)外力作用下完成,也可在较低温度和较长时间(或较低频率)外力作用下完成,这就是聚合物力学行为的时温等效原理。

例如,在某个确定温度下松弛时间很长的过程,可以在高于此温度、较短时间内观察到;或者在较低温度、更长时间内观察到。聚合物在交变应力作用下,应力频率的倒数相当于应力作用时间,降低作用力频率相当于增加应力作用时间。由此可见,延长应力作用时间,降低外力作用频率与升高温度对聚合物的黏弹性过程都是等效的。

2. 组合曲线与时温转换

按照时温等效原理,聚合物在不同温度条件下对应的应力松弛曲线或蠕变 - 柔量曲线沿着时间坐标发生平移,可以叠合成为组合曲线,各条曲线在时间坐标上需要移动的量称为平移因子 α_T,它是实验温度 T 和基准温度 T_0 的函数。按照时温等效原理,则有如下关系式,即

$$E(T, t) = E(T_0, t/\alpha_T) \tag{5-53}$$

结果表明,在温度 T_0 和时间 t/α_T 测定的材料弹性模量,相当于在温度 T 和时间 t 测得的模量。当 $T < T_0$ 时,$\alpha_T > 1$;当 $T > T_0$ 时,$\alpha_T < 1$。按照同样方式可以得到材料的实数杨氏模量 E'、蠕变柔量 J 和实数柔量 J' 等的类似函数关系式。

如果不考虑聚合物的瞬时弹性,发生力学松弛的弹性都应属于实际橡胶的弹性,聚合物的杨氏弹性模量 $E = 3\rho T_0/M_c$,模量对温度的依赖性既包括模量直接随温度的变化而变化,同时也包括模量随聚合物相对密度的变化而变化,因为后者是随温度变化而变化的。因此以上得到的时温转换关系需要用相对密度 - 温度关系进行修正 $E(T, t) = \rho T E(T_0, t/\alpha_T)/\rho_0 T_0$,这一修正相当于应力松弛曲线或蠕变曲线的垂直位移。

利用时温等效原理进行时温转换,可以使聚合物的黏弹性试验大为简化。例如,在蠕变或应力松弛试验中需要解决的是切变柔量 $J(T, t)$ 或杨氏模量 $E(T, t)$ 与 $\lg t$(时间)和 T

(温度)的相关性;而在动态力学试验中,作为温度 T 和作用力频率 ω 函数的 E' 和 E''(分别为实数和虚数模量)、J' 和 J''(分别为实数和虚数柔量)与 $\lg t$ 和 T 多个变量之中,仅有两个系独立的变量,因而构成三维空间的问题,解决起来极为复杂。但是如果利用时温等效原理使 T 与 t 相关联,或者 T 与 ω 相关联,增加 1 个参数平移因子 α_T 以后就使三维空间问题转化为二维平面问题,其数学处理过程得以大大简化。

除此以外,聚合物在使用条件下的蠕变和应力松弛试验通常需要延续几个月、几年甚至几十年,显然实现并不现实,利用时温等效原理可以在不同温度条件下做一定时间的试验,将得到的各条曲线进行水平移动,可以得到以任意试验温度为基准、覆盖若干时间跨度的组合曲线,这样就可将在较高温度和较短时间内测得的结果应用于需要在较低温度、很长时间才能够得到的结果。

时温等效原理和时温转换方法原则上只适用于非晶态聚合物,将其推广到部分结晶聚合物时带有经验公式的性质。

5.4.4 黏弹性的研究方法及应用

1. 高温蠕变仪

高温蠕变仪可在 20 ～ 200 ℃ 的温度精确测量聚合物的蠕变过程。一般试样为 $\phi 2.5 \text{ cm} \times 30 \text{ cm}$ 的单丝,其在仪器下位夹具和约 20 g 负荷的拉伸应力作用下,长度随时间推移而增加,仪器以 0.001 cm 的精度记录试样长度与时间的相关性,即可绘制其蠕变曲线。一般试验温度要求控制在 ±0.1 ℃ 以内。

2. 应力松弛仪

应力松弛仪利用模量远高于试样的弹簧片在拉伸过程中位置的变动来测定试样的应力松弛过程。当试样被拉杆拉伸时,弹簧片向下弯曲;应力解除以后,试样开始应力松弛过程并逐渐回复原状,利用差动变压器测定弹簧片的回复形变,再换算为应力。

3. 动态扭摆仪

动态扭摆仪是研究聚合物黏弹性能最常用的仪器之一,其操作原理简述于下:将标准条形试样的一端垂直悬夹于仪器夹具上,另一端与一个能水平自由振动的惯性体连接。当施以适当外力使惯性体转动某一角度时,试样就会发生扭转变形。当外力解除后,试样的弹性回复力将迫使惯性体开始做扭转自由振动。由于聚合物分子内摩擦作用的存在,惯性体的振动表现为振幅随时间推移而逐渐减小的所谓"阻尼衰减",仪器自动记录并解析惯性体的这种衰减阻尼振动曲线,该仪器的名称由此而来。有关扭摆仪器的具体操作步骤及其结果处理,读者可参阅相关专著。

作为扭摆法的发展,J. K. Gillham 于 20 世纪 90 年代发明了所谓"扭辫分析法",其原理和仪器均与扭摆仪相似,差别仅在于分析试样涂敷于一根由多股玻璃纤维编织的辫子上。扭辫分析的显著优点是试样量很少,甚至可少于 100 mg,同时由于受玻璃纤维辫子的支撑,因此可以测定黏液状试样。基于此,该方法被广泛用于各种树脂的固化反应过程,以及各类聚合物的高温反应历程的研究。

4. 动态力学分析的应用

从分子运动的角度来看,聚合物的力学松弛总是与某种形式的分子运动联系在一起。聚合物的动态力学性能能够灵敏地反映各级松弛转变。聚合物的分子运动不仅与分子链的结构有关,还与高分子的凝聚态结构密切相关,例如,结晶、交联、增塑和相结构等。而聚

合物的凝聚态结构又与工艺条件有关。因此动态力学分析成为研究聚合物的工艺 -
结构 - 分子运动 - 力学性能相互关系的一种十分有效的手段。

（1）研究聚合物的动态模量和损耗与温度的关系,评价塑料的耐热性和低温韧性。由
于聚合物结构的复杂性和分子运动单元的多重性,聚合物的松弛转变多种多样,不同的松
弛过程分别与不同方式的分子运动相关联。在宽广的温度范围内进行动态力学性质测量
时,得到的力学损耗温度谱上,除了通常的结晶熔融和非晶态的玻璃化转变之外,还可发现
β,γ,δ 等若干个次级松弛转变,可为聚合物的实际应用提供依据。通过动态力学温度谱,
不仅可获得表征非晶态塑料和结晶塑料耐热性的特征温度 T_g 和 T_m,还可了解材料模量随
温度的变化情况,以便根据具体塑料制品在使用中的刚度要求来确定制品的最高使用温
度。塑料的低温韧性主要取决于组成塑料的高分子在低温时是否存在 α 转变以下的次级
转变,即动态力学温度谱是否存在低温内耗峰。一般情况下,若塑料存在明显的低温内耗
峰,则塑料在内耗峰对应的温度以上具有良好的冲击韧性。例如,在 -80 ℃ 出现明显次级
松弛转变的非晶态塑料聚碳酸酯是工程塑料中耐寒性最好的一种。相反,缺乏低温内耗峰
的聚苯乙烯是所有塑料中冲击强度最低的塑料,用橡胶改性后的聚苯乙烯在 -70 ℃ 有明显
的内耗峰,因而成为高抗冲聚苯乙烯。

（2）动态力学温度谱和频率谱为选择阻尼、减震材料提供依据。在飞机、建筑等结构
中,为了吸震、防震或吸音、隔音都要选用阻尼材料。理想的阻尼材料在整个工作温度范围
或频率范围内都要有高内耗,即 tanδ 大,tanδ - 温度曲线变化平缓,包容的面积大。此外,损
耗和频率之间的相关性是选择适当阻尼材料的主要依据。

（3）未知材料的分析鉴定。次级松弛转变对分析聚合物的组成有很大帮助,例如,ABS
品种繁多,虽然基本成分均为丙烯腈、丁二烯和苯乙烯,但三组分含量不同或橡胶相结构不
同,则 ABS 性能差别很大。如图 5 - 24 所示三种 ABS 低温损耗峰温度各不相同,分别为
-80 ℃,-40 ℃ 和 -5 ℃。低温内耗峰的温度越低,材料的耐寒性能越好。根据低温内耗
峰的位置,可推断三种 ABS 在结构上的主要区别在于橡胶相的组成不同,分别为聚丁二烯
($T_g \approx -80$ ℃)、丁苯橡胶($T_g \approx -40$ ℃)和丁腈橡胶($T_g \approx -5$ ℃)。

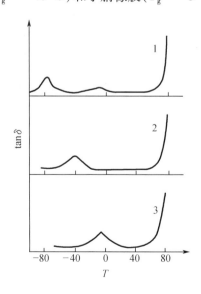

图 5 - 24　三种 ABS 的力学损耗温度谱

（4）测定多相体系的玻璃化转变温度,表征聚合物的微相结构,判断共混聚合物的相容性及相互作用。

（5）在恒定温度和频率下,研究材料的动态力学性能对时间的依赖性。可用于研究热固性树脂的固化过程,例如,凝胶过程体系出现内耗峰;随着聚合物的交联度提高,储能模量提高。从而为固化工艺选择最佳工艺参数。此外,还可用于研究湿度、吸附等对材料力学性能的影响。

（6）测定材料的动态应力应变曲线,通过曲线下的面积判断材料的断裂能,评价材料断裂韧性。

5.5　聚合物的破坏和强度

5.5.1　脆性断裂与韧性断裂

在实际应用中,聚合物材料不同于非金属材料的显著优点之一是在断裂前能够吸收大量的能量,显示良好的内在韧性。但是,聚合物材料的内在韧性并非总能表现出来,外界条件如温度、应变速率、负荷方式等的变化对聚合物的韧性会造成极大影响,甚至是韧性到脆性的逆转。对于工程材料,这种脆性断裂是必须绝对避免的,如何提高和发挥聚合物材料的韧性是材料设计与应用的重要课题。

总体来说,聚合物的断裂分为脆性断裂和韧性断裂两类。判断材料是脆性断裂还是韧性断裂可以从几方面着手:

（1）应力－应变曲线。如果材料在发生屈服之前就断裂,相应的应力－应变曲线呈线性关系,断裂伸长率低于5%,应力－应变曲线下的面积所代表的能量很小,则这种断裂即为脆性断裂;如果材料发生屈服或高弹形变后才断裂,断裂伸长率较大,断裂所需能量较高,则为韧性断裂。

（2）试样断裂面的形貌。仔细观察拉伸过程中聚合物试样的变化不难发现,脆性聚合物在断裂前试样没有明显变化,断裂面光滑且与拉伸方向相垂直。而韧性聚合物拉伸到屈服点时,常可以看到试样出现与拉伸方向成大约45°角倾斜的"剪切滑移变形带"（图5－25）。这是由于剪切模量小于拉伸模量（$G < E$）,在材料断裂前45°斜面上的剪切应力首先达到材料的剪切强度。

图5－25　聚苯乙烯试样的剪切屈服

（3）冲击强度。例如,将缺口冲击强度为 2 kJ/m² 视为临界指标,冲击强度小于这一值即为脆性破坏,但是这一指标并不绝对。

同一聚合物材料表现为脆性或韧性与试验条件或所处环境有关,温度和应变速率是主要影响因素。如同前面所讨论的非晶态聚合物的拉伸行为,在恒定的应变速率下应力 – 应变曲线随温度而变化,断裂可由极低温度的脆性方式转变为高温时的韧性方式。增加拉伸应变速率可得到与降低温度相似的效果,如图 5 – 26 为不同拉伸速率下增韧聚苯乙烯的应力 – 应变曲线。随着拉伸速度提高,材料的断裂伸长率减小,韧性下降。

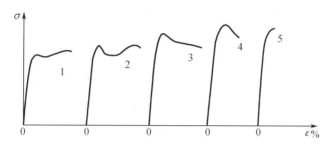

图 5 – 26　不同拉伸速率下增韧聚苯乙烯的应力 – 应变曲线
（由 1 至 5 拉伸速度提高）

在唯象理论上,Ludwik-Davidenkov-Orowan 认为材料的脆性断裂和塑性屈服是两个独立的过程,断裂应力和屈服应力具有不同的应变速率和温度依赖性,如图 5 – 12 所示。同一种材料随试验条件的不同,既可能发生脆性断裂现象,也可能发生韧性断裂现象。在一定温度或应变速率下,材料的断裂应力和屈服应力随应变速率提高而增加或随温度升高而下降,但屈服应力对拉伸应变速率及温度的变化更为敏感。在外界条件一定时,当外加应力首先达到断裂或屈服中较低的那个值时,材料就会发生相应的断裂或屈服。图 5 – 27 中曲线的交点即为脆韧转变点,即为脆韧转变点,相应的温度为脆化温度 T_b。温度一定时,在较低的应变速率下外加应力首先达到屈服应力的临界值,材料表现为韧性;随着应变速率的提高,越过脆韧转变点后,则在到达屈服应力之前已达破坏应力,材料表现为脆性。应变速率的提高使得材料的脆韧转变点移向高温,即脆化温度提高,如图 5 – 28 所示。

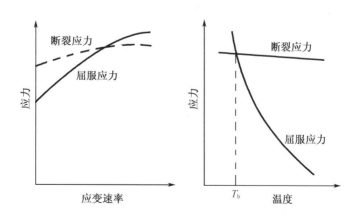

图 5 – 27　应变速率和温度对断裂应力和屈服应力的影响

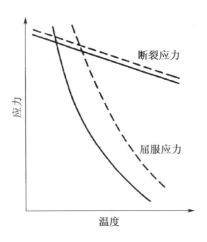

图 5 – 28 应变速率对脆韧转变的影响

（虚线表示应变速率较大）

除了上述影响因素外,材料上的缺口将增加其脆性断裂的机会,或使聚合物的断裂由韧性转变为脆性。在无限大固体中尖锐地深缺口的塑性阻力使屈服应力提高大约三倍。因此将材料的脆韧行为分为三类:$\sigma_t < \sigma_y$,材料呈脆性。$\sigma_y < \sigma_t < 3\sigma_y$,材料在没有缺口时的拉伸试验中为韧性,而缺口材料则为脆性。$\sigma_t > 3\sigma_y$,材料无论有无缺口都是韧性的。

在断裂机理上,材料的脆性断裂主要是由出现的微裂纹引起的,银纹化是此种断裂的前奏,而韧性断裂则主要归因于剪切屈服。一般来说,环境因素(如温度和应变速率)以及结构因素(如相对分子质量、结晶和取向等)的改变都会使聚合物的断裂行为发生脆韧转变。通常认为脆韧转变的微观机制是脆性断裂机制(如银纹化)与韧性断裂机制(如剪切屈服)间相互竞争的过程。

5.5.2 银纹现象

高分子材料在储存与使用过程中,由于应力以及环境的影响,产生局部塑性形变和取向,往往会在材料表面或内部出现裂纹(craze)。裂纹总是垂直于应力方向,由于裂纹区的折射率低于聚合物本体,在裂纹和本体聚合物之间的界面上有全反射现象,裂纹看上去呈银色的光亮条纹,所以又形象地称之为“银纹”。银纹是高分子材料特有的现象,在玻璃态、透明性较好聚合物材料上银纹现象较为明显,如有机玻璃、聚苯乙烯、聚碳酸酯等透明塑料会出现一些肉眼可见的力学裂纹,使光学透明度下降。而对于韧性或橡胶增韧的聚苯乙烯、ABS 塑料等,银纹则表现为应力发白现象,发白的区域是无数裂纹体的总和。裂纹或银纹在较大的外力作用下会进一步发展成裂缝(crack),最后使材料发生断裂而破坏,影响塑料的使用性能。

力学因素造成的银纹或裂纹与裂缝有本质区别:

(1)裂缝是空的,它里面没有聚合物,而银纹却不是完全空的,银纹中约含有 40% 左右的空体积,在银纹中存在着联系两银纹面的所谓银纹质。银纹质呈束状或片状,沿外力方向高度取向,如图 5 – 29 所示。例如,聚苯乙烯裂纹的密度相当于本体密度的 40%,仍具有一定强度。

(2)裂纹体中聚合物的折射率比本体聚合物的低。

（3）裂纹与裂缝不同，它有可逆性。在压力下或在 T_g 以上退火时，裂纹能回缩和愈合，回复到未开裂时的光学均一状态。

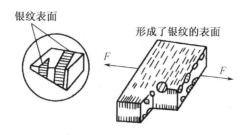

图 5 - 29　银纹结构示意图

引起聚合物银纹的基本原因有两种：一种是力学因素，张应力的存在容易造成银纹，而纯压缩力不产生银纹；另一种是环境因素，如与某些化学物质接触产生多轴向应力。张应力引起的银纹一般出现在试样的表面或接近表面处，银纹中聚合物呈塑性变形，高分子链沿应力方向取向并吸收能量。由于局部的高度拉伸应变造成很大的横向收缩，这种横向收缩远大于材料整体的横向收缩，致使在银纹内产生许多空体积。由于银纹质的取向方向与应力方向一致，因此银纹的平面垂直于张应力方向。银纹的产生和发展与张应力大小有关，应力越大，银纹的产生和发展越快。一般材料存在一个产生银纹的最低临界应力和最低临界伸长率，表 5 - 1 列出了几种聚合物室温下形成银纹的临界应力和临界伸长率。一旦达到临界条件，材料的内部就产生银纹。银纹并不一定引起断裂和破坏，它还具有原始试样的一半以上的拉伸强度。如果超过了一定的限度，则银纹体破裂而产生裂缝。

表 5 - 1　几种聚合物室温产生银纹的临界条件

聚合物	临界应力/MPa	临界伸长率	t_{max}/h	聚合物	临界应力/MPa	临界伸长率	t_{max}/h
聚苯乙烯	11.1	0.35%	24	聚苯醚	≤42.1	1.5%	≈24
有机玻璃	≈24.1	1.30%	0.1	聚碳酸酯	≤42.2	1.80%	≈24

注：t_{max} 为临界应力或伸长率下产生银纹所需的最大时间。

环境因素诱发银纹与材料的内应力有关。银纹的分布与应力银纹不同，通常呈不规则排列。由于聚合物材料中常常存在一定的内应力，内应力没达到临界应力值时不诱发银纹，但是，当存在适合的促进聚合物局部塑性形变的环境因素时，则可能使材料出现银纹。这种银纹的产生因与环境因素有关也称为环境应力银纹。根据环境因素的不同，环境应力银纹主要有：溶剂银纹，可能是由于溶剂溶胀聚合物表面而造成局部 T_g 降低或导致结晶引起的；非溶剂银纹，由于表面活性物质如醇、润湿剂等的浸润作用，降低了银纹表面能，因而对银纹的扩展起加速作用；热、氧化应力银纹，由于温度或氧化等作用使聚合物内部结构改变而引起。

5.5.3　聚合物的增强

尽管单一聚合物在许多应用中已能胜任，然而它的性能毕竟比较单一。就力学强度和刚度而言,它比起金属来要低得多,这就限制了它的应用。如果在聚合物基体中加入第二种物质,则形成"复合材料",通过复合来显著提高材料力学强度的作用称为"增强"作用,能够提高聚合物基体力学强度的物质称为增强剂或活性填料。活性填料与惰性填料不同,后者在聚合物中起着稀释作用,可以降低材料的成本。

1. 粉状和纤维填料

按照填料的形态,可以分为粉状和纤维状两类。

粉状填料如木粉、炭黑、轻质二氧化硅、碳酸镁、氧化锌等,它们与某些橡胶或塑料复合,可以显著改善其性能。例如,天然橡胶中添加20%的胶体炭黑,拉伸强度可以从16 MPa提高到20 MPa;丁苯橡胶强度仅为3.5 MPa,加入炭黑后强度可达22~25 MPa,补强效果显著;硅橡胶中加入胶体二氧化硅,拉伸强度可提高约40倍。

活性填料的作用,如对橡胶的补强,可用填料的表面效应来解释。即活性填料粒子的活性表面较强烈地吸附橡胶的分子链,通常一个粒子表面上联结有几条分子链,形成链间的物理交联。吸附了分子链的这种粒子能起到均匀分布负荷的作用,降低了橡胶发生断裂的可能性,从而起到增强作用。

填料增强的效果受到粒子和分子链间结合的牢固程度所制约。两者在界面上的亲和性越好,结合力越大,增强作用就越明显。在许多情况下,这种结合力可采用一定的化学处理方法或加入偶联剂加以强化,甚至使惰性填料变为活性填料。如在30%~60%玻璃微珠填充的高密度聚乙烯中加入TTS(三异十八烷基异丁基钛酸酯)高效活化剂,即可使填充聚乙烯的力学性能和加工性能接近或优于未填充的纯聚乙烯的水平。又如,亲油的炭黑对橡胶的补强作用要比普通炭黑好得多;天然橡胶中含有脂肪酸、蛋白质等表面活性物质,故惰性的碳酸镁、氯化锌等对其产生补强作用,但这些填料对不含表面活性剂的合成橡胶不起补强作用。

纤维填料中使用最早的是各种天然纤维,如棉、麻、丝及其织物等,后来,有了玻璃纤维。近年来,随着尖端科学技术的发展,又开发了许多特种纤维填料,如碳纤维、石墨纤维、硼纤维、超细金属纤维和单晶纤维即晶须,在宇航、电讯、化工等领域获得应用。

纤维填料在橡胶轮胎和橡胶制品中,主要作为骨架,帮助承担负荷。通常采用纤维的网状织物,俗称为帘子布。在热固性塑料中,常以玻璃布为填料,得到所谓玻璃纤维层压塑料,强度可与钢铁媲美。其中,环氧玻璃钢的比强度甚至超过了高级合金钢。用玻璃短纤维增强的热塑性塑料,其拉伸、压缩、弯曲强度和硬度一般可提高100%~300%,但冲击强度一般提高不多,甚至可能降低。

纤维填充塑料增强的原因是依靠其复合作用。即利用纤维的高强度以承受应力,利用基体树脂的塑性流动及其与纤维的黏结性以传递应力。图5-30为聚醚醚酮-短切碳纤维复合材料断裂表面的扫描电镜照片。

图5-30表明,纤维与基体之间黏结得很好。性能测定显示,纤维的加入,使基体的强度、刚度和韧性提高,但耐腐蚀性、蠕变和疲劳性能降低。

2. 液晶增强和分子复合材料

随着高分子液晶的商品化,20世纪80年代后期开辟了液晶聚合物与热塑性塑料共混制备高性能复合材料的新途径。这些液晶聚合物一般为热致型主链液晶,在共混物中可形成微纤而起到增强作用。而微纤结构是加工过程中由液晶棒状分子在共混物基体中就地形成的,故称作"原位"复合增强。随着增强剂用量增加,复合材料的弹性模量和拉伸强度

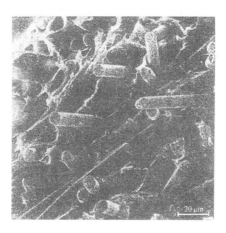

图 5 - 30　聚醚醚酮 - 短切碳纤维复合材料断裂表面的 SEM 照片

增加,断裂伸长率下降,发生韧性向脆性的转变。

所谓分子复合材料,是指柔性聚合物基体中加入少量(质量百分比 5% ~ 10%)刚性聚合物——增强剂,并近似单分子形式分散于基体中,最大限度提高基体的物理力学性能。这里,少量刚性聚合物增强剂可达到大量纤维才能达到的增强效果,同时保持基体原有的加工性能和冲击性能。

近年来,聚合物分子复合材料领域研究最活跃和成功的是美国 Akron 大学、德国汉堡大学的研究组。例如,尼龙 6 - 聚酰亚胺 - 尼龙 6 三嵌段共聚物及尼龙 6/聚酰亚胺接枝共聚物。通过优化共聚物结构参数,引入质量百分比为 5% 聚酰亚胺单体与尼龙 6 单体嵌段共聚,就可提高尼龙 6 模量和强度 2 ~ 3 倍,而断裂韧性与加工性能与尼龙 6 相当。最引起工业界感兴趣的是加入 2% ~ 3%(质量百分比)的聚酰亚胺单体接枝共聚,尼龙 6 吸水性可降低一半以上。只有当两者分散达纳米级与分子级时,才有这种协同增强效应。又如,合成一系列不同结构的芳香族聚酯类液晶聚合物,将这些聚酯液晶聚合物与热塑性塑料(聚己内酯)共混,得到具有独特形态结构的亲液性共混物(lyotropic blend)。这种亲液性共混物类似于经乳化后的油水分散体系,具有分子复合材料协同增强效应。即仅加入 2% ~ 4%(质量百分比)的硬段聚酯液晶,热塑性聚己内酯的模量和强度提高 1 ~ 2 倍。

3. 聚合物基纳米复合材料

纳米材料通常是指微观结构上至少在一维方向上受纳米尺度(1 ~ 100 nm)调制的各种固态材料。根据构成晶粒的空间维数,可分为纳米结构晶体或三维纳米结构、层状纳米结构或二维纳米结构、纤维状纳米结构或一维纳米结构及零维原子簇或簇组装四大类。

由于纳米材料的特殊结构,产生了几种特殊效应,即纳米尺度效应、表面界面效应、量子尺寸效应和宏观量子隧道效应。这些纳米效应导致该种新型材料在力学性能、光学性能、磁学性能、超导性、催化性质、化学反应性、熔点蒸气压、相变温度、烧结以及塑性形变等许多方面具有传统材料所不具备的纳米特性。

聚合物基纳米复合材料是指分散相尺度至少有一维小于 100 nm 的高性能、高功能材料。其制备方法主要有以下几种:

(1)插层复合法(intercalation compounding)

插层复合法是制备聚合物/黏土纳米复合材料的主要方法。该法是将单体分散、插入经插层剂处理过的层状硅酸盐片层之间或将聚合物与有机土混合,利用层间单体聚合热或聚合物/黏土熔融共混时的切应力,破坏硅酸盐的片层结构,使其剥离成单层,并均匀分散在聚合物基体中,实现聚合物与黏土纳米尺度上的复合。

（2）共混法（blending method）

其包括熔融共混、溶液或乳液共混、机械共混等。该法所得复合材料虽然也表现出某些优异的性能和功能,但由于纳米粒子（例如,纳米 $CaCO_3$、纳米 SiO_2、纳米 TiO_2 等）具有极高的表面能,易于自身团聚,在聚合物基体中难以均匀分散以及无机分散相与有机聚合物基体间界面结合弱等问题,其应用受到了一定限制。当今,纳米材料的分散与表面改性问题已成为研究的热门课题。

（3）原位聚合或在位分散聚合法（insitu polymerization）

该法应用在位填充,使纳米粒子在单体中均匀分散,然后在一定条件下就地聚合,形成复合材料。制得的复合材料填充粒子分散均匀,粒子的纳米特性完好无损;同时,只经一次聚合成型,不需要热加工,避免了由此产生的降解,保证基体各种性能的稳定。

（4）溶胶 – 凝胶法（sol-gel method）

由前驱物 $R—Si(OCH_3)_3$ 开始反应,其中 R 是可聚合的单体。无机相是由—Si $(OCH_3)_3$ 基团的水解和缩合生成的体形硅酸盐,有机相是由 R – 聚合而成的高分子,有机 – 无机两相间以 C—Si 共价键连接。

该法制备过程初期就可以在纳米尺度上控制材料结构。其缺点为凝胶干燥过程中,溶剂、小分子、水的挥发导致材料收缩与脆裂。

5.5.4　塑料增韧

1. 橡胶或弹性体增韧

塑料增韧的主要方式是机械共混、接枝共聚和嵌段共聚。但无论哪一种方式,其目的都是相同的。这就是以刚性的连续相作为塑料的基体,在其中分散一定粒度的微细橡胶相,同时要求两相之间的界面上有良好的黏结。

采用橡胶增韧的热塑性塑料包括聚苯乙烯、聚甲基丙烯酸甲酯、聚氯乙烯、聚烯烃（如PP,HDPE）、尼龙类、聚碳酸酯、聚甲醛和聚酯（如 PET,PBT）等;热固性塑料有环氧树脂、酚醛树脂和聚酰亚胺等。

这里以聚丙烯为例,讨论增韧效果的影响因素。

可用于增韧 PP 的橡胶和弹性体有多种,如乙丙橡胶（EPR）、顺丁橡胶（BR）、丁苯橡胶（SBR）、三元乙丙橡胶（EPDM）、SBS 弹性体和 POE 弹性体等。无论采用何种橡胶或弹性体增韧 PP,最终增韧效果的好坏与 PP 树脂的性质、橡胶的性质以及 PP 与橡胶粒子之间的相互作用密切相关。例如,PP 是均聚还是共聚产品,PP 的相对分子质量、相对分子质量分布、PP 的结晶度;橡胶的玻璃化转变温度、橡胶的相对分子质量及分布;橡胶与 PP 树脂的相容性的好坏,橡胶在 PP 基质中分散的情况、其粒径大小、分散的形态,橡胶的用量等。

（1）橡胶或弹性体品种

不同橡胶或弹性体对 PP 的增韧效果不同。例如,相同配比的 EPDM,BR,SBR,SBS 与 PP 四种共混体系中,EPDM 的增韧效果最好,SBS 最差。

通常用于增韧聚烯烃的橡胶或弹性体都是块状或粒状的,而且在共混之前橡胶是非交联的,如乙丙橡胶、SBS 弹性体等。近期,乔金梁利用 γ 射线辐照普通橡胶胶乳并喷雾干燥的全新技术制备出系列纳米粉末橡胶,即粒径较普通粉末橡胶要小得多,大约 50 ~ 500 nm 的超细全硫化粉末橡胶(UFPR),如纳米尺度的粉末丁苯橡胶、羟基丁苯橡胶、丙烯酸酯橡胶、丁腈橡胶、羧基丁腈橡胶、聚丁二烯橡胶和硅橡胶。以丁苯 UFPR 作为 PP 的增韧剂,不仅使共混物的韧性大幅度提高,而且克服了橡胶增韧技术的缺点,体系的刚度、耐热性提高,强度改善,具有重要的研究和开发价值。

(2)弹性体含量

增韧材料的冲击强度与弹性体的含量有关。PP/SBS 共混体系研究表明,弹性体含量增加有利于基体吸收冲击能,体系冲击强度提高;但弹性体含量增加到一定比例后,体系形成两相穿插结构,韧性降低。PP/HDPE/SBS 三元共混物研究中得到了同样结论。并且,第三组分 HDPE 的引入,可以大大减少弹性体的含量,即少量弹性体即可使共混体系的冲击强度迅速提高。

(3)弹性体粒径

实验表明,当弹性体粒径小于 0.5 μm 时,体系主要产生剪切屈服变形,并有少量银纹产生。剪切屈服变形吸收冲击能,对共混体系的增韧效果最为有利。弹性体分散相粒径应控制在 0.5 μm 左右为宜。大小不同的粒子并存有利于改善材料的性能,其中大粒子引发银纹,小粒子诱发剪切带。

(4)基体韧性

研究表明,不同的基体树脂,其弹性体增韧效果不同。共聚 PP 比均聚 PP 增韧效果显著。对共聚体系而言,增塑剂含量(质量百分比)在 20% 左右材料呈现脆韧转变,而相同含量的均聚体系仍然呈现脆性。除了上述基体的韧性对弹性体增韧效果的影响之外,PP 的熔体流动速率大小也影响各种弹性体的增韧效果。

2. 非弹性体增韧塑料

刚性粒子增韧理论是在橡胶增韧理论基础上的一个重要飞跃。通常弹性体增韧可使塑料的韧性大幅度提高,但同时又使基体的强度、刚度、耐热性及加工性能大幅度下降。为此,近年来人们提出了刚性粒子增韧聚合物的新思想,希望在提高塑料韧性的同时保持基体的强度,提高基体的刚性和耐热性,为高分子材料的高性能化开辟新的途径。

(1)有机刚性粒子增韧

1984 年,Kurauchi 和 Ohta 在研究 PC/ABS 和 PC/AS 共混物的力学性能时,首先提出了有机刚性粒子(ROF)增韧塑料的新概念,并且用"冷拉"概念解释了共混物韧性提高的原因。他们认为,对于含有有机刚性粒子的复合物,拉伸过程中,由于粒子和基体的模量 E 和泊松比 ν 之间的差别而在分散相的赤道面上产生一种较高的静压强。在这种静压力作用下,分散相粒子在垂直于赤道面发生屈服冷拉,产生大的塑性形变,从而吸收大量的冲击能量,材料的韧性得以提高。具体地说,当作用在有机刚性粒子分散相赤道面上的静压力大于刚性粒子塑性形变所需的临界静压力时,粒子将发生塑性形变而使材料增韧,这即所谓的脆韧转变的冷拉机理。随着粒子用量的增加,刚性粒子所受的应力场强度随着粒子的相互接近而降低,且随着共混组成比的接近和粒子间距的减小,强度降低的现象越加显著,即粒子的含量增加到一定程度后,增韧效果变差,这与 Kurauchi 的结论是一致的。这是因为这时 ROF 粒子间的相互作用已不能忽略。

另一些研究者重复了 Kuranchi 和 Ohta 的实验结果,又研究了 PC/PMMA,PC/PPS,PBT/AS,尼龙/PS,PVC/PS 等体系,其中只有 PC/PMMA 显示增韧效果。他们同样以应力分析为基础,用冷拉概念来解释增韧机理。再如,用不同份数的 MBS 改性 PVC,制得不同模量的共混体系,再添加 PMMA 刚性粒子。发现添加 PMMA 具有明显增韧效果的共混组分都处于韧性对 MBS 用量变化敏感的区域,说明有机刚性粒子与基体间要有合适的脆韧匹配。

总结前人的研究结果,可得出有机刚性粒子增韧塑料必须满足下列条件:

①基体的模量 E_1、泊松比 ν_1 和粒子的模量 E_2、泊松比 ν_2 要有一定的差异,一般要求 $E_1 < E_2$,$\nu_1 > \nu_2$;

②基体与 ROF 有一定的脆韧匹配性,基体本身要有一定的强韧比;

③要求分散的 ROF 粒子与基体的界面黏结良好,以满足应力传递,从而保证在刚性粒子的赤道面上产生强的压应力;

④粒子的分散浓度应适当,浓度过大或过小都会导致韧性的下降。

（2）无机刚性粒子增韧

有机刚性粒子增韧的新概念,被认为是刚性粒子增韧思想的起源。随后,用量大、价廉并能赋予材料各种独特性能的无机刚性粒子（RIF）增韧塑料立即引起了人们极大的兴趣。Pukanszky 和 Jancar 等从 1984 年以来在填充材料的脆韧转变研究方面做了大量工作。中国科学院化学所从 1987 年起在增韧机理、力学分析、界面效应等方面进行了较为深入的研究,使我国在该领域中某些方面的研究水平处于世界领先水平。一般而言,对于无机粒子增韧体系,基体韧性、无机粒子形状、尺寸及含量、无机粒子与基体间的界面作用是决定增韧效果的内因。

①基体韧性影响

基体韧性不同,无机刚性粒子增韧的效果也不同。目前广泛研究的无机刚性粒子增韧体系主要是准韧性偏脆性的 PP 和 PE 等基体。过渡型基体 PVC,其断裂行为既有剪切屈服又有银纹破坏,也有少量报道。但对于脆性基体如 PS 和 SAN 等,用无机刚性粒子增韧的报道很少。

对于化学结构相同的聚合物,增韧效果还与基体的相对分子质量、分子间作用力、结晶度、晶型等有关。总之,准韧性基体必须具有一定韧性和一定的强韧比,才能实现无机刚性粒子增韧。

②无机粒子尺寸及含量

如果把无机粒子视作惰性粒子,则决定增韧效果的主要因素为粒径大小及其分布、粒子含量等。

粒径和粒径分布影响无机粒子填充体系的脆韧转变。粒径小的粒子相对于大颗粒,其表面缺陷少,非配位原子多,与聚合物发生物理或化学结合的可能性大,若与基体黏结良好,就有可能在外力作用下促进基体脆韧转变。例如,对 $HDPE/CaCO_3$ 复合体系的研究表明,其他条件相同时,随着碳酸钙粒径的减小及其分布的变窄,复合材料的冲击强度明显提高。并且,其拉伸强度和弯曲强度也呈增大趋势（但仍低于基体）。当碳酸钙粒径过大且分布过宽时,碳酸钙的加入反而引起材料缺口冲击强度的显著下降,起不到增韧作用。

一定粒径和粒径分布的无机刚性粒子分散于准韧性基体,只有当粒子浓度（质量百分比）超过临界值 ϕ_c 时,体系韧性才迅速增大,在 ϕ_c 处发生脆韧转变。当 $\phi > \phi_c$ 后,体系韧性随 ϕ 值增大而提高,并于一定 ϕ_m 时达到最大。超过 ϕ_m,韧性随 ϕ 增大而又急剧降低,变为脆性破坏。

③无机粒子与基体间的界面作用

复合体系的界面是指聚合物基体与无机粒子之间化学成分有显著变化的、构成彼此结合的、能起载荷传递作用的微小区域,如图 5–31 所示。通过界面相和界面作用,将基体与粒子结合成一个整体,并传递能量,终止裂纹扩展,减缓应力集中,使复合体系韧性提高。

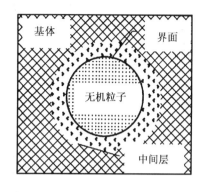

图 5–31　复合体系的界面模型

界面作用的强弱和界面相的形态除与基体、粒子种类有关外,还与表面处理剂(表面活性剂、偶联剂、接枝物等)密切相关。

界面作用的强弱尚无量化指标,不同研究者所指的强弱概念不尽相同。目前较为普遍的观点是:界面作用太弱,意味着复合体系相容性太差,导致无机刚性粒子在体系中分散差,不能很好地传递能量,复合体系于裂纹增长前脱黏而于界面处破坏,不利于增韧;但界面作用太强,则空洞化过程受阻,同时限制诱导产生剪切屈服,也对增韧不利。因此应控制适当的强度范围。

界面形态也决定着复合体系的增韧效果。一般认为,界面相若能保证粒子与基体具有良好的结合,并且本身为具有一定厚度的柔性层,则有利于材料在受到破坏时引发银纹,终止裂纹,既可消耗大量冲击功,又能较好地传递应力,达到既增韧又增强的目的。

从以上讨论可知,无机刚性粒子增韧塑料必须具备以下条件:基体要有一定强韧比;无机粒子粒径及用量应合适;无机粒子与基体间界面黏结应良好;无机粒子在基体中应分散良好。

近些年来,无机刚性纳米粒子对塑料的增韧、增强研究,已取得了长足的进展。例如,陈建峰教授(长江学者)研制出新型的超重力反应结晶法纳米 $CaCO_3$ 水浆料。该超重力反应中心和该课题组均系统研究了该种纳米 $CaCO_3$ 的湿法表面处理。2002—2003 年,该组用已表面处理的纳米 $CaCO_3$ 对均聚型 PP 和共聚型 PP(EPS30R)(简称 PPR)进行了增韧改性。发现 PP/纳米 $CaCO_3$ 和 PPR/纳米 $CaCO_3$ 复合材料的冲击强度较之基体显著提高。采用偶联剂 B_1 和自制偶联剂 B_2 表面处理的纳米粒子对基体的增韧效果明显优于脂肪酸盐,纳米 $CaCO_3$ 对 PPR 的增韧效果又优于 PP。该类复合材料的拉伸强度与基体保持不变,后一结果与 $CaCO_3$ 的纳米效应密切相关。又如,该组又研究了 LLDPE/纳米 SiO_2 复合材料的力学性能和光学性能。表明随着纳米 SiO_2 的加入,复合材料的弹性模量提高,冲击强度与拉伸强度呈峰形变化,且均在 SiO_2 含量 3phr 左右达到最大值。更有趣的是加入少量纳米 SiO_2 后,复合材料薄膜对长波红外线(7～11 μm)的吸收能力较 LLDPE 有了显著提高,薄膜的保温性能得以改善。随着纳米 SiO_2 含量的增加,薄膜的透光率略有下降,但雾度明显增加。

3. 增韧机理

(1)橡胶或弹性体

增韧塑料机理的研究由最初的、简单的定性解释向模型化、定量化的方向发展。目前被人们普遍接受的增韧理论为多重银纹化理论(multiple crazing theory)、剪切屈服理论(shear yielding theory)、逾渗理论(percolation theory)、微孔及空穴化理论(microvoids and cavitation theory)等。

①Mertz 的微裂纹理论和多重银纹化理论

Mertz 等于 1956 年发表了第一个橡胶增韧塑料的理论,即微裂纹理论(microcrack tlleory)。其基本思想是:许多橡胶粒子联结着基体中一个正在增长的裂纹的两个表面,于是断裂过程中吸收的能量等于基体的断裂能和橡胶粒子断裂能的总和,为了解释拉伸屈服,必须假设形成了大量的微裂纹(microcrack),每个微裂纹中含有一个橡胶粒子,相邻微裂纹之间被一层聚苯乙烯间隔开,大拉伸形变可以通过微裂纹的张开、橡胶粒子的伸长以及聚苯乙烯层的失稳而发生。利用这个理论,Mertz 指出,HIPS 的应力发白是由于微裂纹引起的光散射造成的,微裂纹的张开为大应变形变提供了可能性,橡胶粒子的桥联作用要求其具有弹性和与基体的良好黏结性,并指出 HIPS 的密度在拉伸试验后由于空穴的形成而降低了8%。然而,增韧 PVC 和增韧 PS 所显示出的不同断裂行为却不能用该理论来解释。这个理论的主要缺陷是将韧性提高的原因偏重橡胶的作用而忽视了基体所起的作用,所以,很快就被新的理论所代替。

多重银纹理论是 Buckndl 和 Smith 于 1956 年提出来的,是 Mertz 微裂纹理论的发展。其主要不同点是将应力发白归因于银纹(craze)而不是裂纹(crack)。它是在 HIPS 树脂中很容易观察到的一类结构,PS 基体中出现多重银纹,伴有橡胶粒子的拉伸,我们已知 PS 本身能形成少量的银纹并在应变达 2% 时出现破坏;相反,HIPS 则产生大量的银纹,应变值可达 50% 观察橡胶增韧的 PS 时可以看到应力发白,能量吸收迅速增加,体积增大。TEM 可以观察到 HIPS,ABS 和其他增韧的玻璃质高分子材料中的银纹。HIPS 的银纹优先引发于粒径在 $1\mu m$ 以上粒子周围的基体中。当粒径小于 $0.2~\mu m$ 时,引发银纹就比较困难了。

基体呈现银纹,橡胶呈微纤化,这种微纤拉伸比大约为 5,这意味着它所承受的应力大于 1 MPa,使得空穴化带内的微纤呈现出取向硬化,特别是当 $\phi_r > 0.3$ 时,桥接的银纹和成纤的橡胶的作用是十分重要的。后者有稳定银纹的作用,而大的实心橡胶粒子对 PS 的增韧效果较差,橡胶粒子空洞化是产生多重银纹的必要先决条件。银纹是由裂纹体内高度取向的分子链束构成的微纤和空洞组成的,是造成 HIPS 硬弹性行为的原因。

如图 5 - 32 所示,HIPS 的拉伸曲线和回复曲线型成较大滞后圈,弹性回复率达到 90% 以上,这种相似的行为在聚丙烯(PP)中也被观察到,所不同的是 PP 的硬弹性来源于晶片的弹性弯曲,而 HIPS 则是由于形成了分子链束构成的微纤。

图 5 - 33 显示了典型的 PS 裂缝尖端部位剖面图,其中阴影部分代表裂纹体,其体积要比裂缝本身大得多,这是由裂缝尖端应力场引起的。裂纹尖端向基体内生长的同时伴随着银纹丝的断裂,这个理论的基本观点是:橡胶粒子作为应力集中点既能引发银纹又能控制其增长。在拉伸应力下,银纹引发于最大主应变点,一般是在橡胶粒子的赤道附近,然后沿最大主应变平面向外增长;银纹的终止是由于其尖端的应力集中

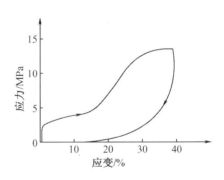

图 5 - 32 HIPS 的硬弹性行为

降至银纹增长所需的临界值以下或者银纹前端遇到一个大的橡胶粒子或其他障碍物。拉伸和冲击试验中所吸收的大量能量正是由于基材中生成大量多重银纹造成的。多重银纹理论已被许多实验所证实并成功地解释了 HIPS 的冲击和拉伸行为。但在单轴拉伸试验中,ABS 和增

韧 PVC 与 HIPS 不同,它们显示出明显的成颈现象,尤其在以 PVC 为基材的材料中,这种成颈的出现并未伴有应力发白。为了解释这一特殊现象,剪切屈服机理必须予以考虑。

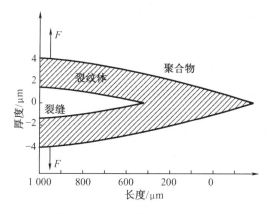

图 5 - 33　PS 裂缝尖部的剖面图

②剪切屈服理论

剪切屈服理论的前身是屈服膨胀理论。该理论是由 Newman 和 Styella 在 1965 年提出的。其主要思想是橡胶粒子在周围的基体相中产生了三维静张力,由此引起体积膨胀,使基体的自由体积增加,玻璃化转变温度降低,产生塑性变形。

它解释了一些实验结果,尤其是对橡胶增韧 PVC 体系,但对另一类体系中的应力发白、密度变化、拉伸过程中没有细颈等现象的解释遇到了困难。如图 5 - 34 所示,HIPS 的体积应变与纵向拉伸应变呈线性关系,斜率近似为 1,说明在 HIPS 中主要形成了银纹;而在增韧 PVC 中这种直线的斜率近似为 0,说明在 PVC 中以形成剪切带为主,拉伸过程中体积不变。

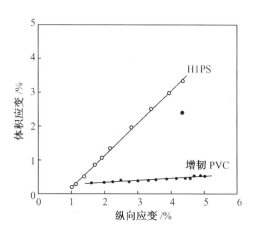

图 5 - 34　HIPS 和增韧的 PVC 体积应变 ΔV 和伸长率 ε 之间的关系(20 ℃)

③剪切带和银纹共存理论

剪切带和银纹共存(crazing with shear yielding)理论是多重银纹理论和剪切屈服理论的有机结合。在早期增韧理论的基础上,逐步建立了橡胶增韧塑料机理的初步理论体系。当前普遍接受的是所谓银纹 - 剪切带理论。该理论是 Bucknall 等在 20 世纪 70 年代提出的,其要点为:橡胶颗粒在增韧体系中发挥两个重要的作用。其一是作为应力集中中心诱发大量银纹和剪切带,其二是控制银纹的发展并使银纹及时终止而不致发展成破坏性裂纹。银纹尖端的应力场可诱发剪切带的产生,而剪切带也可阻止银纹的进一步发展。银纹或剪切带的产生和发展消耗能量,从而显著提高材料的冲击强度。进一步的研究表明,银纹和剪切带所占比例与基体性质有关,基体的韧性越高,剪切带所占的比例越大;同时也与形变速率有关,形变速率增加时,银纹化所占的比例提高;还与形变类型等有关。由于这一理论成功的解释了一系列实验事实,因而被广泛采用。

上述早期的增韧理论只能定性地解释一些实验结果,未能从分子水平上对材料形态结构进行定量研究,又缺乏对材料形态结构和韧性之间相关性的研究。

最近的研究表明:银纹、剪切带和空穴之间存在复杂的相互作用,并且与裂口的生长速率有关。同时发现,银纹化过程中存在微剪切。

④空穴化理论

由应力分析可知,橡胶相粒子赤道面的应力集中效应最大,在该处容易发生基体与分散相的界面脱黏,形成微孔。同时,与基体相比,橡胶粒子的泊松比更高,断裂应力值更低。当所受外力达到断裂应力值时,橡胶粒子内部会产生空洞。这些微孔和空穴的形成可吸收能量,使基体发生脆韧转变。例如,Van der Wal 和 Gaymans 研究 PP/EPDM 体系,发现橡胶粒子空洞化是材料变形的主要机理。J. U. Starke 指出,在 EPR 增韧共聚聚丙烯的断裂过程中,橡胶粒子的空洞化是形变的第一步。当 PP/EPR 共混比为 80/20 时,空洞化橡胶粒子之间的基体通过剪切屈服形成空洞带(cavitation bands),但空洞带分布不均匀,且彼此孤立。随着橡胶含量增加到出现脆韧转变后,空洞带结构遍布整个试样,且在垂直于拉伸方向上出现了类银纹的丝状结构,这即 Argon 等所称的银纹洞(croids,from craze and void)。

空洞化本身不能构成材料脆韧转变,它只是导致材料从平面应变向平面应力的转化,从而引发剪切屈服,阻止裂纹进一步扩展,消耗大量能量,使材料的韧性得以提高。

这个观点是 Yee 等在研究弹性体改性环氧树脂体系中提出的。后来,Okamto 等在HIPS 中也发现了橡胶空穴化的现象。我国漆宗能等在 PP/EPDM 共混体系中发现其破坏方式由银纹、空洞化转变为剪切屈服的过程。

与空洞化相关的另一种现象是膨胀带,Gnrson 模型(1997)可用于描述含有一定深度且相互影响的微孔固体膨胀带现象。平面膨胀带的形成是由于平面内的剪切力和垂直于平面的拉伸力相结合作用的结果。带与主应力平面间的角度 θ 由孔的含量和应力状态所决定。理论上,无孔的固体具有不依赖于压力的特性,剪切带和拉伸应力之间的角度 θ 应为45°。固体高聚物中,屈服对压力的依赖性可使 θ 降至38°,如果由于孔洞而产生压力依赖性可使其降至0°,那么,这种情况下膨胀带就是银纹。然而两种形变带之间有一些重要的差别,真正的银纹中含有相连的孔,它们是通过基体中材料的破坏而产生,通常伴随有化学键的破坏,相反,膨胀带含有不连接的孔,在橡胶增韧塑料的情况下它们限于橡胶相之内。

类似于银纹的膨胀带已在橡胶增韧环氧及橡胶增韧 PC 中观察到。偏光显微镜观察橡胶增韧玻璃质塑料中的膨胀带是特别有效的,因为它可清楚地观察到剪切带的方向以及它们同空洞化了的橡胶粒子之间的作用。

苯乙烯 - 丁二烯两嵌段共聚物易形成类似于银纹似的膨胀带,在垂直于拉伸方向的平面上,在膨胀带尖部的橡胶重复地空洞化,呈现球形或圆柱形橡胶空洞,其半径为 15 nm左右。

⑤逾渗理论

逾渗理论是处理强无序和具有随机几何结构系统常用的理论方法,可被用来研究在临界现象的许多问题。20世纪80年代,S. Wu将逾渗理论引入聚合物共混物体系的脆韧转变(brittle-ductile transition,BDT)分析,使得脆韧转变过程从定性的图像观测提高到半定量的数值表征,具有十分重要的意义。

1988年,美国Du Pont公司S. Wu在对改性EPDM增韧PA66的研究中提出了临界粒子间距普适判据的概念,继而又对热塑性聚合物基体进行了科学分类,并建立了塑料增韧的脆韧转变的逾渗模型,对增韧机理的研究起了重大推动作用。

Wu的这一理论是增韧理论发展的一个突破,但也存在不足,主要表现在该理论模型是建立在橡胶粒子在基体中呈简立方分布,粒子为球形且大小相同的假设条件下,忽略了粒子形状、尺寸分布及空间分别对材料韧性的影响。为此,理论尚待进一步完善。

⑥橡胶增韧塑料理论的最新进展

a. 银纹的缩颈化

银纹化现象已被人们广泛地研究,特别是TEM技术被广泛地采用后,人们普遍接受的概念是:银纹微纤的形成可能起因于表面拉伸机理。银纹的形成是由于活性带(active zones)材料被拉伸而扩展变宽,所谓活性带是指在银纹/本体疆界处软化了的材料,在这个窄的区域内成为微纤,拉伸成为银纹,这些被拉伸的微纤具有固定的几何形状、间距和形变状态,并能保持这些状态参数,这是早期人们对银纹的基本认识。图5-35为TEM观察到的PS薄膜中典型的银纹结构。

图5-35　PS膜中TEM银纹

然而,TEM得到的信息是不全面的,TEM所得的是三维结构的二维投影,而对于观测方向银纹的空间分布特征则被忽略了。原子力电子显微镜(SFM,TFEM)技术的发展则可以使我们在三维的所有方向上来研究银纹现象,且具有很高的分辨率。Yang等在采用SFM技术研究PS膜拉伸情况下生成的银纹时,观察到银纹区存在很大的凹陷区,其深度随银纹的宽度而线性地增加,当其深度达到膜初始厚度的35%左右则达到一平台值(定值),如图5-36所示。

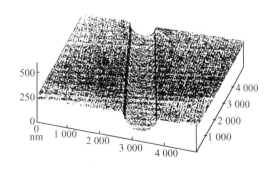

图5-36　用SFM测定的PS膜中典型银纹形态

图5-37是银纹凹陷深度与银纹宽度的关系图,图中所用试样膜的厚度分别为0.12 μm,0.55 μm和2.6 μm。对于所有的三种厚度膜材料,他们发现了一个普遍性行为,

这就是凹陷深度随银纹的宽度呈线性地增加。然而,当银纹的宽度 W 大于临界值 W_c 时,直线关系发生偏离,凹陷深度的偏离值是很高的,大约是膜初始厚度的 30% ~ 40%,而且,应变速率和室温老化对银纹深度也不产生什么作用。

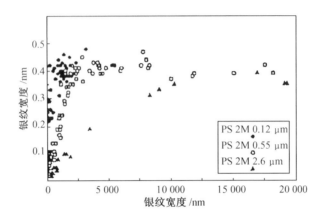

图 5 – 37　不同厚度的膜的银纹最大深度与宽度的关系

银纹的凹陷度与宽度之间的关系的这种普适行为表明:在银纹生长过程中有成颈过程发生。同表面拉伸机理所预测的相反,随着银纹变宽,新拉出的微纤继续产生形变,即使微纤化之后,这种过程仍然继续,这种连续形变产生了银纹区内的收缩导致凹陷。由于银纹的体积分数几乎不随银纹的宽度而发生变化,那么,成颈的机理可推测为:微纤的长度和直径几乎保持不变,但是微纤链段顺着拉伸方向排列,结果使微纤间的空隙减小。

b. 增韧尼龙破坏的微观结构——辉纹

Muratoglu 等采用 SEM 技术研究了橡胶增韧 PA66 的 Izod 冲击试样的破坏表面形态,发现存在三种破坏表面形态:斑纹型、辉纹型,以及前述两种破坏表面之结合。图 5 – 38 总结了这三种不同的破坏表面的形态特征以及它们同材料断裂韧性之间的关系。在脆性破坏区,破坏表面在宏观上为光滑表面并有些不规则的特征,为典型的脆性破坏,如图 5 – 38(b)。所有韧性破坏表面全部由辉纹所覆盖,如图 5 – 38(d)。转变区的试样破坏表面是不规则的斑纹脆性破坏与辉纹相结合,如图 5 –38(c)。图 5 – 38 中的这些图片的试样破坏方向是从左向右生长。在所有的情况下,破坏表面形态与韧性之评价都是采用统一的标准,即通过生长着的裂口产生的破坏表面形态的类型只同试样的韧性大小有关,而不考虑橡胶粒子尺寸、橡胶含量或破坏温度,当然,这些因子决定了材料的韧性大小。所以,这种脆 – 韧突变在破坏表面形态上的表现是从不规则的特征变化到具有规则间隔的辉纹表面,完全是起因于材料韧性程度的变化。

Williams 详细研究了冲击试验的动态效应后认为:由摆锤敲击试样的破坏振荡(相对地讲有一定柔性)能够使裂口呈间隔的生长并能够导致冲击试验中出现这种辉纹。实际情况并非如此,辉纹间距 S_d 在各种试样上,在整个破坏过程中均不发生变化,这就排除了振荡创造了辉纹的可能性。对于辉纹形成的一种更为合理的解释是:一种薄的、被拉伸的表层呈现出一种规则的弹性 – 塑性扭结,其中包含了主裂口前方通过试样破坏区之后产生的某种程度的应变协调作用。

(2)无机刚性粒子增韧塑料的机理

研究比较有代表性的是逾渗理论、裂纹受阻机理以及 J 积分理论。下面分别进行简要

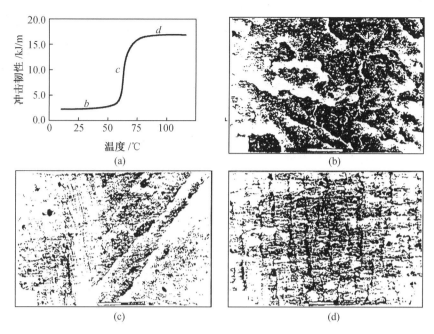

图 5 – 38　改性尼龙的 Izod 冲击破坏表面形态与材料韧性之间的关系

（a）韧性随温度变化的示意图；

（b），（c）和（d）分别为破坏表面的形态，它们分别与图（a）中的韧性水平相对应

介绍。

①脆韧转变 Lc 判据及其逾渗理论

前已述及，美国 Du Pont 公司 S. Wu 在对改性 EPDM 增韧 PA – 66 的研究中提出了临界粒子间距普适判据的概念，继而又对热塑性聚合物基体进行了科学分类。

对于 HDPE/CaCO$_3$，用特种界面偶联剂处理得到具有准脆韧转变的韧性复合材料。研究结果表明，其脆韧转变也遵从 Lc 判据和逾渗模型转变定律。而未加特种偶联剂表面处理的 HDPE/ CaCO$_3$ 复合材料，缺口冲击强度随碳酸钙的 V_f 增加急剧减少。表明具有适当的界面性能和状况的填充复合材料某脆韧转变特征和橡胶增韧准韧性聚合物的规律相似。

②裂纹受阻机理

对于刚性粒子体积分数增加体系韧性提高的现象，Lange 用裂纹受阻理论进行了解释。Lange 认为，与位错通过晶体的运动相类似，材料中的裂纹也具有线张力，当遇到不可穿透的阻碍物时，裂纹被阻止。未通过阻碍物，裂纹将弯曲绕行，从而导致断裂能的增加。

③J 积分法

J 积分概念最早由 Rice 在研究金属材料时提出，其理论依据是：在塑性较大的材料中，裂纹尖端的应力和应变场具有单值性，可以由一个从裂纹自由表面下任意一点开始，绕裂纹尖端，终止于裂纹自由表面上任意一点回路的积分值表示，这一积分就称为 J 积分。J 积分值与路径无关，反映裂纹尖端附近应力应变场的强度，同时它又代表着向缺口区域的能量输入，可作为大规模塑性属服时的裂纹判据。

当 J 积分超过一临界值，即 $J > J_c$ 时，裂纹开始生长，J_c 是与裂纹长度、试件几何形状和加载方式无关的材料参数。

用断裂力学的 J 积分法研究碳酸钙增韧 PP 复合材料的断裂韧性,结果认为,由于碳酸钙的加入,使 PP 基体的应力集中状况发生了变化。拉伸时,基体对粒子的作用在两极表现为拉应力,在赤道位置则为压应力,同时由于力的相互作用,球粒赤道附近的 PP 基体也受到来自填料的反作用力,三个轴向应力的协同作用有利于基体的屈服。另外,由于无机刚性粒子不会产生大的伸长变形,在拉应力作用下,基体和填料在两极首先产生界面脱黏,形成空穴,而赤道位置的压实力为本体的 3 倍,其局部区域可产生提前屈服。应力集中产生屈服和界面脱黏都需要消耗更多的能量,这就是无机刚性粒子的增韧作用。众多的研究结果表明,只有超细的无机刚性粒子的表面缺陷少,非配对原子多,比表面积大,与聚合物发生物理或化学结合的可能性大,粒子与基体间的界面黏结时可以承受更大的载荷,从而达到既增强又增韧的目的。

有关无机刚性纳米粒子增韧、增强塑料的机理研究尚待进一步深入进行。

5.5.5 影响聚合物强度的结构因素和增强增韧途径

聚合物断裂的机理是首先局部范德华力或氢键力等分子间作用力被破坏,然后应力集中在取向的主链上,使这些主链的共价键断裂。因而聚合物的强度上限取决于主链化学键力和分子链间作用力。一般情况下,增加分子间作用力如增加极性或氢键可以提高强度。例如:高密度聚乙烯的抗张强度只有 22~38 MPa;聚氯乙烯因有极性基团,抗张强度为 49 MPa;尼龙 - 66 有氢键,抗张强度为 81 MPa。

主链有芳环,其强度和模量都提高。例如,芳香尼龙高于普通尼龙,聚苯醚高于脂肪族聚醚等。实际上工程塑料大都在主链上含有芳环。

支化使分子间距离增加,分子间作用力减少,因而抗张强度降低;但交联增加了分子链间的联系,使分子链不易滑移,抗张强度提高;结晶起了物理交联的作用,与交联的作用类似;取向使分子链平行排列,断裂时破坏主链化学键的比例大大增加,从而强度大为提高,因而拉伸取向是提高聚合物强度的主要途径。

相对分子质量越大,强度越高。因为相对分子质量较小时,分子间作用力较小,在外力作用下,分子间会产生滑动而使材料开裂。但当相对分子质量足够大时,分子间的作用力总和大于主链化学键力,材料更多地发生主价键的断裂,也就是说达到临界值后,抗张强度达到恒定值(但冲击强度不存在临界值)。

以上讨论主要是对于抗张强度,而对于冲击强度,除了上述结构因素外,还与自由体积有关。总的来说,自由体积越大,冲击强度越高。结晶时体积收缩,自由体积减小,因而结晶度太高时材料变脆。支化使自由体积增加,因而冲击强度较高。

聚合物的增强(reinforcing)除了根据上述原理改变结构外,还可以添加增强剂。增强剂主要是碳纤维、玻璃纤维等纤维状的物质,以及木粉、炭黑等活性填料。前者所形成的复合材料有很高的强度,例如,玻璃纤维增强的环氧树脂的比强度超过了高级合金钢,所以又称为环氧玻璃钢。后者不同于一般只为了降低成本的增量型填料,例如,在天然橡胶中加入 20% 的炭黑,抗张强度从 150 MPa 提高到 260 MPa,这种作用称为对橡胶的补强(strengthen)作用。

如果脆性塑料中加入一些橡胶共混,可以达到提高冲击强度的效果,又称为增韧(toughening)。增韧的机理是橡胶粒子作为应力集中物,在应力下会诱导大量银纹(craze),从而吸收大量冲击能。在橡胶增韧塑料中银纹产生自一个橡胶粒子,又终止于另一个橡胶粒子,从而不发展成裂缝而导致断裂。

5.6　聚合物的动态力学性能

聚合物在交变应力作用下表现的力学性能称为动态力学性能。研究聚合物动态力学性能通常采用正弦交变应力。在动态力学条件下不仅是研究很宽温度范围内聚合物模量变化规律的方便方法,同时也是研究聚合物各种松弛转变过程的重要手段。

如果施加交变应力于聚合物,并使交变应力产生的应变完全回复而不留下残余形变,或者在恒定应力频率条件下持续改变温度,或者恒定温度而持续改变应力频率,均可测得聚合物的动态力学参数的谱图,如图 5－39 和图5－40所示。

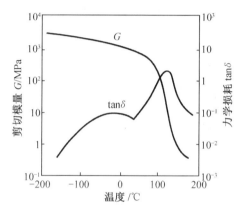

图 5－39　PMMA 的动态模量与力学损耗曲线(交变频率为 1 Hz)

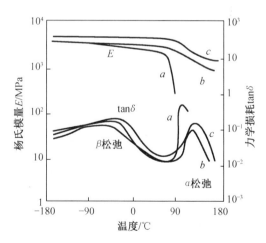

图 5－40　不同结晶度 PET 的动态模量与力学损耗曲线

(结晶度 a,b,c 分别为 5% ,34% ,50%)

图 5－39 和图 5－40 显示,在交变应力作用下聚合物的弹性模量随温度升高而呈下降趋势,在玻璃化温度附近急剧下降;其力学损耗总体经历逐渐变大的复杂过程,出现峰值的

温度对应于聚合物的各种松弛过程(如图 5 – 33 中的松弛和 β 松弛),也是聚合物黏性损耗最高的时候。通常聚合物在玻璃化转变过程的松弛强度和模量下降幅度最大,可达 3 ~ 4 个数量级。一般情况下,损耗峰出现的温度决定于黏弹过程松弛时间的长短,而松弛时间的长短却又决定于引起该松弛过程的运动单元的大小。

5.6.1　非晶态聚合物的动态力学性能

图 5 – 39 为典型非晶态聚合物的动态力学行为曲线,可以发现在玻璃化转变(α 松弛)过程中材料的弹性模量快速大幅度下降,而 β 松弛过程却呈现幅度较小温度范围较宽的峰值,对应于分子内仅次于链段的运动单元所产生的力学损耗。

5.6.2　晶态聚合物的动态力学性能

晶态聚合物的动态力学图谱如图 5 – 40 至图 5 – 42 所示。图 5 – 41 显示两种结晶聚合物的弹性模量均随温度升高而逐渐降低的趋势,其中 HDPE 由于其结晶度明显高于 LDPE,所以其模量曲线处于后者上方,显示其耐受温度的能力显著高于后者。图 5 – 42 显示,HDPE 和 LDPE 的最高松弛转变峰(分别为 α 和 α′峰)均对应于两者的玻璃化转变,而前者对应的温度明显高于后者。

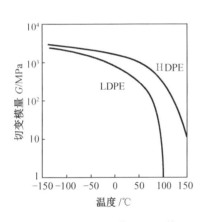

**图 5 – 41　HDPE 和 LDPE 的
动态模量温度曲线**

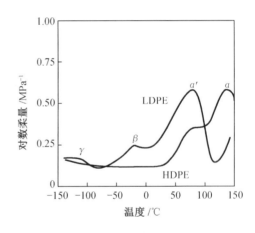

图 5 – 42　HDPE 和 LDPE 的动态松弛温度曲线

5.7　聚合物的环境应力开裂

环境因素对材料断裂行为的影响早为人知,现已了解环境因素对聚合物力学性能的影响尤为严重。例如,橡胶的臭氧开裂、液氮开裂、玻璃态热塑性聚合物在氮或氩气的低温条件下发脆等。环境应力开裂有时也被用于检测模塑聚合物制品的残余应力,具体做法是将制品浸入活性液体之中,根据是否开裂以及开裂时间的长短判断制品内是否存在残余应力及其大小。

将能够使聚合物产生环境应力开裂的物质称为环境应力致裂剂,通常将其分为化学环境致裂剂和物理环境致裂剂两类。前一类能够使聚合物断链或交联,从而导致应力开裂;后一种只是引起聚合物的物理结构改变,致使聚合物在很低的应力条件下产生银纹和裂纹等,再通过裂纹的扩展最终发生脆性断裂。

臭氧属于典型的化学环境致裂剂,通过对应力作用下的橡胶分子主链双键的氧化作用而使相对分子质量降低,最后发生开裂。缩聚物如聚酯和聚碳酸酯等在酸性或碱性环境中容易发生分子链断裂而引起环境应力开裂,它就属于这一类型。

物理环境致裂剂的种类很多,主要包括:有机液体引起玻璃态热塑性聚合物发生银纹和裂纹;凝聚温度以下的某些气体引起玻璃态聚合物和部分结晶聚合物发生低温银纹化和裂纹;无机金属盐水溶液和醇溶液等引起聚酰胺的环境应力开裂;洗涤剂的醇溶液引起聚烯烃的环境应力开裂等。

5.8 疲 劳 寿 命

5.8.1 疲劳强度与疲劳寿命

静态疲劳是指材料在恒定负荷持续作用条件下达到一定时间以后发生的断裂或破坏现象,达到材料破坏的这个时间就称为疲劳寿命。静态疲劳性能常常采用应力 – 断裂时间曲线表示,应力越大则断裂时间越短,两者大体上呈线性关系。聚合物静态疲劳强度的影响因素很多,大体上包括聚合物结构方面的内因和测定条件(如温度、负荷、测试环境等)两个方面。

5.8.2 动态疲劳强度

动态疲劳是指材料在重复或振动负荷作用条件下达到一定时间以后发生断裂或使用性能丧失的现象。一般规律是,动态负荷条件下聚合物承受应力的能力远低于静态负荷条件下的应力承受水平时就可能发生断裂或性能丧失;在给定应力振幅条件下聚合物材料发生断裂的时间(动态疲劳寿命)也远小于相同恒定应力作用的静态疲劳寿命。

第6章　聚合物熔体的流变性

当温度超过黏流温度 T_f 时,线型聚合物在外力作用下产生质心位移的黏性流动,形变随时间不可逆发展,聚合物由高弹态转变为黏流态。研究材料流动与变形的科学即为流变学,聚合物流变学是流变学的一个分支。由于高分子的线链形结构,使之在流动中表现出不同于小分子牛顿流体的流动特征,即在外力作用下,熔体不仅表现出非牛顿流体的黏性流动(不可逆形变),而且表现出分子链构象变化导致的弹性形变(可逆形变)。聚合物的这种流动行为是聚合物分子运动的表现,反映了聚合物的组成、结构、相对分子质量及相对分子质量分布等结构特点以及加工过程的物理化学变化过程。聚合物熔体的流动性是许多聚合物成型加工的前提,热塑性塑料和合成纤维的加工过程一般需经历加热塑化、流动成型和冷却固化三个基本步骤。不同的加工成型方法,如挤出、注射、吹塑等,几乎都在聚合物的流动态进行,不可避免地要接触到熔体的流变性问题。由于聚合物熔体本身结构及流动过程形变十分复杂,加工过程还往往伴随化学降解和热氧化降解,此外,聚合物的流体行为还会影响最终产品的力学性能,例如,取向对薄膜和纤维的力学性能的影响。因此了解和掌握聚合物的流变性将有助于正确有效地进行聚合物的加工成型。

6.1　聚合物的流动特性

由于聚合物熔体的黏度大、流速低,在加工过程中切变速率一般小于 $10^4\ \mathrm{s}^{-1}$,形成层流。聚合物熔体或浓溶液在挤出机、注射机、等截面管道及毛细管道中的流动大都属于这种流动。层流可以看作液体在切应力作用下以薄层流动,层与层之间存在速度梯度,要维持这一速度梯度需要外加一定的切力。相应地,液体内部反抗这种流动的内摩擦阻力即为切黏度,如图 6-1 所示。

黏度不随剪切应力和切变速率的大小而改变,始终保持常数的流体,通常为牛顿流体,低分子液体和高分子的稀溶液属于这一类。描述牛顿流体层流行为的最简单定律是牛顿流动定律。液

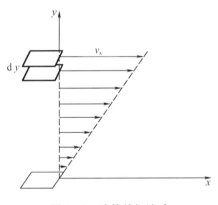

图 6-1　液体的切流动

体流动时,切变速率 $\dot{\gamma}$ 即速度梯度,$\dot{\gamma} = \mathrm{d}v_x/\mathrm{d}y = \mathrm{d}\left(\dfrac{\mathrm{d}x}{\mathrm{d}y}\right)/\mathrm{d}t = \dfrac{\mathrm{d}\gamma}{\mathrm{d}t}$,切应力 σ_s 即为垂直于 y 轴的单位面积液层上所受的力。液体流动时,受到的切应力越大,产生的切变速率越大,相距越远,越有利于成型加工。

6.2　聚合物熔体的黏性流动

6.2.1　流动曲线及熔体黏度

1.普适流动曲线

切应力与切变速率的关系曲线称为流动曲线。R.S.Lenk 考察了各种流动现象,提出了聚合物熔体在较宽剪切应力和切变速率范围的普适流动曲线,如图 6-2 所示。

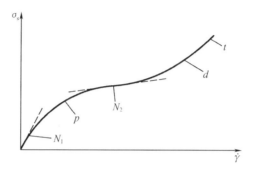

图 6-2　普适流动曲线

随着切变速率增大,聚合物熔体的流动行为依次出现第一牛顿区、假塑性区、第二牛顿区、膨胀性区和湍流区。

2.双对数流动曲线

由于此类曲线在较宽的剪切应力和切变速率变化范围内观察聚合物熔体的流变行为,黏度及两个变量都有几个数量级的变化,通常将 $\sigma_s - \dot{\gamma}$ 关系及 $\eta - \dot{\gamma}$ 关系用对数形式来表示,如图 6-3 所示。

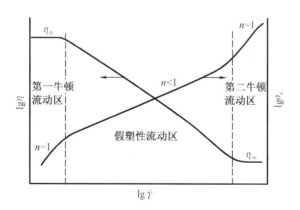

图 6-3　双对数流动曲线

对于牛顿流体,流动方程为

$$\lg\sigma_s = \lg\eta + \lg\dot{\gamma} \qquad (6-1)$$

作 $\lg\sigma_s - \lg\dot{\gamma}$ 图,得到斜率为1的直线,截距为 $\lg\eta$,如图6-4所示。

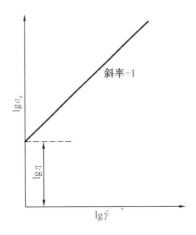

图6-4　牛顿流体的双对数流动曲线

对于聚合物熔体,流动方程可表示为

$$\lg\sigma_s = \lg K + n\lg\dot{\gamma} \qquad (6-2)$$

在低切变速率范围,σ_s 和 $\dot{\gamma}$ 基本成正比,黏度为常数,聚合物熔体表现出牛顿流体的流动行为,称为第一牛顿区。该区的黏度为零切黏度 η_0,即 $\dot{\gamma}\rightarrow0$ 时的黏度,可从直线外推到与 $\lg\dot{\gamma}=0$ 的直线相交处求得。切变速率增加到一定值后,黏度开始随切变速率的增加而降低,熔体发生剪切变稀,其曲线斜率 $\mathrm{d}\lg\sigma_s/\mathrm{d}\lg\dot{\gamma}=n<1$,表现出假塑性行为,此区称为假塑性区。在假塑性区域里,聚合物熔体的黏度可由表观黏度 η_a 表示,从曲线上任一点引斜率为1的直线与 $\lg\dot{\gamma}=0$ 的直线相交点,得到的就是曲线上那一点对应的切变速率下的表观黏度。聚合物熔体加工成型的切变速率范围通常在此区。当切变速率很高时,聚合物的黏度不再随切变速率改变,流动曲线再次表现为斜率为1的直线,重新表现出牛顿流体的行为,称为第二牛顿区。此时的黏度称为极限剪切黏度 η_∞,即切变速率趋于无穷大时的黏度。由这段直线外推到与 $\lg\dot{\gamma}=0$ 的直线相交处可得极限剪切黏度 η_∞。显然 $\eta_0 > \eta_a > \eta_\infty$。聚合物浓溶液的流动曲线也会出现与聚合物熔体相同的变化规律,如图6-5所示为不同浓度硝化纤维素的乙酸丁酯溶液的流动曲线。

在一般的实验中,聚合物熔体的第二牛顿区是不容易达到的,其原因是在高切变速率下,聚合物熔体产生的大量热量不能及时散失,使流体温度升高,流动行为发生改变。此外,在高切变速率下,熔体流动的稳定性受到破坏,弹性效应显著,易出现弹性湍流,发生所谓的熔体破坏现象。因此常常不能看到聚合物熔体或聚合物浓溶液的第二牛顿区的流动行为。

聚合物熔体黏度随切变速率变化的规律可以用链缠结的观点来解释。关于高分子在熔体中和溶液中存在链缠结的观点,在聚合物流变学中已获得公认。一般认为,当聚合物

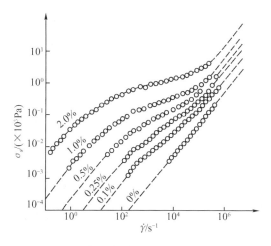

图 6 – 5　20 ℃时不同浓度硝化纤维素的乙酸丁酯溶液的流动曲线

相对分子质量超过某一临界值后,分子链相互扭曲缠结或因范德华相互作用形成链间物理交联点。这些物理交联点在分子热运动的作用下,处于不断解体和重建的动态平衡中,结果使整个熔体或浓溶液具有瞬变的交联空间网状结构,或称作拟网状结构。在低切变速率区,被剪切破坏的缠结来得及重建,拟网状结构密度不变,因而黏度保持不变,熔体或浓溶液处于第一牛顿区;当切变速率逐渐增加到达一定值后,缠结点破坏速度大于重建速度,黏度开始下降,熔体或溶液出现假塑性;而当切变速率继续增加到缠结破坏完全来不及重建,黏度降低到最小值,并不再变化,这就是第二牛顿区。在假塑性区中黏度下降的程度可以看作是剪切作用下链缠结结构破坏的程度的反映。如果切变速率进一步增大,拟网状结构完全被破坏,高分子链沿剪切方向高度取向排列,则黏度可能再次升高,因而导致膨胀性区的出现,直到出现不稳定流动,进入湍流区为止。

　　1979 年问世的 Carreau 模式能够较好地描述聚合物熔体和浓溶液普适流动曲线,也称四参量黏性方程。此方程用 η_0 和 η_∞ 描述黏度随切变速率变化的全过程。

$$\eta = \eta_\infty + (\eta_0 - \eta_\infty)\left[1 + (\lambda \, \dot{\gamma})^2\right]^{(N-1)/2} \tag{6-3}$$

此外,根据 Arrhenius 黏流活化能方程与外应力作用相关原理提出的聚合物熔体或溶液的普适黏度方程,以及数学拟合方法得到的多项式黏性方程等都能较好描述聚合物熔体的流动过程,在此不加详细讨论。

6.2.2　熔体黏度的几种表示方法

　　聚合物熔体和浓溶液都属于非牛顿流体,其黏度具有切变速率依赖性。不同定义下的黏度表示各不相同,除了牛顿黏度外,切黏度还可表示为表观黏度、微分黏度或稠度等。

　　1. 牛顿黏度

　　聚合物熔体黏度可由其流动曲线确定。在切变速率 $\dot{\gamma}$ 很小或把 $\dot{\gamma}$ 外推到无限小时,非牛顿流体可以表现出牛顿性。因此由流动曲线的初始斜率可得到牛顿黏度,亦称零切黏度 η_0,即

$$\eta_0 = (\mathrm{d}\sigma_s/\mathrm{d}\dot{\gamma})_{\dot{\gamma}=0} \tag{6-4}$$

2. 表观黏度

对于流动曲线某一切变速率下的黏度,可以采用另外两种黏度定义。最常用的是表观黏度 η_a,其定义为给定的切变速率下流动曲线上对应点与原点连线的斜率,如图 6-6 所示,即

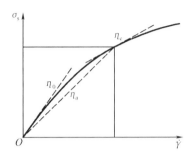

$$\eta_a = \eta(\dot{\gamma}) = \sigma_s(\dot{\gamma})/\dot{\gamma} = K\dot{\gamma}^n/\dot{\gamma} = K\dot{\gamma}^{n-1} \tag{6-5}$$

由于在聚合物的流动过程中同时含有不可逆的黏性流动和可逆的高弹形变两部分,使总形变增大,流动黏滞阻力减小,使聚合物的表观黏度小于牛顿黏度,后者是对单纯不可逆部分而言的。表观黏度并不完全反

图 6-6 从熔体流动曲线确定 η_0, η_a 和 η_c

映高分子材料不可逆形变的难易程度,但是作为对流动性好坏的一个相对指标还是很实用的。表观黏度大则流动性小,而表观黏度小则流动性大。

3. 微分黏度或稠度

以流动曲线上某一切变速率下的对应点作切线,切线斜率定义为微分黏度或稠度,以 η_c 表示,即

$$\eta_c = d\sigma_s/d\dot{\gamma} \tag{6-6}$$

显然,从流动曲线图 6-6 可以看到,对于剪切变稀的假塑性聚合物熔体和浓溶液,恒有 $\eta_0 > \eta_a > \eta_c$。

4. 复数黏度

对于交变应力作用下的不稳定流动过程,切变速率不再是常数,而是以正弦函数的方式变化,聚合物的黏性流动和弹性形变对此反映不同,则得到的是复数黏度 η^*,即

$$\eta^* = \eta' - i\eta'' \tag{6-7}$$

式中,η^*, η' 及 η'' 都是依赖温度及频率的量。实数部分 η' 为动态黏度,与稳态流动有关,代表能量耗散速率部分,是黏性流动的贡献,其频率依赖性与稳态流动中表观黏度对切变速率的依赖性相当,即 $\lg|\eta^*| - \lg\omega$ 与 $\lg\eta_a - \lg\dot{\gamma}$ 重叠。而虚数黏度 η'' 是弹性或储能的量度。它们与剪切模量 G' 和 G'' 之间有如下关系,即

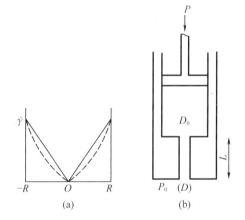

图 6-7 毛细管流变仪的原理示意
(a)毛细管内切变速率的变化(实线为牛顿流体,虚线为聚合物熔体);(b)毛细管流变仪图示
$(P - P_0 = \Delta P)$

$$\eta' = G''/\omega \tag{6-8}$$
$$\eta'' = G'/\omega \tag{6-9}$$

式中,ω 是振动角频率。复数黏度用来表示动态黏度,与稳态流动实验相比,动态振动的振幅很小,属小形变,而稳态流动是大形变。稳态流动中的切变速率与动态正弦转动中的角频率成正比,并具有相同的量纲(s^{-1})。

5. 熔体流动速率(melt flow rate)

在较低的切变速率下,熔体流动速率也常用来表征聚合物流体的流动性质。熔体流动速率定义为:在一定温度及一定负荷下,熔融状态的聚合物在 10 min 内从规定长径比的标准毛细管中流出的质量。熔体流动速率越大,体系黏度越小,流动性越好。对于各种具体聚合物,熔体流动速率的测定统一规定了若干个适当的温度和负荷条件,以便在相同条件下对测定的结果进行相对比较。一般仪器的载荷为 2.16 kg,从标准毛细管直径计算的切应力为 0.2 MPa,切变速率的范围约为 $10^{-2} \sim 10 \ \mathrm{s}^{-1}$。

熔体流动速率作为一种评价聚合物流动性好坏的指标,由于测量方法很简单,在工业上已被广泛采用。在实际应用时,可根据所用加工方法和制件的要求,选择熔体流动速率不同的产品牌号,或者根据原料的熔体流动速率,选定加工条件。不同的加工方法对聚合物流动性的要求不同。通常,注射成型要求聚合物流动性大些,挤出成型要求聚合物流动性小些,吹塑成型介于两者之间。

6.2.3　剪切黏度的测量方法

测定聚合物熔体流变行为的仪器称为流变仪,也常称为黏度计。本节主要介绍以下几种:落球式黏度计、旋转式黏度计(包括同轴圆筒黏度计和锥板黏度计)、毛细管挤出流变仪。虽然,测试的黏弹性数据与绝对的物理量单位相关,如力、长度和时间单位等,但由于这类流变仪的几何结构及测试方法都有严格标准,因而测试结果能客观地表征流体的流变性。其中毛细管挤出流变仪是最具实用性的一种方法,它的测量条件与挤出、注射等加工过程很接近(挤出的切变速率范围为 $10^2 \sim 10^3 \ \mathrm{s}^{-1}$,注射为 $10^3 \sim 10^4 \ \mathrm{s}^{-1}$),可操作的切变速率范围最广 $10 \sim 10^6 \ \mathrm{s}^{-1}$。旋转式黏度计则较适合在切变速率约为 $10 \ \mathrm{s}^{-1}$ 或以下时使用。此外,转矩流变仪可测量塑性材料在混合和挤出过程中的流变特性;小振幅的动态流变仪可测量一定温度和频率下流体的动态流变参量。

1. 毛细管挤出流变仪

毛细管挤出流变仪用于测定在较大的切变速率(或切应力)范围内,热塑性聚合物熔体的切应力(或切变速率)和黏度,是研究聚合物熔体流变行为的非常通用的仪器。也可以从挤出物胀大的数据中粗略估计聚合物熔体的弹性,观察熔体的离模膨胀和高切变速率下的不稳定流动现象等。

毛细管流变仪的原理如图 6-7(b)所示。仪器由一活塞加压,造成毛细管两端的压力差 $\Delta P = P - P_0$,在此压力下将熔体通过半径为 R、长为 L 的毛细管挤出。聚合物熔体在管长无限长的毛细管中的流动是一种不可压缩的黏性流体的稳态流动,毛细管管轴附近某一半径为 r、长度为 l 的体积单元所受到的剪切力和静压力分别为 $\sigma_s 2\pi r l$ 和 $\Delta P \pi r^2$,在稳态流动时作用力达到平衡:

$$\sigma_s 2\pi r l = \Delta P(\pi r^2) \tag{6-10}$$

此处的剪切应力为

$$\sigma_s = r\Delta P/(2l) \tag{6-11}$$

在毛细管壁处,$r = R$,剪切应力为

$$\sigma_{sw} = R\Delta P/(2l) \tag{6-12}$$

对于黏度为 η 的牛顿液体,任一液层上的速度梯度即切变速率 $\dot{\gamma}$ 为

$$\dot{\gamma} = -\frac{\mathrm{d}v}{\mathrm{d}r} = \Delta Pr/(2\eta l) \qquad (6-13)$$

式中,v 为毛细管内半径为 r 处的线流动速度。取边界条件 $r = R$ 时 $v = 0$,对 r 积分可得到速度分布,即

$$v_{(r)} = [\Delta PR^2/(4\eta l)][1 - (r/R)^2] \qquad (6-14)$$

结果表明,牛顿流体在毛细管中流动时,具有抛物线状的速度分布曲线,由管壁为零增加到管轴上的极大值,即

$$v_{\max} = \Delta PR^2/(4\eta l) \qquad (6-15)$$

体积流速 Q(单位时间流经毛细管的流体体积)可由线速度 $v_{(r)}$ 对毛细管整个截面积分求得

$$Q = \int_0^R v_{(r)} 2\pi r \mathrm{d}r = \pi R^4 \Delta P/(8\eta l) \qquad (6-16)$$

或

$$\eta = \pi R^4 \Delta P/(8Ql) \qquad (6-17)$$

式(6-17)是哈根 - 泊肃叶(Hagen-Poiseuille)黏度方程。在毛细管壁处($r = R$)的切变速率

$$\dot{\gamma}_w = -\left(\frac{\mathrm{d}v}{\mathrm{d}r}\right)_w = \Delta PR/(2\eta l) = 4Q/(\pi R^3) \qquad (6-18)$$

假定聚合物熔体通过毛细管壁的表观切变速率等于牛顿流体管壁的切变速率。则表观黏度为

$$\eta_a = \sigma_{sw}/\dot{\gamma}_w \qquad (6-19)$$

由于聚合物熔体一般不是牛顿流体,需要进行非牛顿校正。

(1)非牛顿校正

切变速率的非牛顿校正,即管壁处的真实切变速率 $\dot{\gamma}'_w$ 为

$$\dot{\gamma}'_w = \frac{4Q}{\pi R^3}\left(\frac{3n+1}{4n}\right) = \frac{3n+1}{4n}\dot{\gamma}_w \qquad (6-20)$$

式中,n 为非牛顿性指数。可以从 $\lg\sigma_{sw}$ 对 $\lg\dot{\gamma}_w$ 作图求得

$$n = \frac{\mathrm{d}\lg\sigma_{sw}}{\mathrm{d}\lg\dot{\gamma}_w} \qquad (6-21)$$

对于假塑性非牛顿流体 $n < 1$,所以 $\frac{3n+1}{4n} > 1$,即 $\dot{\gamma}'_w > \dot{\gamma}_w$。对符合幂律公式的非牛顿流体,在一较窄的切变速率范围(一般为 $3 \sim 30\ \mathrm{s}^{-1}$),$n$ 是常数,等于 $\lg\sigma_{sw}$ 对 $\lg\dot{\gamma}_w$ 图的直线斜率。超出一定切变速率范围后,n 将是 $\dot{\gamma}$ 的函数。应用校正后的切变速率可以定义一个真实黏度:

$$\eta_R = \frac{\sigma_{sw}}{\dot{\gamma}'_w} \qquad (6-22)$$

可以推断,对于假塑性非牛顿流体,$\eta_a = \frac{3n+1}{4n}\eta_R$,$\eta_R < \eta_a$。

（2）Bagley 较正

剪切应力的入口校正，即 Bagley 校正。在实际测量中，毛细管的长度是有限的，对式（6-12）必须进行修正。同时，由于聚合物熔体在毛细管入口处的速度和流线发生变化而引起的黏弹效应，使作用在毛细管壁的实际切应力减小，它等价于毛细管的有效长度变长。修正后的毛细管壁处的剪切应力 σ'_{sw} 为

$$\sigma'_{sw} = \frac{1}{1 + B'R/L} \times \sigma_{sw} = \Delta P / \{2[(L/R) + B']\} \qquad (6-23)$$

式中，B' 为 Bagley 校正因子。B' 的测定方法如 6-8 所示，在恒定切变速率下测定几种不同长径比毛细管的压力降 ΔP，以 ΔP 对 L/R 作图，然后把 $\Delta P - L/R$ 直线外推到 $\Delta P = 0$，便可得 B' 值。当毛细管的长径比 $L/R > 40$ 时，入口校正可忽略。

对于假塑性聚合物熔体，毛细管流变仪不仅可以测定其流动曲线以及黏度与切变速率的关系，如图 6-9 所示。通过计算试样在毛细管出口及入口处的直径比 D/D_0，还可研究聚合物熔体的弹性或离模膨胀。

毛细管流变仪不适合在较低切变速率下，低黏度试样的熔体流变性测定，因为熔体的自重流出，使剪切应力的测定偏低。必须注意，聚合物熔体的流变性具有非常敏感的温度依赖性，因此流变性的测量必须在精确控温下进行。

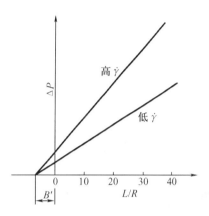

图 6-8 毛细管流变仪剪切应力的入口校正

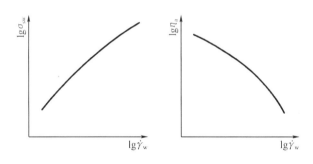

图 6-9 假塑性聚合物熔体的流变实验曲线

2. 旋转式黏度计

旋转式黏度计主要有同轴圆筒式、锥板式、平行板式和环板式等。其中，同轴圆筒黏度计、锥板黏度计较常见，它们易于清洗、加热快，可用于在较低切变速率下聚合物浓溶液、悬浮液或胶乳的流变性能测定。特别是可用来测定流体的法向应力差，与毛细管流变仪一起，组成测定非牛顿流体剪切流动的流变参量的仪器系列。

（1）同轴圆筒黏度计

同轴圆筒黏度计的工作原理，如图 6-10 所示。仪器由一对同轴圆筒组成，用弹簧钢丝将半径为 R_1 的可转动内筒悬挂在半径为 R_2 的外筒内，两圆筒间的环形空间装入待测流体，

流体在同轴环隙间做旋转拖曳流动,也称库爱特流动。半径为 R_2 的外筒以角速度为 $\omega(r/s)$ 匀速旋转,内筒浸入液体部分深度为 L,在离圆筒轴心 r 处的圆柱面上的牛顿流体所承受的切应力为

$$\sigma_s = \eta \frac{\mathrm{d}v}{\mathrm{d}r} = \eta r \frac{\mathrm{d}\omega}{\mathrm{d}r} \qquad (6-24)$$

转矩 M 为

$$M = 2\pi r L r \sigma_s = 2\pi r^3 L \eta \frac{\mathrm{d}\omega}{\mathrm{d}r} \qquad (6-25)$$

或

$$\mathrm{d}\omega = \frac{M}{2\pi L \eta} \frac{\mathrm{d}r}{r^3} \qquad (6-26)$$

在无管壁滑移的情况下,外筒的内壁处($r = R_2$)的角速度为 ω;内筒外壁处($r = R_1$)的角速度为 0。利用这一边界条件对式(6-26)积分得

$$\eta = \frac{M}{4\pi L \omega}\left(\frac{1}{R_1^2} - \frac{1}{R_2^2}\right) \qquad (6-27)$$

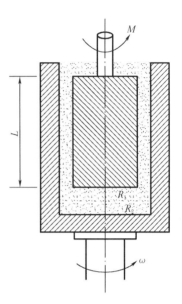

图 6-10　同轴圆筒黏度计工作原理

在测定转矩 M 和角速度 ω 后,可用此式来计算牛顿流体的黏度。表征流体流变性的切应力由式(6-25)可得

$$\sigma_s = \frac{M}{2\pi r^2 L} \qquad (6-28)$$

牛顿流体的切变速率由式(6-27)和(6-28)可得

$$\dot{\gamma} = \frac{2\omega}{r^2} \times \frac{R_1^2 R_2^2}{R_2^2 - R_1^2} = A\omega/r^2 \qquad (6-29)$$

式中,$A = \dfrac{R_1^2 R_2^2}{R_2^2 - R_1^2}$ 为仪器常数。因此可求得距离旋转轴任意距离 r 处的切应力和切变速率。

由于上述推导没有考虑内筒末端的流体对圆筒旋转的附加阻力,必须进行末端修正以求得正确黏度。考虑内筒末端流体产生的一个附加转矩,相当于内筒比原来增加了一个长度 L_0,因此式(6-27)应改写为

$$\eta = \frac{M}{4\pi\omega(L + L_0)}\left(\frac{1}{R_1^2} - \frac{1}{R_2^2}\right) \qquad (6-30)$$

L_0 可通过改变内筒浸没长度的测量结果外推至浸没长度为零的方法估算。更为简便的方法是用一个已知黏度的液体来标定黏度计的仪器常数 B,$B = \left(\dfrac{1}{R_1^2} - \dfrac{1}{R_2^2}\right)/4\pi L$,只要每次测量的液体体积不变,即可由下式计算黏度,即

$$\eta = BM/\omega \qquad (6-31)$$

对于服从简单幂律公式 $\sigma_s = K(-\mathrm{d}v/\mathrm{d}r)^n$ 的非牛顿流体,有

$$\omega = \frac{n}{2}\sqrt[n]{\frac{M}{2\pi KL}}\left(\frac{1}{R_1^{2/n}} - \frac{1}{R_2^{2/n}}\right) \qquad (6-32)$$

由于内筒外壁上的切应力 $\sigma_{s1} = M/(2\pi R_1^2 L)$,代入式(6-32)可得

$$\ln\omega = \frac{1}{n}\ln\sigma_s + \ln\frac{n}{2}\sqrt[n]{\frac{1}{K}}\Big[1 - \Big(\frac{R_1}{R_2}\Big)^{2/n}\Big] \qquad (6-33)$$

由实验数据 M 可算出 σ_{s1}，以 $\ln\omega$ 对 $\ln\sigma_{s1}$ 作图，得一直线，其斜率的倒数即为非牛顿指数 n 值。

由于较高转速时试样会沿内筒往上爬，因而同轴圆筒黏度计主要限于低黏度流体，在较低切变速率下使用。

（2）锥板黏度计

锥板黏度计如图 6-11 所示，由一块直径为 R 的圆形平板和一个线性同心圆锥体组成，它们之间的夹角 θ 很小，通常小于 $4°$。平板和圆锥体之间的间隙充填被测流体，流体在锥板间隙稳定的扭转拖曳流动也称锥板流动。平板以角速度 ω 匀速旋转，检测锥体所受到的转矩 M。在距离转轴为 r 处流体的线速度为 $r\omega$，两剪切面间的距离（即试样厚度 h）沿半径方向增加，$h = r\tan\theta \approx r\theta$。被测流体受到的切变速率为

$$\dot{\gamma} = \frac{\mathrm{d}v}{\mathrm{d}h} = \frac{r\omega}{r\theta} = \frac{\omega}{\theta} \qquad (6-34)$$

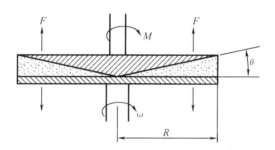

图 6-11　锥板黏度计工作原理

由于 θ 很小，近似地把锥板流动认为是稳定的简单剪切流动，即 $\dot{\gamma}$ 与 r 无关，为常数。切应力可由转矩 M 求得

$$\mathrm{d}M = 2\pi r \mathrm{d}r\sigma_s r \qquad (6-35)$$

上式积分 $M = \sigma_s \displaystyle\int_0^R 2\pi r^2 \mathrm{d}r$，得

$$\sigma_s = 3M/(2\pi R^3) \qquad (6-36)$$

被测流体的黏度为

$$\eta = \sigma_s/\dot{\gamma} = 3\theta M/(2\pi\omega R^3) = M/(b\omega) \qquad (6-37)$$

式中，$b = 2\pi R^3/(3\theta)$ 是仪器常数。此式对牛顿流体和非牛顿流体一般均可适用。

锥板黏度计轴向力 F 在锥板中心处有一最大值，据此可计算第一法向应力差

$$N_1 = 2F/(\pi R^2) \qquad (6-38)$$

锥板黏度的主要优点是切变速率均一，试样用量少，可用于较黏试样的测量。但是，锥板流体的边界的边缘效应、转速较高时试样的溢出和横向流动、流体本身的黏性发热造成的流体温度上升都会带来测量误差。

3. 落球黏度计

落球黏度计如图 6 – 12 所示,适合测量极低切变速率下具有较高黏度的牛顿流体的黏度,仪器简单,测试方便。设半径为 r、密度为 ρ_s 的不锈钢圆球,在黏度为 η、密度为 ρ 的被测液体介质中运动,只需要测量已知尺寸和质量的圆球在被测液体中自由下落的速度便可计算黏度。被测液体的黏度用下式计算,即

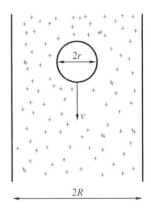

$$\eta = \frac{2(\rho_s - \rho)gr^2}{9v}\left[1 - 2.104\,\frac{r}{R} + 2.09\left(\frac{r}{R}\right)^3 - 0.95\left(\frac{r}{R}\right)^5\right]$$

$$(6 - 39)$$

式中　　v——落球速度;

　　　　r 和 R——落球和黏度管半径。

图 6 – 12　落球黏度计示意

在落球运动时液体的切变速率值并非均一,落球法不能测得切应力和切变速率等基本流变参数。因此无法研究黏度的切变速率或切应力的依赖性,对于非牛顿流体难以作出判断。但是,可以估计非牛顿液体中落球周围的最大切变速率 $\dot{\gamma} = 3v/(4r)$,在实验中不难控制此值小于 $10^{-2}\,\mathrm{s}^{-1}$,则此时聚合物熔体一般可视作牛顿流体。

落球法测得的 η 是零切黏度。落球黏度计虽然不能测定液体的流动曲线,但可以作为其他方法在极低切变速率区的补充。

4. 小振幅的动态流变仪

这里介绍的小振幅动态流变仪,如图 6 – 13 所示。两个相同半径为 R 的圆盘,两圆盘的转动轴线间有一偏心距为 e,圆盘之间的间隙为 H,其中,可放置聚合物熔体、橡胶或弹性体试样,e/H 很小。以相同角速度 ω 驱动圆盘旋转,转动时试样受到剪切应变。由于存在偏心距,试样受到周期性的剪切应变的策动

$$\dot{\gamma} = \dot{\gamma}_0 \sin\omega t \qquad (6 - 40)$$

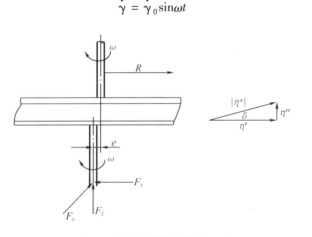

图 6 – 13　偏心圆盘流变仪示意

输出的响应剪切应力存在相位差 δ

$$\sigma = \sigma_0 \sin(\omega t + \delta) \qquad (6-41)$$

圆盘转轴支撑上的测力传感器可测得在偏心方向的弹性力 F_x, 以及黏性力 F_y。因此动态黏度 η', 即弹性储存黏度, 以及损耗黏度 η'' 为

$$\eta' = \sigma_0 \cos\delta / \dot{\gamma}_0 = F_x H / (\pi \omega e R^2) \qquad (6-42)$$

$$\eta'' = \sigma_0 \sin\delta / \dot{\gamma}_0 = F_y H / (\pi \omega e R^2) \qquad (6-43)$$

$$\eta^* = \eta' + i\eta'' \qquad (6-44)$$

进一步可求得材料的剪切储能模量 G' 和剪切损耗模量 G''

$$G' = F_x H / (\pi e R^2) \qquad (6-45)$$

$$G'' = F_y H / (\pi e R^2) \qquad (6-46)$$

除了实验常用的以上几种黏度计外, 还有一些工业用的黏度计, 例如, 熔体流动速度测试仪, 以及 Hoppler 黏度计、Cochius 管、Ford 杯等, 通过测量某一运动时间来估算黏度的相对值。

以上介绍的各种黏度计都有各自的特点和不足之处, 因而适用于不同的对象和目的。

6.3　聚合物熔体的弹性效应

聚合物熔体是兼具黏性和弹性的液体, 在外力作用下除表现出不可逆形变即黏性流动外, 还发生可逆的弹性形变。弹性形变一部分是由于切应力作用下流动场中的分子链取向使体系熵减少造成的。当相对分子质量大、外力作用时间短或作用速度快、温度在熔点或黏流温度以上不多时, 熔体的弹性表现最为明显。在外加切应力的作用下, 可逆的弹性形变有一发展过程, 除去切应力后弹性形变又有一回复过程, 体现出高弹形变的松弛特征。

聚合物熔体在流动时, 不但有切应力的作用, 还有当流线收敛变化时受到的拉伸应力作用, 这些力都会引起弹性形变。熔体弹性主要表现为韦森堡效应、挤出物胀大效应和不稳定流动现象。

成型加工过程中的弹性形变及松弛过程对制品的外观、尺寸稳定性及"内应力"等都有重要影响, 因此引起广泛关注。加工过程产生的弹性形变若不能及时完全回复, 会使得制品内部总存在或多或少的内应力, 造成材料力学性能的下降。为了消除这些内应力, 可以采用对制件脱模后进行热处理, 或提高模具温度、降低冷却速率以及制件设计尽量避免厚薄不均等方法。

6.3.1　剪切流动的法向应力效应

法向应力是聚合物熔体弹性的主要表现。当聚合物熔体受到剪切力作用时, 通常在其垂直方向上产生法向应力。当熔体处于稳态剪切流动时, 某时刻作用在其中一个立方小体积元的应力分量, 如图 6-14 所示。除了作用在流动方向上的剪切应力 σ_{21} 外, 还有分别作用在空间相互垂直的三个方向上的法向应力 σ_{11}, σ_{22} 和 σ_{33}。对于牛顿流体, 法向应力分量大小相等。对于聚合物熔体因剪切力作用发生弹性形变, 三个法向应力分量不再相等, 其中关系为

$$\sigma_{11} + \sigma_{22} + \sigma_{33} = 0$$

定义几个法向应力差为

$$N_1 = \sigma_{11} - \sigma_{22} \qquad (6-47)$$
$$N_2 = \sigma_{22} - \sigma_{33} \qquad (6-48)$$
$$N_3 = \sigma_{33} - \sigma_{11} \qquad (6-49)$$

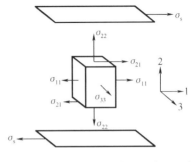

图6-14　剪切力场中的法向应力示意

式中，N_1，N_2 和 N_3 分别称为第一法向应力差、第二法向应力差和第三法向应力差。第一法向应力差通常为正值，且较大，当切变速率很大时，N_1 可以超过切应力 σ_s；而第二法向应力一般则很小，且为负值，其绝对值约为第一法向应力差的 $0.1 \sim 0.3$ 倍，随切变速率的增加而下降。法向应力差反映弹性形变的程度，熔体表观黏度随第一法向应力差的增大而下降。

在锥板黏度计中法向应力有使锥体和板分开的倾向。如果在锥体或板上有与轴平行的小孔，则法向应力将迫使流体涌入小孔，并沿孔上所接的管子上升，如图6-15(c)所示。通过测量沿管上升的液体的高度可衡量聚合物流体法向应力差的大小。第一法向应力差与液体在管中的高度成正比，实验证明，在旋转中心处液柱最高，离中心距离 R 越远，液柱越低。第一法向应力差可按下式计算，即

$$N_1 = 2F/(\pi R^2) \qquad (6-50)$$

F 为促使锥体和板分离的轴向力，可通过安装在锥板流变仪上的压力传感器测得。

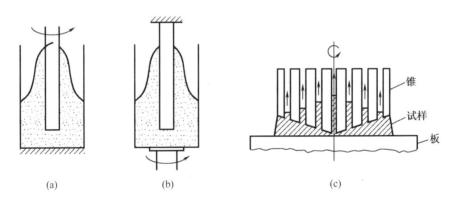

图6-15　韦森堡效应及法向应力演示

(a)(b)韦森堡效应；(c)法向应力演示

由于法向应力差的存在，聚合物熔体和浓溶液在旋转环流流动时外层流体向内挤压并向上升，引起一系列弹性液体特有的反常现象，统称为韦森堡（Weissenberg）效应。例如，在旋转黏度计或容器中进行电动搅拌时，聚合物熔体或浓溶液受到旋转剪切作用，流体会沿内筒壁或轴上升，发生包轴或爬竿现象（韦森堡效应），如图6-15(a)(b)所示。

6.3.2　挤出物胀大效应

当聚合物熔体从小孔、毛细管或狭缝中挤出时，挤出物的直径或厚度会明显大于模口尺寸，发生离模膨胀，这种现象叫作挤出物胀大，或称巴拉斯（Barus）效应。聚合物熔体的挤

出物胀大是熔体弹性的一种表现。由于熔体的弹性效应是一种记忆效应,因此在模孔中发生变形的聚合物熔体离开模孔后将恢复到进入模孔前的形状。

1. 造成胀大的原因

造成挤出物胀大至少有两种因素:

(1)当熔体进入模孔时,由于模口处流线收缩,使熔体在流动方向受到拉伸作用,产生拉伸弹性形变。由于熔体在模孔中停留的时间较短,弹性形变来不及完全松弛,出模孔后就将继续发生回复,因而直径胀大。

(2)熔体在模孔内流动时,由于切应力和法向应力的作用而产生弹性变形,出模孔后也要回复。当模孔的长径比 L/R 很小时,前者是主要的,即胀大主要由拉伸流动引起。随着 L/R 增至大于 16 时,由拉伸流动引起的变形在模孔内已得到充分的松弛回复,因而挤出物胀大主要由剪切流动引起。

2. 胀大程度的表征及其影响因素

挤出物胀大程度可用胀大比 B 来表示,$B = D/D_0$,D_0 为模口直径,D 为挤出物最大直径。B 值与熔体在流动中的弹性形变大小有关。

研究表明:

(1)B 值与切变速率有关。在较低的切变速率下,聚合物熔体的 B 值接近于 1.135;在高切变速率下,B 值可达 3 ~ 4,且随切变速率的增大而增大。

(2)B 值与熔体温度有关。在切变速率相同时,温度升高使取向分子的松弛速度加快,弹性效应减小,因此 B 随温度升高而减少。

(3)当切变速率和温度保持不变时,相对分子质量增加、相对分子质量分布加宽和长支链分子的支化度增加使松弛时间延长,弹性效应显著,B 值增加。

(4)在同一切变速率下,B 值随 L/R 的增加而减小,逐渐趋于恒定值。此外,刚性填料的加入一般能使 B 值明显减小,这可能与填料改变流体性质及流动过程,并使模口处的拉伸流动受到抑制有关。

6.3.3　不稳定流动与熔体破裂现象

当切应力超过某一临界值(大约为 0.04 ~ 0.3 MPa)时,熔体将发生不稳定流动。随着切变速率的继续增大,挤出物的表面粗糙,尺寸周期性起伏,依次呈波纹状、竹节状和螺旋状畸变,直至熔体破裂成碎块,如图 6 - 16 所示。这些现象统称为不稳定流动,熔体破裂是其中最严重的情况。

1. 造成不稳定流动的原因

一般认为不稳定流动和熔体破裂与熔体的弹性效应有关,大致原因主要如下:

(1)剪切力造成管壁滑移

在高切变速率下,聚合物熔体与毛细管壁间的黏附被破坏,熔体在管壁上产生滑移现象,引起不稳定流动。滑移的原因是聚合物熔体的非牛顿性,在切变速率最大的毛细管壁处的表观黏度最低;此外,伴随流动出现的分级效应,使得相对分子质量低的部分较多地集中在毛细管壁附近,也使管壁处熔体黏度降低,从而导致熔体沿管壁发生整体滑移,发生不稳定流动,每一次滑移伴随弹性形变的回复,表现为挤出物表面粗糙或横截面积波动变化。

(2)拉伸应力造成熔体破裂

在靠近口模入口处,由于管道的截面积有较大的变化,流线收敛,熔体流动受到很大的

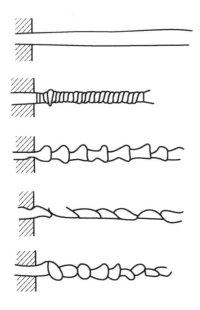

图 6 – 16　不稳定流动的挤出物外观示意

拉伸应力作用,过大的应力造成熔体发生类似于橡胶断裂的破裂。此时,取向的分子链急速回缩解取向,随后熔体流动又逐渐重新建立起这种取向,直至发生下一次破裂,从而使挤出物外观发生周期性的变化,甚至发生不规则的扭曲或破裂成碎块。

2. 不稳定流动的类型

管壁滑移或拉伸应力的作用造成两种不同的不稳定流动类型:

(1)对于线型聚合物如高密度聚乙烯和等规聚丙烯等熔体,模孔入口处的流线扫过整个入口前的空间,成轴对称,如图 6 – 17(a)所示。模孔入口处的形状对出现挤出物畸变的临界变切速率值影响不大。挤出物畸变主要由管壁滑移造成,畸变程度随模孔长度增加而增大,表现为出口效应。

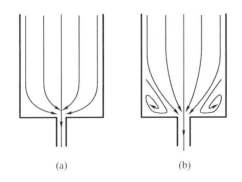

(a)　　　　　　　　(b)

图 6 – 17　聚合物熔体在毛细管入口处的流线

(2)对于支化聚合物如低密度聚乙烯等,模孔入口处的流线呈酒杯形,如图 6 – 17(b)所示。熔体挤出物的畸变程度随模孔的长度增加而减小,畸变频率也较前一类型小一个数量级,表现为入口效应。挤出物畸变的原因是其酒杯形收缩的流线增加了熔体所受的拉伸应力,在高切变速率时发生拉伸破裂,死角处出现漩涡状弹性湍流。当切变速率增加到一定值时,流线将发生周期性的暂时间断,此时死角处漩涡内的熔体进入模孔。

由于这部分熔体进入模孔前的受力历史不同,造成模孔内分子链取向情况的周期性变化,从而形成挤出物的不均匀收缩和螺旋状畸变。模孔延长,破裂的熔体在模孔内可能完全或部分愈合,从而使挤出物畸变程度减少。

熔体的不稳定流动还存在一些其他起因。例如,熔体离开模孔后的应力松弛,熔体进入模孔前所受到的压缩,熔体的亚微观结构的不均一性等。通过减少模孔入口角和提高温度可提高熔体出现不稳定流动的临界切变速率,避免不稳定流动现象。

6.4　拉　伸　黏　度

前面讨论的剪切黏度对应于剪切流动,流动时产生横向速度梯度场,即速度梯度的方向与流动方向垂直。聚合物熔体或浓溶液在挤出机、注射机的管道中或喷丝板的孔道中的流动均属此类。

当聚合物加工过程中伴有流体的流线收敛时,熔体受到拉伸应力作用而引起拉伸流动,在平行于流动方向上产生纵向的速度梯度场。吹塑成型中熔体离开模口后的流动,纺丝时离开喷丝孔后的牵伸,是拉伸流动的典型例子。注射、挤出等加工过程中熔体在口模或喷丝板入口处的流动,混炼或压延时滚筒间隙入口处的流动,以及在一切具有截面积逐渐缩小的管道或孔道的收敛流动,也都含有拉伸流动的成分。

拉伸流动过程中熔体的黏度为拉伸黏度。拉伸黏度 η_t 定义为拉伸流动的拉伸应力与拉伸应变速率的比值,即

$$\eta_t = \sigma/\dot{\varepsilon} \tag{6-51}$$

式中,σ 为拉伸应力;$\dot{\varepsilon} = \mathrm{d}\varepsilon/\mathrm{d}t$,为拉伸应变速率。其中 ε 为拉伸应变,$\varepsilon = \int_0^l \dfrac{\mathrm{d}l}{l} = \ln \dfrac{l}{l_0}$,$l_0$ 和 l 分别为拉伸试样的起始和 t 时刻的长度,因此 $\dot{\varepsilon} = \dfrac{1}{l} \times \dfrac{\mathrm{d}l}{\mathrm{d}t}$。

对于牛顿流体,有

$$\eta_t = 3\eta_0 \quad \text{(单轴拉伸)}$$
$$\eta_t = 6\eta_0 \quad \text{(双轴拉伸)}$$

对于非牛顿流体,只有在拉伸应变速率很小时,η_t 才是常数,上式成立。一般拉伸黏度均有应变速率依赖性,这与剪切黏度相似,但它们的依赖关系不同。聚合物熔体是非牛顿流体,在高切变速率下剪切黏度大幅度下降,而拉伸黏度随拉伸应变速率变化不是很大,因而聚合物熔体的拉伸黏度通常比剪切黏度要大得多,甚至可大两个数量级。

拉伸黏度随拉伸应力或拉伸速度的变化有三种类型:A 拉伸黏度随应力增加而上升,一些支化聚合物如低密度聚乙烯属此类;B 拉伸黏度与拉伸应力无关,一些聚合度较低的聚合物如丙烯酸树脂、聚酰胺 66、聚甲醛和线型缩醛类共聚物属于这一类型;C 拉伸黏度随应力增加而下降。聚合度较高的线型聚乙烯、聚丙烯即为这种情况。

拉伸黏度的变化机理尚不十分清楚。拉伸黏度的种种变化与流体的非牛顿性以及分子链在拉伸方向上的取向有关。从熔体结构分析,拉伸流动中同样会发生分子链解缠结作

用,其结果将使拉伸黏度降低。但是同时,在拉伸流动的过程中分子链发生伸展并沿流动方向取向,使分子间相互作用增加,拉伸黏度增大。拉伸黏度的不同的变化方向决定于哪一种作用占优势。

在高拉伸应力下不同聚合物的拉伸行为各不相同,直接影响聚合物加工成型时应力集中部位的尺寸稳定性。如果拉伸黏度随拉伸应力的增大而升高,此类拉伸流动行为对成纤的稳定性较为有利。当聚合物熔体某处出现一个弱点时,该处拉伸应力随之增大,导致拉伸黏度上升并阻止对薄弱部分的进一步拉伸,从而使弱点消失,材料趋于均匀化。相反,如果拉伸黏度随拉伸应力的增大而降低,则导致材料局部弱点破坏。

拉伸黏度的测量比剪切黏度要困难得多。首先,需要排除剪切流动的干扰,获得纯拉伸流动。存在约束的边界的流动均含有相当多的剪切流动成分,只有自由边界的拉伸流动,才能获得纯拉伸流动。例如,纺丝时熔体离开喷丝孔后或挤出时,熔体离开口模后的牵伸或吹塑等属这一类。其次,测量要在稳态下进行测定。所谓稳态,是指引起液体流动的力与液体黏滞阻力相平衡的状态,这时应变速率维持恒定。由于拉伸流动中产生纵向速度梯度场,流动速度沿流动方向变化,拉伸应变速率并不恒定,属非稳态流动。因而,拉伸流动的实验研究较困难。此外,熔体的拉伸黏度的测量还要考虑温度的影响,如加工中伴随的冷却过程的冷却速度,因为冷却造成熔体拉伸黏度增大。常用等温纺丝法测量熔体的表观拉伸黏度。

第7章 聚合物的电性能、热性能和光性能

7.1 聚合物的介电性能

聚合物,如聚四氟乙烯、聚乙烯、聚氯乙烯、环氧树脂、酚醛树脂等,是极好的电器材料。聚合物的电性能主要由其化学结构所决定,受显微结构影响较小。电性能可以通过考察它对施加的不同强度和频率电场的响应特性来研究,正如力学性能可通过静态的和周期性应力的响应特性来确定一样。

7.1.1 电阻率和介电常数

聚合物的体积电阻率常随充电时间的延长而增加,因此常规定采用 1 min 的体积电阻率数值。在各种电工材料中,聚合物是电阻率非常高的绝缘体,如图 7 - 1 所示。

用来隔开电容器极板的物质叫电介质,这时的电容与极板间为真空时的电容之比叫该电介质的介电常数,以无因次量 ε 表示,其数值范围为 1 ~ 10 之间。非极性聚合物介电常数为 2 左右,极性高分子在 3 ~ 9 之间。表 7 - 1 列出了某些聚合物的直流介电常数。

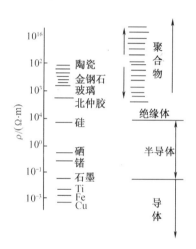

图 7 - 1 电工材料的体积电阻率

表 7 - 1 某些聚合物的介电常数

聚合物	ε	聚合物	ε	聚合物	ε
聚乙烯	2.3	聚四氟乙烯	2.1	尼龙66	6.1
聚丙烯	2.3	聚氨酯弹性体	9	聚苯乙烯	2.5
聚甲基丙烯酸甲酯	3.8	聚醚砜	3.5	酚醛树脂	6.0
聚氯乙烯	3.8	氯磺化聚乙烯	8 ~ 10		

产生介电现象的原因是分子极化。在外电场作用下,分子中电荷分布的变化称为极化。分子极化包括电子极化、原子极化及取向极化。电子极化及原子极化又称为变形极化或诱导极化,所需时间很短,为 10^{-15} ~ 10^{-11} s。由永久偶极所产生的取向极化与温度有关。取向极化所产生的偶极矩与绝对温度成反比。取向极化所需时间在 10^{-9} s 以上。此外,尚存在界面极化。界面极化是由于电荷在非均匀介质分界面上聚集而产生的。界面极化所

需时间为几分之一秒至几分钟乃至几个小时。材料的介电常数是以上几种因素所产生介电常数分量的总和。

7.1.2　介电损耗

电介质在交变电场作用下,由于发热而消耗的能量称为介电损耗。产生介电损耗的原因有两个:一是电介质中微量杂质而引起的漏导电流;另一个原因是电介质在电场中发生极化取向时,由于极化取向与外加电场有相位差而产生的极化电流损耗,这是主要原因。

在交变电场中,介电常数可用复数形式表示为

$$\varepsilon = \varepsilon' - i\varepsilon''　　　　　　(7-1)$$

式中　　ε'——与电容电流相关的介电常数,即实数部分,它是实验测得的介电常数;

ε''——与电阻电流相关的分量,即虚数部分。

损耗角 δ 的正切 $\tan\delta = \varepsilon''/\varepsilon'$,称为介电损耗。

聚合物的介电损耗即介电松弛与力学松弛原理上是一样的。介电松弛是在交变电场刺激下的极化响应,它取决于松弛时间与电场作用时间的相对值。当电场频率与某种分子极化运动单元松弛时间 r 的倒数接近或相等时,相位差最大,产生共振吸收峰即介电损耗峰。从介电损耗峰的位置和形状可推断所对应的偶极运动单元的归属。聚合物在不同温度下的介电损耗叫介电谱。

在一般电场的频率范围内,只有取向极化及界面极化才可能对电场变化有明显的响应。在通常情况下,只有极性聚合物才有明显的介电损耗。极性基团可位于大分子主链,如硅橡胶,或处于侧基,如 PVC。当极性侧基柔性较大时,如 PMMA 极性基团的运动几乎与主链无关。还有,如 PE,因氧化而产生的末端羰基是大分子链极性的来源。非晶态极性聚合物介电谱上一般均出现两个介电损耗峰,分别记作 α 和 β(图 7-2)。α 峰相应于主链链段构象重排,它和 T_g 是对应的。β 峰相应于次级转变,对聚醋酸乙烯酯是柔性侧基的运动,对 PVC 相应于主链的局部松弛运动。

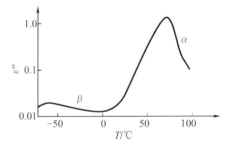

图 7-2　聚醋酸乙烯酯的 ε'' 与温度的关系
（电场频率 10^4 Hz）

对非极性聚合物,极性杂质常常是介电损耗的主要原因。非极性聚合物的 $\tan\delta$ 一般小于 10^{-4},极性聚合物的 $\tan\delta$ 在 $5\times10^{-3}\sim10^{-1}$ 之间。

7.1.3　介电强度

当电场强度超过某一临界值时,电介质就丧失其绝缘性能,这称为电击穿。发生电击穿的电压称为击穿电压。击穿电压与击穿处介质厚度之比称为击穿电场强度,简称介电强度。

聚合物介电强度可达 $1\,000$ MV·m^{-1}。介电强度的上限是由聚合物结构内共价键电离能所决定的。当电场强度增加到临界值时,撞击分子发生电离,使聚合物击穿,称为纯电击穿或固有击穿。这种击穿过程极为迅速,击穿电压与温度无关。

在强电场下,因温度上升导致聚合物的热破坏而引起的击穿叫热击穿。这时,击穿电

压要比固有击穿电压小。

7.1.4　静电现象

两种物体互相接触和摩擦时,会有电子的转移而使一个物体带正电,另一个带负电,这种现象称为静电现象。聚合物的高电阻率使它有可能积累大量静电荷,将带来麻烦的后果。例如,聚丙烯腈纤维因摩擦可产生高达 1 500 V 的静电压。

由实验得知,一般介电常数大的聚合物带正电,小的带负电,如以下序列。

| ⊕ | 聚酰胺 | 尼龙66 | 羊毛 | 蚕丝 | 皮肤 | 纤维素（棉花） | 聚甲基丙烯酸甲酯 | 聚乙烯醇缩醛 | 涤纶 | 聚丙烯腈 | 聚氯乙烯 | 聚碳酸酯 | 聚乙烯 | 聚丙烯 | 聚四氟乙烯 | ⊖ |

当上述序列中的两种物质进行相互摩擦时,总是左边的带正电,右边的带负电,两者相距越远,产生的电量越多。

可通过体积传导、表面传导等不同途径来消除静电现象,其中以表面传导为主。目前工业上广泛采用的抗静电剂都用以提高聚合物的表面导电性。抗静电剂一般都具有表面活性剂的功能,常增加聚合物的吸湿性而提高表面导电性,从而消除静电现象。

7.1.5　聚合物驻极体和热释电流

将聚合物薄膜夹在两个电极当中,加热到薄膜成型温度。施加每厘米数千伏的电场,使聚合物极化、取向。再冷却至室温,而后撤去电场。这时由于聚合物的极化和取向单元被冻结,因而极化偶矩可长期保留。这种具有被冻结的寿命很长的非平衡偶极矩的电介质称为驻极体。如聚偏氟乙烯、涤纶树脂、聚丙烯、聚碳酸酯等聚合物超薄薄膜驻极体已广泛用于电容器传声隔膜及计算机储存器等方面。

若加热驻极体以激发其分子运动,极化电荷将被释放出来,产生退极化电流,称为热释电流(TSC)。热释电流的峰值对应的温度取决于聚合物偶极取向机理,因此可用以研究聚合物的分子运动。

就分子机理而言,聚合物驻极体和热释电流现象与聚合物的强迫高弹性现象(即屈服形变)是极为相似的。这是同一本质的两种表现形式。

7.2　聚合物的导电性能

7.2.1　导电性的表征

材料的导电性是由于物质内部存在传递电流的自由电荷,这些自由电荷通常称之为载流子,它们可以是电子、空穴,也可以是正、负离子。Schrieffer,Su 及 Heeger 于 1979 年提出著名的 SSH 理论,认为本征型导电聚合物如聚乙炔的载流子包括孤子、荷电孤子、极化子和双极化子等多种形式。在弱电场作用下,材料的载流子发生迁移引起电导。聚合物的导电性通常用与尺寸无关的电阻率 ρ 或电导率 $\sigma = \dfrac{1}{\rho}$ 来表示,。由于聚合物表面的电性质与其内部本体的电性质存在差别,常常分别采用表面电阻率和体积电阻率来表示聚合物表面和体内的不同导电性。

表面电阻率 ρ_s 表示聚合物单位正方形表面对电流的阻抗。对于长度为 l、两电极间距为 b 的平行电极,有

$$\rho_s = R_s \frac{l}{b} \tag{7-2}$$

式中,ρ_s 的单位是 Ω(欧姆)。

体积电阻率 ρ_V 表示聚合物单位体积对电流的阻抗。

$$\rho_V = R_V \frac{S}{h} \tag{7-3}$$

式中　h——试样的厚度(即两极之间的距离);

　　　S——电极的面积;

　　　ρ_V——体积电阻率,$\Omega \cdot \mathrm{m}$。

通常所指的电阻率为体积电阻率。

实际测量中,当聚合物被加上直流电压时,由于聚合物在电场中的极化引起的介质吸收现象,流经聚合物的电流随时间而衰减,最后趋于平稳。其中包括了瞬间充电电流、吸收电流和漏导电流,如图 7-3 所示。

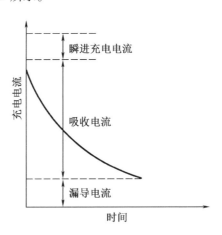

图 7-3　流经聚合物的电流

按照材料电导率的大小可将其分为绝缘体、半导体、导体和超导体,它们的电导率、电阻率范围见表 7-2。碳基聚合物分子间堆砌由范德华相互作用控制,分子间距大,电子云交叠较差,即使分子内存在可自由移动的电子或空穴等载流子,也很难进行长程分子间迁移,因此大部分聚合物材料是绝缘体。聚合物微弱的导电性往往是由于杂质引起的。但是,近几十年来的研究表明,具有适当结构的高分子,如共轭双键聚合物、电荷转移复合物等,以及通过掺杂提供电荷转移的小分子后,高分子材料可具有导电性。

表 7 - 2　导电性评价指标

材料	电阻率 /($\Omega \cdot m$)	电导率 /($\Omega^{-1} \cdot m^{-1}$)	材料	电阻率 /($\Omega \cdot m$)	电导率 /($\Omega^{-1} \cdot m^{-1}$)
绝缘体	$10^{18} \sim 10^{7}$	$10^{-18} \sim 10^{-7}$	导体	$10^{-5} \sim 10^{-8}$	$10^{5} \sim 10^{8}$
半导体	$10^{7} \sim 10^{-5}$	$10^{-7} \sim 10^{5}$	超导体	10^{-8} 以下	10^{8} 以上

从微观来看,电导率与两个基本参数相关,即载流子密度 $n(m^{-3})$ 和载流子迁移率 μ ($m^{2} \cdot V^{-1} \cdot s^{-1}$),即

$$\sigma = \sum^{i} n_i g_i \mu_i \tag{7-4}$$

其中,q_i 为第 i 种载流子的荷电量。

7.2.2　聚合物的导电机制

从传统模型的导电机理来看,材料的导电类型包括电子电导和离子电导。电子电导由电子和空穴定向迁移引起,而离子电导来源于正、负离子的定向迁移。

离子电导与电子电导各有许多特点,离子的迁移与聚合物内部自由体积的大小密切相关,自由体积越大,离子迁移越易进行,迁移率越大;电子与空穴的迁移则相反,分子间互相靠近,有利于电子在能带中的"跃迁",或者产生交叠的 π 电子轨道,从而造成电子的直接通道。因此对聚合物施加静压力将使离子电导降低,电子电导升高,这一原理可作为鉴别聚合物导电机理的一种方法。

由于两类载流子可能在聚合物中同时存在,因此两种导电机理在高分子体系都起作用。一般来说,大多数聚合物都存在离子电导。例如,带有强极性原子或基团的聚合物,由于本征解离,可以产生导电离子;在没有共轭双键的、电导率很低的非极性聚合物中,由于合成、加工和使用过程中进入聚合物材料中的催化剂、添加剂、填料以及水分和其他杂质的解离,也能提供导电离子。对于长程共轭聚合物、聚合物的电荷转移复合物、有机金属高分子等高分子导体、半导体则具有强的电子电导。

由于现有的导电模型基本上是从无机半导体科学中演绎而来,而聚合物的长链、刚性、多缺陷的基本特征使其导电机制更加复杂。新兴的导电高分子科学认为导电高分子中存在孤子、荷电孤子、极化子和双极化子等多种载流子。这些载流子的不同特性决定了导电高分子力载流子运输、电导率及导电机制与常规的金属和半导体不同。由此提出的高分子载流子的运输方式有多种模型,如一维可变程跃迁模型、受限涨落诱导隧道模型及金属岛模型。

最流行的本征导电高分子的导电模型是颗粒金属岛模型。该模型认为导电体系由高电导率的金属区和包围在金属区周围的绝缘区组成。宏观电导率与链内电导率及链间电导率有关,链内电导率取决于导电高分子的组成及本身特性,链间电导率与导电高分子的链间排列有关。在绝缘区,必须依靠"跃迁"或"隧道效应"来传递载流子,是整个导电高分子宏观电导率的关键。

目前的导电高分子理论还很难对导电高分子中的一些异常现象进行合理解释,有待进一步完善。

7.2.3 聚合物的导电性与分子结构的关系

聚合物的化学结构是决定其导电性的内在重要因素。饱和的非极性聚合物具有优良的电绝缘性能。它们的结构本身既不能产生导电离子,也不具备电子电导的结构条件。这一类聚合物的电阻率可达 $10^{16}\ \Omega\cdot m$,如聚苯乙烯、聚四氟乙烯、聚乙烯等都是优良的电绝缘材料。

极性聚合物的电绝缘性次之。聚砜、聚酰胺、聚丙烯腈和聚氯乙烯等材料的电阻率约在 $10^{12}\sim10^{15}\ \Omega\cdot m$ 之间。这些聚合物中的强极性基团可能发生微量的本征解离,提供本征的导电离子。此外,这些聚合物的介电系数较大,使杂质离子间的库仑力降低,解离平衡移动,从而使载流子浓度增加。因此极性聚合物的电阻率低于非极性聚合物。

能够充当半导体或导体的聚合物材料一般具有以下几种结构。

1. 具有共轭双键聚合物

π 电子在共轭体系内的离域化特征使其可作为载流子而导电。从理论上来说,具有长程 π 电子离域范围的共轭高分子的电阻率将很低。但是,实际上共轭高分子的电阻率下降幅度有限,主要原因是电子在分子间的迁移较困难,同时,分子链本身的结构缺陷造成 π 电子在分子内离域范围减小。因此聚苯炔、聚乙炔等共轭聚合物一般情况下只能充当半导体材料。

聚氮化硫 $(SN)_n$ 的分子链具有良好的共轭结构,且能形成纤维状结晶,使分子间堆砌紧密而有利于电子在分子间的跃迁,因而具有导电性,在纤维轴向上的室温电导率可高达 $10^5\ \Omega^{-1}\cdot m^{-1}$,并且在超低温下 $(0.26\ K)$ 具有超导性。

将牵伸的聚丙烯腈纤维热分解脱氢环化,形成共轭的芳香结构产物,称为黑奥纶 $(Orlon)$,其纤维轴向的电导率为 $10^{-1}\ \Omega^{-1}\cdot m^{-1}$。进一步加热裂解可脱去 N_2 和 HCN,最终得到电导率高达 $10^5\ \Omega^{-1}\cdot m^{-1}$ 数量级的高抗张碳纤维。

2. 电荷转移复合物自由基 - 离子化合物

它是由电子给体 D 和电子受体 A 之间通过电子的部分或完全转移而形成的复合物。

$$D+A\longrightarrow D^{\delta+}+A^{\delta-}\quad\text{电荷转移复合物}$$

$$D+A\longrightarrow D^++A^-\quad\text{自由基 - 离子化合物}$$

在晶相中的电导性是通过电子给体与电子受体之间的电荷转移而传递电子造成的,因而电导率具有明显的各相异性,沿 D 和 A 交替堆砌的方向最高。为了将这种高电子电导性与柔性长链聚合物的韧性和可加工性结合起来,可将电子给体或受体部分作为侧基接到高分子主链上,然后加入小分子电子受体或给体掺杂,以形成聚合物的电荷转移复合物,这是目前研究较多的导电聚合物类型。一般以具有 π 共轭结构的聚合物如聚乙炔、聚苯胺、聚吡咯等与小分子电子受体掺杂。掺杂后聚合物的电导率可提高几个至十几个数量级。例如,采用聚 2 - 乙烯吡啶作为高分子电子给体,碘为电子受体的复合物的电导率约为 $10^{-1}\ \Omega^{-1}\cdot m^{-1}$。

有机金属聚合物将金属原子引入聚合物主链。由于金属原子的 d 电子轨道可以和有机配体的 π 电子轨道交叠,使分子内的电子通道得到延伸,从而使聚合物导电性增加。如 1,5 - 二甲酰 - 2,6 - 二羟基萘二肟的二价铜的配位聚合物:

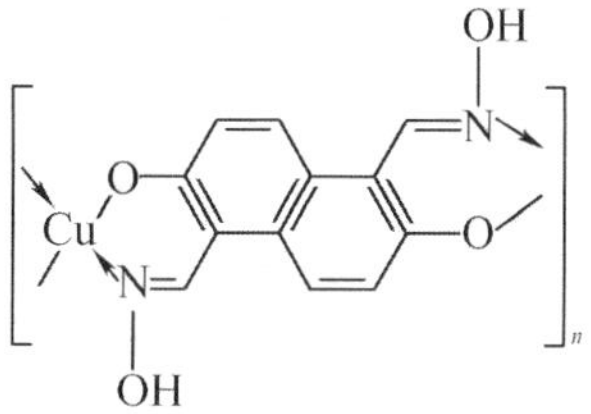

其电导率可达 $10^{-3} \sim 10^{-2}\ \Omega^{-1} \cdot m^{-1}$。金属螯合物聚酞菁铜具有二维电子通道结构:

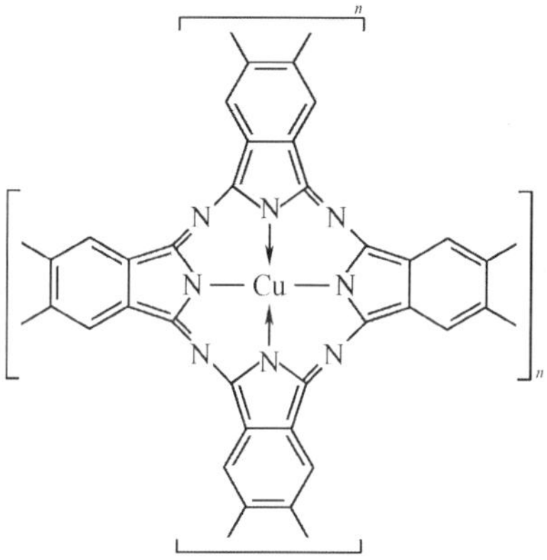

其电导率高达 $5\ \Omega^{-1} \cdot m^{-1}$。当有机金属聚合物中的过渡金属存在混合氧化态时,则它可以提供一种新的、与有机骨架无关的导电途径,电子可在不同氧化态的金属原子间传递而形成电导。例如,聚二茂铁原为绝缘体,但当部分二价铁被氧化成三价铁后,电导率可提高到 $10^{-4}\ \Omega^{-1} \cdot m^{-1}$。

自由基 – 离子化合物中,主要以四氰代对二次甲基苯醌(TCNQ)为电子受体,它是一个高度对称平面共轭分子,能接受电子形成自由基 – 负离子,如果用聚合物正离子作为主链把 TCNQ 自由基 – 负离子串起来,则可得到聚合物的自由基 – 离子化合物。例如,聚 2 – 乙烯吡啶与 TCNQ 单元可形成自由基 – 离子化合物。

目前所知的各类导电聚合物除了以上的结构型导电高分子外,还有一类是复合型导电高分子材料。结构型导电高分子材料,是一种不需要加入导电物质而依赖于其本身结构或其他途径而具有导电性的材料;而复合型导电聚合物则是在聚合物原料中加入各种导电物质,通过分散复合、层积复合、表面导电膜等形式复合而成的材料。所用的导电物质包括金属粉及纤维、碳纤维等高效导电粒子或导电纤维。

导电高分子材料具有不同于金属材料的物理、化学特性,以及独特的光、电、磁性能,在金属防腐蚀、船舶防污涂料、透明电极、印刷电路板、微波焊接、传感器等许多领域获得应用。

7.2.4　导电性复合材料

导电性复合材料(conductive composite material)是在聚合物原料中加入各种导电性物质,通过分散复合、层积复合、形成表面导电膜等方式构成的材料。导电物质通常为高效导电粒子或导电纤维。例如,各种金属粉末、金属化玻璃纤维、碳纤维、铝纤维及不锈钢纤维等。几乎所有的聚合物均可制成导电性复合材料,其制备工艺也日趋完善。该种材料品种繁多,包括各种导电塑料、导电橡胶、导电涂料、导电胶黏剂和透明导电薄膜等,在电子工业中获得了广泛的应用。例如,F. L. Vogel 制得了一种石墨夹层聚合物与铜组成的导电性复合材料,电导率高达 10^8 $\Omega^{-1} \cdot m^{-1}$,而相对密度约为铜的一半,可用于飞机的内装配电线。

7.3　聚合物热性能

7.3.1　热导率

从微观的角度看,在一块冷平板的一个面上,外加热能的影响是增加该面上原子及分子的振动振幅。然后,热能以一定的速率向对面方向扩散。对非金属材料,扩散速率主要取决于邻近原子或分子的结合强度。主价键结合时,热扩散快,是良好的热导体,热导率大;次价结合时,导热性差,热导率小。

根据固体物理理论,热导率 λ 与材料的体积模量 B 的关系为

$$\lambda = c_P (\rho B)^{1/2} l \tag{7-5}$$

式中　c_P——比热容;

　　　ρ——密度;

　　　l——热振动的平均自由行程(声子),即原子或分子间距离。

例如,对于聚合物来说,得到 $\lambda \approx 0.3$ W $\cdot m^{-1} \cdot K^{-1}$,与实验值大致吻合。对金属材料,原子晶格的振动对热导率的贡献是次要的,主要是自由电子的热运动,因此金属的热导率与电导率是成比例的。除很低温度的情况外,一般金属的热导率比其他材料要大得多。

聚合物一般是靠分子间力结合的,所以导热性一般较差。固体聚合物的热导率范围较窄,一般在 0.22 W $\cdot m^{-1} \cdot K^{-1}$ 左右。结晶聚合物的热导率稍高一些。非晶聚合物的热导率随相对分子质量增大而增大,这是因为热传递沿分子链进行比在分子间进行的要容易。同样加入低分子的增塑剂会使热导率下降。聚合物热导率随温度的变化有所波动,但波动范围一般不超过 10%。取向引起热导率的各向异性,沿取向方向热导率增大,横向减小。例如,聚氯乙烯伸长 300% 时,轴向的热导率比横向的要大一倍多。

微孔聚合物的热导率非常低,一般为 0.03 W $\cdot m^{-1} \cdot K^{-1}$ 左右,随密度的下降而减小。热导率大致是固体聚合物和发泡气体热导率的平均值。

图 7-4 为各种材料的热导率。表 7-3 列举了一些常见聚合物的热导率及其他热性能。

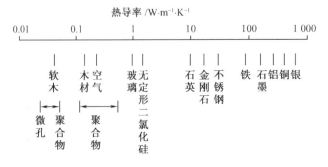

图 7-4　各种材料的热导率

表 7 - 3　高分子材料的热性能

聚合物	线性热膨胀系数 $10^{-5}/K^{-1}$	比热容 $/(kJ \cdot kg^{-1} \cdot K^{-1})$	热导率 $/(W \cdot m^{-1} \cdot K^{-1})$	聚合物	线性热膨胀系数 $10^{-5}/K^{-1}$	比热容 $/(kJ \cdot kg^{-1} \cdot K^{-1})$	热导率 $/(W \cdot m^{-1} \cdot K^{-1})$
聚甲基丙烯酸甲酯	4.5	1.39	0.19	尼龙 6	6	1.60	0.31
聚苯乙烯	6 ~ 8	1.20	0.16	尼龙 66	9	1.70	0.25
聚氨基甲酸酯	10 ~ 20	1.76	0.30	聚对苯二甲酸乙二醇酯		1.01	0.14
PVC(未增塑)	5 ~ 18.5	1.05	0.16	聚四氟乙烯	10	1.06	0.27
PVC(含质量分数为35%的增塑剂)	72.5		0.15	环氧树脂	8	1.05	0.17
低密度聚乙烯	13 ~ 20	1.90	0.35	氯丁橡胶	24	1.70	0.21
高密度聚乙烯	11 ~ 13	2.31	0.44	天然橡胶		1.92	0.18
聚丙烯	6 ~ 10	1.93	0.24	聚异丁烯		1.95	
聚甲醛	10	1.47	0.23	聚醚砜	5.5	1.12	0.18

7.3.2　比热容及热膨胀性

高分子材料的比热容主要是由化学结构决定的,一般在 $1 ~ 3 kJ \cdot kg^{-1} \cdot K^{-1}$ 之间,比金属及无机材料的大。一些聚合物的比热容列于表 7 - 3。

聚合物的热膨胀性比金属及陶瓷大,一般在 $4 \times 10^{-5} ~ 3 \times 10^{-4}$ 之间(见表 7 - 3)。聚合物的膨胀系数随温度的提高而增大,但一般并非温度的线性函数。

7.4　聚合物光性能

7.4.1　折射

当光由一种介质进入另一种介质时,由于光在两种介质中的传播速度不同而产生折射现象。设入射角为 α,折射角为 β,则折射率定义为

$$n = \frac{\sin\alpha}{\sin\beta} \tag{7 - 6}$$

式中,n 与两种介质的性质及光的波长有关。通常以各种物质对真空的折射率作为该物质

的折射率。聚合物的折射率由其分子的电子结构因辐射的光频电场作用发生形变的程度所决定。聚合物的折射率一般都在 1.5 左右。

结构上各向同性的材料,如无应力的非晶态聚合物,在光学上也是各向同性的,因此只有一个折射率。结晶的和其他各向异性的材料,折射率沿不同的主轴方向有不同的数值,该材料被称为双折射的。如非晶态聚合物因分子取向而产生双折射。因此双折射是研究形变微观机理的有效方法。在高分子材料中,由应力产生的双折射可应用于光弹性应力分析。

7.4.2 透明性及光泽

大多数聚合物不吸收可见光谱范围内的辐射,当其不含结晶、杂质和疵痕时都是透明的,如聚甲基丙烯酸甲酯(有机玻璃)、聚苯乙烯等。它们对可见光的透过程度达 92% 以上。

透明度的损失,除光的反射和吸收外,主要起因于材料内部对光的散射,而散射是由结构的不均匀性造成的。例如,聚合物表面或内部的疵痕、裂纹、杂质、填料、结晶等,都使透明度降低。这种降低与光所经的路程(物体厚度)有关,厚度越大,透明度越小。

"光泽"是材料表面的光学性能。越平滑的表面,越光泽。从 0°~90° 的入射角,反射光强与入射光强之比称为直接反射系数,它用以表示表面光泽程度。

7.4.3 反射和内反射

对透明材料,当光垂直射入时,透过光强与入射光强之比为 $T = 1 - \dfrac{(n-1)^2}{(n+1)^2}$。大多数聚合物,$n \approx 1.5$,所以 $T \approx 92\%$,反射光约占 8% 左右。在不同入射角时,反射率也不太高。设光从聚合物射入空气的入射角为 α,若 $\sin\alpha \geq \dfrac{1}{n}$,即发生内反射,即光线不能射入空气中而全部折回聚合物中。对大多数聚合物,$n \approx 1.5$,所以最小为 42°左右。光线在聚合物内全反射,使其显得很明亮,利用这一特性可制造各种发光制品,如汽车的尾灯、信号灯、光导管等。图 7-5 所示的光导管为一透明的塑料棒。因为当 $n = 1.5$ 时,$\sin\alpha = (\gamma - d)/\gamma$,所以只

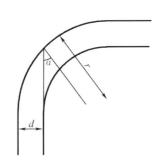

图 7-5 光导管中光的内反射
α—内反射的最小光入射角

要使其弯曲部分的曲率半径 γ 不小于棒直径 d 的 3 倍,即满足 $\sin\alpha \geq \dfrac{2}{3}$ 的条件。这时若光从棒的一端射入,在弯曲处不会射出棒外,而全反射传播到棒的另一端。这种光导管可用于外科手术的局部照明。这种全反射特性也是制造光导纤维的依据之一。

第8章 高分子的结构表征

8.1 概 述

高分子的分子结构表征包括高分子的相对分子质量和相对分子质量分布,高分子的化学结构,如结构单元的化学组成、序列结构、支化与交联情况、结构单元的立体空间构型和空间排布等。这是决定高分子基本性质的主要因素。

高分子的凝聚态结构包括晶态、非晶态、液晶态和取向态结构,以及共混或共聚高分子的多相结构等。这是决定材料性能的重要因素。

高分子的宏观性能决定于高分子中存在的分子运动方式,因此对于其力学状态和转变温度的研究有助于揭示高分子的结构与宏观性能之间的内在联系。除此之外,通过对高分子的研究,还可以了解高分子在合成和使用过程中存在的化学反应,有助于对其宏观性能的控制。

高分子的物理力学性能包括力学性能、电性能、热性能、光学性能等,为材料的选择提供了理论依据。

相对于小分子而言,高分子链的结构相当复杂,这也就决定了其凝聚态结构和分子运动方式也是相当复杂的。一些通常用于小分子结构研究的方法也可以应用于高分子的研究中,但往往需要一些特殊的制样技术和分析方法。表8-1中列出了各种高分子结构的研究方法。

表8-1 高分子结构的研究和测试方法

研究内容		研究方法
高分子链的近程结构	链的化学结构及组成	X射线衍射法、电子衍射法、中心散射法、裂解色谱、质谱法、紫外吸收光谱、红外吸收光谱、拉曼光谱、核磁共振法、顺磁共振法、荧光光谱、偶极矩法、电子能谱、原子力显微镜、电子探针显微镜等
	支化度	化学反应法、红外光谱法、凝胶渗透色谱法、黏度法
	交联度	溶胀法、力学测量法(模量)
高分子远程结构	相对分子质量	溶液光散射法、凝胶渗透色谱法、黏度法、扩散法、超速离心沉降法、溶液激光小角光散射法、渗透压法、气相渗透压法、沸点升高法、端基滴定法
	相对分子质量分布	凝胶渗透色谱、熔体流变行为、沉淀分级法、超速离心沉降法
	分子链的构象	X射线衍射、光谱分析、核磁共振

表 8 - 1(续)

研究内容	研究方法
高分子的凝聚态结构	X 射线小角散射、电子衍射法、电子显微镜、光学显微镜、原子力显微镜、固体小角激光光散射等
高分子的结晶度	X 射线衍射法、电子衍射法、核磁共振法、红外光谱法、密度法、热分析
高分子的取向度	双折射法、X 射线衍射、圆二色性法、红外二色性法
高分子的分子运动与转变温度	膨胀计法、折射系数测定、热分析法、热机械法、应力松弛法、动态力学性能测试、介电松弛法、核磁共振等

在此将对一些常用的高分子的研究方法进行简单的论述。表 8 - 2 列出了高分子研究常用的一些方法的原理。

表 8 - 2　各种仪器分析原理及表示方法

分析方法	缩写	分析原理	表示方法	可研究内容
紫外吸收光谱	UV	吸收紫外光能量,引起分子中电子能级的跃迁	相对吸收光能量随吸光波长的变化	分子的结构、共轭双键的序列、相对分子质量及相对分子质量分布、聚合反应机理
荧光光谱法	FS	被电磁辐射激发后,从最低单线激发态回到单线基态,发射荧光	发射的荧光能量随光波长的变化	聚合反应机理、高分子发光材料、高分子的光降解与稳定性、溶液中高分子的运动
红外吸收光谱法	IR	吸收红外光能量,引起具有偶极矩变化的分子的振动,转动能级跃迁	相对透射光能量随透射频率变化	分子的结构、相对分子质量及相对分子质量分布、聚合反应机理、结晶结构和结晶度、取向和取向度
拉曼光谱法	RAM	吸收光能后,引起具有极化率变化的分子振动,产生拉曼散射	散射光能量随拉曼位移的变化	分子的振动和转动能级、分子的结构、结晶和取向
核磁共振波谱法	NMR	在外磁场中,具有核磁矩的原子核,吸收射频能量,产生核自旋能级的跃迁	吸收光能量变化随化学位移的变化	分子的结构及几何构型、共聚物的组成、高分子的立构规整性、高分子的构象、结晶形态等

表 8 - 2(续)

分析方法	缩写	分析原理	表示方法	可研究内容
电子顺磁共振波谱法	ESR	在外磁场中,分子中未成对电子吸收射频能量,产生电子自旋能级的跃迁	吸收光能量或微分能量随磁场强度变化	聚合反应、链结构、高分子的降解与老化
质谱分析法	MS	分子在真空中被电子轰击,形成离子,通过电磁场按不同质荷比(m/e)分离	以棒图形式表示离子的相对丰度随 m/e 的变化	相对分子质量、元素组成及结构信息
气相色谱法	GC	样品中各组分在流动相和固定相之间,由于分配系数不同而分离	柱后流出物浓度随保留值的变化	高分子的结构信息
反气相色谱法	IGC	探针分子保留值的变化取决于它和作为固定相的高分子样品之间的相互作用力	探针分子比保留体积的对数值随柱温倒数的变化曲线	高分子的组成、高分子的链结构、热解机理、热转变温度、结晶与结晶动力学、共混与共聚结构
裂解气相色谱法	PGC	高分子材料在一定条件下瞬间裂解,可获得具有一定特征的碎片	柱后流出物浓度随保留值的变化	表征高分子的化学结构和几何构型
凝胶色谱法	GPC	样品通过凝胶柱时,按分子的流体力学体积不同进行分离,大分子先流出	柱后流出物浓度随保留体积的变化	高分子的平均相对分子质量及其分布
热重法	TG	在控温环境中,样品重量随温度和时间变化	样品和重量分数随温度或时间的变化曲线	高分子的热稳定性、热转变温度、热解机理及动力学
差热分析	DTA	样品与参比物处于同一控温环境中,记录二者温差随环境温度或时间的变化	温差随环境温度或时间的变化曲线	提供高分子热转变温度及各种热效应的信息
差示扫描量热分析	DSC	样品与参比物处于同一控温环境中,记录维持温差为 0 时,所需能量随环境温度或时间的变化	热量或其变化率随环境温度或时间的变化曲线	提供高分子热转变温度及各种热效应的信息
静态热 - 力分析	TMA	样品在恒力作用下产生的形变随温度的变化	样品形变值随温度或时间变化曲线	热转变温度和力学状态

表 8 - 2(续)

分析方法	缩写	分析原理	表示方法	可研究内容
动态热－力分析	DMA	样品在周期性变化的外力作用下产生的形变随温度的变化	模量或 tgδ 随温度变化曲线	热转变温度、模量和 tgδ
透射电子显微术	TEM	高能电子束穿透试样时发生反射、吸收、干涉和衍射,使得在像平面形成衬度、显示出图像	质厚衬度像、明场衍衬像、暗场衍衬像、晶格条纹像和分子像	晶体形貌、相对分子质量分布、微孔尺寸分布、多相结构和晶格与缺陷等
扫描电子显微术	SEM	用电子技术检测高能电子束与样品作用时产生二次电子、背散射电子,吸收电子、X 射线等并放大成像	背散射像、二次电子像、吸收电流像、元素的线分布和面分布	断口形貌、表面显微结构、薄膜内部的显微结构、微区元素分析与定量元素分析等
原子力显微镜	AFM	探针原子与样品表面原子的相互作用,记录下作用力的改变	检测样品表面的高度变化及形貌变化,以及表面原子与探针原子的相互作用力	高分子表面形貌和纳米结构的研究,微观尺寸下材料的性质,多相体系的相分布,亚表面结构
广角 X 射线衍射	WAXD	X 射线穿透晶体时发生反射、干涉、衍射并放大成像	衍射的弥散环、弥散斑点、衍射强度与稍微角的关系曲线	高分子的晶型及有规立构、高分子的相结构、添加剂、结晶度、结晶结构、取向度、微晶参数
光学显微镜		光线照射到样品后所产生的反射、干涉、衍射成像		高分子的结晶形态、晶体的生长过程与动力学、晶体的熔融、液晶的相态结构、高分子的取向、多相体系的形态

8.2 质　谱　法

质谱学是一门应用广泛的学科,质谱法(mass spectroscopy,MS)是通过对样品气相离子的质量和强度来对化合物的组分和结构进行分析的一种方法。样品的分子或原子首先要在外部能量作用下电离,经电离后进一步分解成各种质荷比(m/e)的离子,这些离子在电场或磁场作用下按其质荷比不同被分离而排列成谱。它的样品可以是气体、液体和固体,因而应用范围广,同时它的灵敏度高,分析速度快,对于相对分子质量的测定相当方便,甚至可以进行分子的元素分析,分辨异构体。

目前质谱法还常与其他的一些分析技术如气相色谱(GC)、高效液相色谱(HPLC)、毛细管电泳(CE)、超临界流体色谱(SFC)等联用,以得到更精确和广泛的信息。

8.2.1　质谱法的基本原理

试样在电子束的轰击下电离成离子,所形成的离子在电场的作用下加速运动,离子在电场中所获得的动能等于电场对它所做的功,因此对质量为 m 的离子有

$$\frac{1}{2}mv^2 = Ee \tag{8-1}$$

式中　E——电场强度;

　　　e——离子所带电量。

则离子运动的速度为

$$v = \sqrt{2}\left(\frac{Ee}{m}\right)^{1/2} \tag{8-2}$$

经加速具有一定动能的离子再通过一垂直于离子运动方向的均匀磁场 H,离子在磁场的作用下,将改变运动方向做半径为 r 的圆周运动,离子运动的离心力与磁场对它作用的向心力相等,即

$$\frac{mv^2}{r} = Hev \tag{8-3}$$

式中,H 是磁场强度。

将式(8-3)代入式(8-2)可得

$$\frac{m}{e} = \frac{r^2H^2}{2E} \tag{8-4}$$

这就是质谱公式。图 8-1 为单聚焦质谱分析的原理图。

如果磁场强度 H 和电场强度 E 不变,则根据上式,不同质荷比(m/e)的离子将沿着半径 r 不同的圆弧运动。也就是说,具有一定动能的离子,通过磁场的作用,将按质荷比的大小不同而被分离开,被分离的不同离子的强度可以通过微电流放大器记录下来,或者通过离子感光板拍摄成各种不同强度的谱线,根据谱线的位置和强度可进行定性和定量分析。质谱仪的方框图如图 8-2 所示。

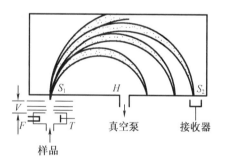

图 8-1　单聚焦质谱分析的原理图

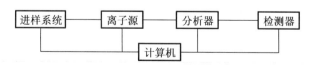

图 8-2　质谱仪的方框图

另一种被广泛应用的质谱仪称作飞行时间质谱仪(TOF-MS),其工作原理也是首先将试样变为离子,然后在电场作用下使之加速运动,这些具有相同动能的离子,由于质荷比不

同,它们的运动速度也不相同,因此离子从加速区到检测器所需的时间 t 也不相同。假定加速区与检测器之间的距离为 D,则时间 t 与离子的质荷比有关

$$t = \frac{D}{v} = \frac{1}{\sqrt{2}}\left(\frac{D}{E^{1/2}}\right)\left(\frac{m}{e}\right)^{1/2} \tag{8-5}$$

如果离子所带的电荷都相等,则质量轻的离子首先到达检测器。检测器接一示波器,质谱图便可以在屏幕上显示出来。这种仪器分析速度很快,一秒钟可以得到几百甚至上千个谱图,因此可以代替气相色谱法,也可以研究速度很快的化学反应。

8.2.2 质谱图

质谱图是记录正离子质荷比(m/e)与峰强度的图谱。由质谱仪直接记录的谱图是一个个尖锐的峰(图8-3),一般都采用条图(图8-4)。

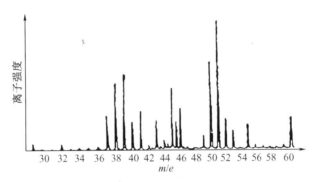

图8-3 质谱图

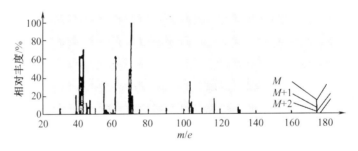

图8-4 离子强度条图

在质谱图中,横坐标为质荷比(m/e),纵坐标为离子强度,它是以丰度来表示的。丰度有两种表示方法。

① 相对丰度,也称为质量百分比丰度。以强度最大的峰(称为标准峰或基峰)为100,其余的峰按与标准峰的比例加以表示。这种表示方法最为常用。

② 绝对丰度,以 $\sum_{40}$ 表示,是指各离子峰的高度占 m/e 为40以上各离子峰高度总和的质量百分比。

在一张质谱图中,可以看到许多峰。这些峰主要为分子离子峰,其次为碎片离子峰。分子受电子流冲击后,失去一个电子形成的离子叫分子离子或母离子,所产生的峰称为分

子离子峰或母峰。碎片离子峰是由分子离子进一步裂解产生的。碎片离子还可以再裂解。生成比 m/e 更小的碎片离子。碎片离子在裂解过程中还可能发生重排现象。

8.2.3　质谱仪的联用技术

在分析复杂混合物的组分含量和它们的化学结构,或对高分子进行分析时,只用质谱仪往往难以达到目的,因此质谱仪常和其他的分析技术联用。

下面介绍几种常用的联用技术。

1. 色谱 – 质谱联用(GC-MS)

对于复杂组分的分析,常需要一种高效分离和高灵敏检测相结合的技术,色谱与质谱的联用正是这种技术较完善的体现。

色谱 – 质谱联用仪的工作原理是,一个多组分混合样品,经色谱分离后,各单一组分按不同的保留时间,连同载气逐一流出色谱柱,经过中间装置使组分与载气分离,除去载气,组分浓缩后进入质谱仪,在离子源离子化后,经快速扫描,就可得到各单一组分的相应质谱图。

2. 裂解质谱技术

质谱是剖析低相对分子质量有机化合物结构的基本技术,但对高分子分析则相当困难,这是由于高分子的相对分子质量很大及低挥发性引起的,因此只用质谱技术只能对高分子中的添加剂、单体、低相对分子质量杂质等进行分析。基于这样的原因,发展了裂解质谱技术,也就是通过热裂解将高分子转变成便于质谱分析的较低相对分子质量的挥发性碎片,然后通过质谱仪进行分析,或与色谱联用,将碎片进行分离后再进行质谱分析。其示意图如图 8 – 5 所示。

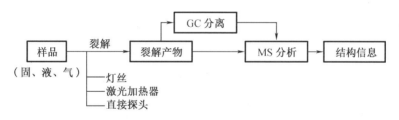

图 8 – 5　裂解质谱原理示意图

3. 基质辅助激光解吸电离 – 飞行时间质谱(MALDI-TOF-MS)

虽然裂解色谱可以对高分子进行研究,但是研究者还是希望能有一种直接对高分子结构进行质谱研究的方法,基质辅助激光解吸电离 – 飞行时间质谱(matrix assisted laser desorption/ionization time of flight mass spectrum)则可以解决这一问题。这是一种激光技术与质谱技术结合的研究方法,它采用基质辅助激光解吸电离技术,克服了直接用激光解吸电离的缺陷,为分析非挥发性、热不稳定性、高相对分子质量的大分子提供了理想的电离化方法。

MALDI 是将某一波长的脉冲激光束辐照于基质和样品固体溶液的表面,基质分子共振吸收激光能量并传递到晶格中,使晶格瞬时强烈扰动,通过这种集合作用产生样品分子离子化。然后通过飞行时间质谱对其进行检测。

8.2.4 质谱法在高分子中的应用

质谱法可用于高分子及其各种添加剂的研究,从中可以定量或定性地判断高分子的化学结构和相对分子质量及相对分子质量分布,以及添加剂的化学组成。下面举一些典型的例子对它的应用加以说明。

1. 高分子中添加剂的分析

从某一高分子材料中萃取出少量油状液体,用质谱仪进行鉴定,从质谱图中发现,除了在质量为 41,43,55,57,69,71 处有强的离子峰存在,表示未知物是一烃基链外,还有质量为 354,201,183,154 的四种离子,对这些离子的质量精确测量后,可推想出下面的化学式(表 8-3)。

表 8-3 质谱分析结果

质量	化学式	备注	质量	化学式	备注
354.349 8	$C_{23}H_{46}O_2$	分子离子 M	183.174 9	$C_{12}H_{23}O$	M 中失去 $C_{11}H_{23}O$
201.185 4	$C_{12}H_{25}O_2$	M 中失去 $C_{11}H_{21}$	154.172 1	$C_{11}H_{22}$	

这些化学式说明未知物中必定有一个与 O 结合的 C_{11} 烷基链。根据分子离子 M 中可失去 C_nH_{2n-1} 和 $C_nH_{2n+1}O$,估计未知物是一个脂肪族的酯类。进一步分析发现未知物中有质量为 60 和 61 的离子,这是脂肪族酯常有的,因此可认为未知物是十一烷基月桂酸酯($C_{11}H_{23}CO_2C_{11}H_{23}$)。

塑料中的添加剂也可不经萃取分离而用质谱仪直接测定。由于高分子本身不挥发,而添加剂在加热、高真空下大多数都能挥发,因此可直接将试样放入样品管中插入电离室,进行质谱鉴定。

2. 高分子结构鉴定

全氟乙烯-全氟丙烯共聚物(FEP)与聚四氟乙烯(PTFE)的外观相近,均为氟树脂,用热解色谱法能很好地分离。图 8-6 中示出了这两种氟树脂的质谱图。从图中可清楚地看出,FEP 的 $m/e69(CF_3^+)$,$m/e119(C_2F_5^+)$,$m/e131(C_3F_5^+)$ 的相对丰度都比 PTFE 强。

含氟高分子的裂解质谱图也具有指纹特性和良好的重复性。它不需要对样品做任何预处理,在短时间内就能给出明确的鉴定结果。此外,根据高分子的裂解质谱,还可以推测其主要裂解产物,并探讨其热解机理,例如,在含氢的氟高分子的裂解质谱上,不同组成烯丙基离子的相对丰度,在一定程度上反映了高分子的链结构。

3. 高分子相对分子质量及相对分子质量分布的测定

MALDI-TOF-MS 用于相对分子质量的测定,与传统的凝胶渗透色谱相比,它可以给出绝对相对分子质量,而不是相对值,并且是对全部相对分子质量分布的测定,而不是一个平均值,还可以获得分子结构、端基等结构信息。

图 8-7 和图 8-8 分别是聚甲基丙烯酸甲酯 PMMA600 与 PMMA35000 的 MALDI-TOF-MS 谱图,当高分子相对分子质量较低时,每个齐聚物的峰均可被分辨开,随着相对分子质量的增加,看到的是一个连续分布。结合谱图,利用最可几相对分子质量(M_p)、数均相对分子质量(M_n)、重均相对分子质量(M_w)和多分散性 D 的定义可求出它们的数值,见表 8-4。

可发现这种方法测定的相对分子质量与 GPC 方法吻合得较好。

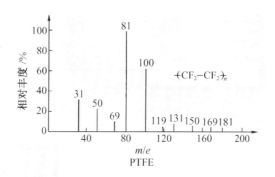

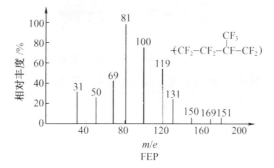

图 8 - 6　两种氟树脂的热解质谱图

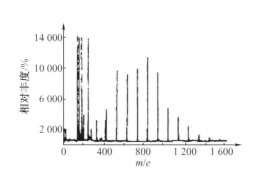

图 8 - 7　PMMA600 的质谱图

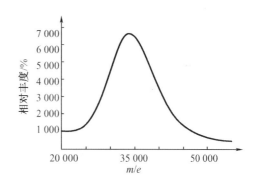

图 8 - 8　PMMA35000 的质谱图

表 8 - 4　PMMA600 和 PMMA35000 的 GPC 和 MALDI 数据

标准	GPC				MALDI			
	M_n	M_w	M_p	D	M_n	M_w	M_p	D
PMMA600	570	690	720	1.22	756	844	725	1.12
PMMA35000	35K	37K	37K	1.04	34K	35K	34K	1.02

8.3　气相色谱法

色谱法(chromatography)是一种物理的分离方法,它可以通过色谱柱中所填充的固定相对样品(流动相)各组分的不同吸附能力将其分离,分离出的各组分先后流出色谱柱进入检测器,检测器将物质的浓度或质量的变化转化为一定的信号,经放大后在记录仪上记录下来。所记录的电信号-时间曲线即为流出曲线(色谱图),将色谱图与已知纯物质的谱图或文献中的数据进行比较,即可对样品进行定性或定量的分析。根据色谱中流动相的不同,可以将色谱法分为气相色谱法(流动相为气体)(gas chromatography,GS)或液相色谱法(流动相为液体)(liquid chromatography)。在此主要对气相色谱进行介绍。

8.3.1　气相色谱

气相色谱主要用于对气体的分析。其分离效率和选择性高,灵敏度高,分离速度快,应用范围广。

根据其固定相的不同,可以将其分为气-固色谱柱和气-液色谱柱。气-固色谱柱中填充的固定相是固体吸附剂,如硅胶、分子筛、活性炭、三氧化二铝等。气-固色谱主要用于分离永久性气体或气态烃。气-液色谱的固定相是在化学惰性固体微粒(担体)表面涂上一层高沸点的有机化合物的液膜,这种高沸点的有机物称为固定液。分离的原理主要为固定相对样品各组分具有不同的物理吸附(或溶解)能力。

试样由载气带进柱子时,立即被固定相吸附。载气不断流过固定相时,吸附着的组分又被洗脱下来,这种洗脱下来的现象称为脱附。脱附的组分随着载气继续前进时,又可被前面的固定相吸附,随着载气的流动,被测组分在固定相进行反复的物理吸附、脱附过程。由于被测物质中各级分的性质不同,它们在固定相上的吸附能力就不一样,较难被吸附的组分就较容易被脱附,逐渐走在前面;容易被吸附的组分不易被脱附,逐渐走在后面,经过一定时间后,即通过一定量的载气后,试样中各组分彼此分离而先后流出色谱柱,各自进入检测器。

这种物质在固定相和流动相之间发生的吸附、脱附和溶解、挥发的过程叫作分配过程。被测物中各组分,各自以一定比例分配在固定相和气相之间,溶解度大的组分分配给固定相多一些,分配给气相的量就少一些,溶解度小的组分分配给固定相的量少一些,分配到气相中的量就多一些。在一定温度下组分在两相之间分配达到平衡时的浓度比称为分配系数:

$$K = \frac{\text{组分在固定相中的浓度}}{\text{组分在流动相中的浓度}}$$

各组分的分离与分配系数之间存在着一定的关系。在一定温度下,各物质的分配系数 K 是不同的。具有大的分配系数的组分,每次分配后在气相中的浓度较小,因此流出色谱柱的时间就较迟,只有当分配次数足够多时,才能将不同组分分离开。气相色谱的流程图如图 8-9 所示。得到的典型的色谱图,如图 8-10 所示。

谱图的横坐标代表分析时间或流动相流出体积,纵坐标是检测器响应信号的大小,可用来表征柱后样品流出浓度。色谱图的解析可以通过色谱峰的位置、色谱峰的形状和大小

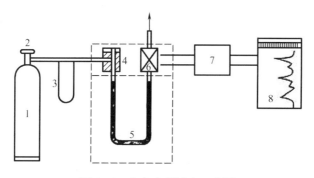

图 8 – 9　气相色谱流程示意图

1—载气瓶;2—减压阀;3—流速计;4—汽化室;5—色谱柱;
6—检测器;7—放大器;8—记录仪

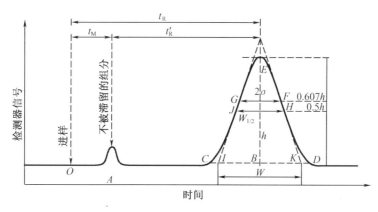

图 8 – 10　色谱图

以及色谱峰的分离来进行。色谱峰的位置是由组分在两相间的分配情况决定的,与各组分的分子结构有关,是定性分析的主要依据;色谱峰的大小代表样品中各组分的含量,是定量分析的主要依据;峰的宽窄与组分在柱中运动情况有关,色谱峰的分离表示样品中各组分能否分开,与前面的各种因素有关,图 8 – 11 显示了三种色谱峰的分离情况。

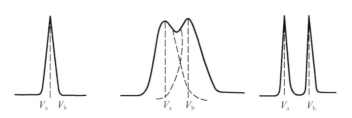

图 8 – 11　色谱峰的分离

8.3.2　裂解气相色谱

　　气相色谱只能用于气体的分析,对于高分子而言,则需在气相色谱前加一个裂解器,在严格控制的环境中加热,将高分子裂解为可挥发的小分子,并直接用气相色谱系统分离和鉴定这些裂解碎片,最后从裂解谱图的特征来推断样品的组成、结构和性质。这就是裂解气相色谱法(pyrolysis gas chromatography,PGC),其工作流程如图 8 – 12 所示。

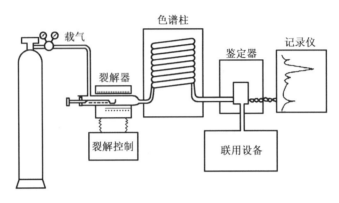

图 8 – 12　裂解气相色谱的工作流程

　　裂解气相色谱法除了具有气相色谱的快速、灵敏、高分辨率的特点外,对试样的物理状态无特殊的要求,黏稠的液体、粉末固化、薄膜、弹性体、交联高分子样品都可适用,对于存在无机填料的试样也不需做特殊的处理。裂解气相色谱分析样品用量很少,一般仅需几十微克。裂解气相色谱在仪器设备上也较为简单,只需在普通的气相色谱仪上连接一个裂解器即可进行。因此它已广泛地应用于高分子的鉴定和高分子的近程结构研究中。

　　在裂解气相色谱中常用的裂解装置按加热方式来分有脉冲和连续加热两种方式,居里点裂解器是常用的脉冲式裂解装置,而管式炉裂解器则属于连续加热式裂解装置,此外,还可以采用激光、紫外线、聚焦红外线、放电等方式来进行样品的裂解。

8.3.3　反气相色谱法

　　在一般气相色谱分析中,固定相是已知的,流动相是未知的。反气相色谱法(inverse gas chromatography,IGC)是把被测样品,如高分子作为固定相,把某种已知挥发性的低分子化合物(探针分子)注入汽化室中汽化后,用载气带入色谱柱中,在气相 – 高分子两相中进行分配。由于高分子的组成和结构不同,与探针分子的相互作用也就不同,由此研究高分子的各种性质。

　　反气相色谱法可以利用普通的气相色谱仪,气相色谱的原理与计算公式等均适用于反气相色谱。通过检测探针分子在色谱柱的高分子相中的保留时间 t_R,直接计算或换算成比保留体积 V_R。依照 V_R 值可以推算出高分子与探针分子以及高分子之间的相互作用参数等,根据 V_R 随温度或载气流速的变化还可研究高分子的性能。

　　在反气相色谱中所用的高分子试样一般是将高分子的样品作为固定液溶解后涂在合适的载体上,再填充到色谱柱中,也可以直接把薄膜状、纤维状、粉末状的高分子填充到色谱柱中,也可以用高分子做固定液制备毛细管柱。

　　反气相色谱可直接用于高分子的研究中,用以研究高分子的热转变温度与相对分子质量的关系,测量高分子之间、高分子与溶剂之间的相互作用参数以及结晶高分子的结晶度和结晶动力学等,此外还可以测定低分子溶剂在高分子中的扩散系数、扩散活化能等。

8.3.4　气相色谱的应用

运用 PGC 对高分子进行鉴定的应用很多,现举几个例子对其应用加以说明。

1. 高分子的直接鉴定

每种高分子都有一特征的热解色谱图(Pyrogram),因此可以不必鉴定每一色谱峰,而直接以整个色谱图作为该高分子的"指纹"。图 8 – 13 表示聚甲基丙烯酸甲酯和聚甲基丙烯酸乙酯的热解气体色谱图,两者有明显不同之处。所以用与已知物的热解色谱图对比的方法可以很容易地鉴别出未知样品是什么。

2. 共聚物组成的分析

因为高分子热解有良好的重复性,故可以进行定量分析。均聚物试样热解生成单体的色谱峰面积与热解试样量成比例。对于共聚物,根据各组分特征峰的高度可计算共聚物组成。例如,对于氯乙烯 – 醋酸乙烯酯的共聚物可测量—CH_2Cl 峰和醋酸峰的高度,计算出共聚物的组成,得到的结果与红外光谱法一致,数据见表 8 – 5。

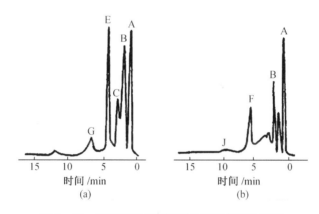

图 8 – 13　聚甲基丙烯酸酯类的裂解气相色谱图

(a) A—空气;B—甲醇;C—乙醇;E—丙烯酸甲酯;G—甲基丙烯酸甲酯

(b) A—空气;B—乙醇;F—丙烯酸乙酯;J—甲基丙烯酸乙酯

表 8 – 5　分析氯乙烯 – 醋酸乙烯酯共聚物中醋酸乙烯酯的含量

红外光谱法	裂解气相色谱法
26.7 ± 0.1	26.2 ± 0.8
34.6 ± 0.1	31.4 ± 0.7
44.3 ± 0.1	43.9 ± 0.5

对于多组分的共聚物,只要选择合适的裂解温度,利用相应的特征峰总是可以进行定量分析的。例如,ABS 树脂在 550 ℃裂解时,得到的主要产物是苯乙烯、丁二烯、丙烯腈、乙烯和丙烯,可以利用这些产物的峰作为特征峰进行定量分析。

3. 共聚物和共混物的鉴别

相同组成的共聚物和均聚物的混合物,其热解气体色谱图并不一样。共混物的裂解谱图通常是两种均聚物裂解碎片的加和,而共聚物中由于存在两种单体以化学键连接的单元,因此还能发现这种键合特征的裂片,据此可以将它们区别开。例如,质量百分比为80%的甲基丙烯酸甲酯与质量百分比20%丙烯酸甲酯的共聚物和质量百分比80%的聚甲基丙烯酸甲酯与质量百分比为20%的聚丙烯酸甲酯的混合物的热解色谱图是不相同的(图8-14),后者生成的甲醇远比前者为多。

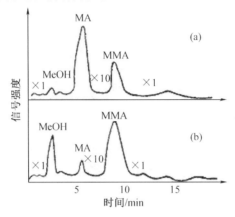

图8-14 共聚物与共混物的裂解色谱图

(a)80% MMA 和20% MA 的共聚物;(b)80% PMMA 和20% PMA 的共聚物

MMA—甲基丙烯酸甲酯;MA—丙烯酸甲酯;MeOH—甲醇;×1,×10—信号衰减倍数

此外,根据热解速度的不同,还可以区别嵌段共聚物和无规共聚物。

4.研究高分子的热稳定性和热解机理

如果热解器出来的产物不经过色谱柱,而直接连接到热导池中,则可以在短时间内观察到不同温度下的热解速率,从而可以了解样品的热稳定性和热解机理。这样的方法比热重量法有更高的灵敏度,既可知道单体产生的速率,还可算出热解的活化能。

8.4 红外光谱法

光谱分析是利用光波与物质的相互作用,引起被照射物质内分子运动状态发生变化,并产生特征能态之间的跃迁进行分析的一种方法。根据所用的光波长及作用方式的不同,可以分为吸收光谱(红外光谱、紫外光谱),发射光谱(如荧光光谱)和散射光谱(如拉曼光谱)。在高分子的研究中,红外光谱的应用最为广泛,也最为有效,其他的光谱则对某些特定的基团敏感性较高,如双键、芳环等。在此主要介绍红外光谱。

红外光谱(infrared spectroscopy,IR)是表征高分子的化学结构和物理性质的一种重要手段,它是利用不同的基团与0.7~1 000 μm 的红外光的相互作用来实现的。

红外光谱最突出的特点是具有高度的特征性,除光学异构体外,每种化合物都有自己的红外吸收光谱,因此红外光谱适用于鉴定有机物、高分子以及其他复杂结构的天然及人工合成产物。固态、液态、气态样品均可测定,分析速度快,样品用量少,操作简便。但红外光谱法在定量研究中准确度不高,在对复杂的未知物进行结构鉴定上,只能对其中所存在的官能团进行分析,尚需结合其他的一些分析方法,如紫外、核磁共振、质谱等。

20 世纪 70 年代以来,发展了傅里叶红外光谱,它具有更高的扫描速度、分辨力、波数精度和灵敏度,光谱范围更宽。因而为红外光谱的应用开辟了新的领域,特别适合于对弱信号、微小样品测定,跟踪化学反应。

近年来,随着计算机的运用,红外光谱分析技术也得到了很大发展,它可用于记录分析结果、自动数据处理、求解线性方程和对多组分混合物进行定量分析。在定性及未知物结构鉴定中,可运用计算机进行谱图检索,辨认和确定未知物所包含的基团结构。

8.4.1　红外光谱法的基本原理

红外光谱法是记录物质对于红外光的吸收程度(或透过程度)与波长(或波数)的关系。当物质吸收红外光区的光量子后。光量子的能量将会使分子发生振动能级和转动能级的跃迁,但在有机物中,红外光谱主要是研究分子中原子振动能级的变化。

分子中原子的振动可以描述为下列的过程。当原子处于相互作用的平衡态位置时位能最低,当位置稍有改变时,就会产生一个回复力使原子重新回到平衡位置,结果将使原子产生周期性的振动。按照振动时键长或键角的改变,可以将这种振动分为伸缩振动和变形振动(又称变角、弯曲或剪切振动)。当一定频率的红外光经过分子时,就会被分子中相同振动频率的键所吸收。如果分子中没有相同振动频率的键,红外光就不会被吸收。因此采用连续改变频率的红外光线照射样品,通过样品池的红外线在一定范围内发生吸收,产生吸收峰,从而得到红外吸收光谱。聚苯乙烯的红外光谱如图 8 – 15 所示。

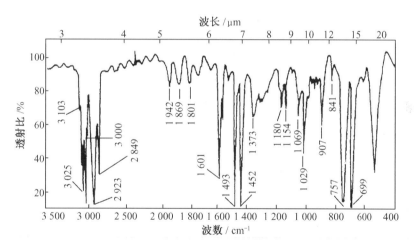

图 8 – 15　聚苯乙烯的红外光谱

红外吸收光谱的横坐标有两种标度,波长 λ 与波数 $\bar{\nu}$。所谓波数指的是每一厘米的长度上波的数目,它与波长成倒数关系

$$\bar{\nu} = \frac{1}{\lambda} \tag{8 – 6}$$

波数与频率 f 的关系为

$$\bar{\nu} = \frac{f}{c} \tag{8 – 7}$$

红外光谱的纵坐标是吸收量,用透光率来表示,若全部透过即透光率 100%,则位于谱

图的上端;若全部吸收则透光率为0,则位于谱图的下端。

单个地看每种基团的红外吸收峰应是固定的,但由于同一种基团在不同的分子中所受的影响不同,因此峰都是在一定的范围内出现。影响其位置的因素主要有以下几种:化学键两端的原子质量以及化学键力常数(指两个原子由于平衡位置伸长1埃后的恢复力);化学键的振动形式;分子的内部(主要是结构因素,如相邻基团及空间效应的影响)及外部因素(指测定时物质的状态、溶剂效应)等。吸收峰的强度也受到基态分子的跃迁几率和振动形式的影响。

8.4.2 红外光谱的特征区、指纹区和八个重要的区段

红外光谱是物质分子结构的客观反映。谱图中的吸收峰对应着分子中各基团的振动形式。大多数化合物的红外光谱与结构有关系,是通过实验手段来得到的,通过比较大量已知化合物的红外光谱,从中总结出各种基团的吸收规律。

组成分子的各种基团,如—O—H,—C—H,—C =C—,—C =O 等都有自己的特定的红外吸收区域,分子的其他部分对其吸收位置也有一定的影响。通常把这种能代表某基团存在的吸收峰(一般有较高的强度)称为特征吸收峰,其对应的峰位置称为特征频率,可以通过这些特征吸收峰来推断出某些未知物的结构。

在红外光谱中,一般在波数为 1 300 ~4 000 cm^{-1} 区域的谱带有比较明确的基团和频率对应关系,它们主要是含氢基团(N—H,O—H,C—H)或不饱和键(—C ≡ C—,—C =C—,—C≡N,—C =O 等)的伸缩振动谱带,这个区域称为特征频率区。而在低于 1 300 cm^{-1} 的频率区域中,谱带的数目很多,往往很难给予明确的归属。但一些同系物或结构相近的化合物在这个区域内的谱带往往有一定的差别,对于每个化合物都会有些不同,如同人的指纹一样,因此这个区域称为指纹区。例如,正辛醇和异辛醇,因为两化合物都有羟基,所以在特征频率区内,两种化合物的红外谱图相同;然而在指纹区就会因正辛基和异辛基的结构差异而出现不同。

一个基团常有数种振动形式,每种红外活性的振动通常都相应产生一个吸收峰。习惯上把这些相互依存而又相互可以佐证的吸收峰叫作相关峰,它也是某种官能团存在与否的有力说明。

通常,可将红外光谱划分为八个重要区段,见表8-6。由表可以推测化合物的红外光谱吸收特征;或根据红外光谱的特征,初步推测化合物中可能存在什么官能团,并且进一步选择正确结构。

表 8-6　红外光谱的八个重要区段

编号	波数/cm^{-1}	键的振动类型
1	4 000 ~3 000	—OH,—NH 的伸缩振动
2	3 300 ~2 700	—CH 伸缩振动
3	2 500 ~1 900	—C =C—,—C ≡N,—C =C =C—,>C=C=O,—N =C =O 伸缩振动

表 8 – 6（续）

编号	波数/cm⁻¹	键的振动类型
4	1 900 ~ 1 650	>C═C< 的伸缩振动及芳烃中 C—H 弯曲振动的倍频和合频
5	1 675 ~ 1 500	芳环,>C—C<,>C═N—的伸缩振动
6	1 500 ~ 1 300	—C—H 面内弯曲振动
7	1 300 ~ 1 000	—C—H,—C—F,—Si—O 伸缩振动和 C—C 骨架振动
8	1 000 ~ 650	—C—H 面外弯曲振动,—C—Cl 伸缩振动

8.4.3 红外光谱仪

目前生产和使用的红外光谱仪主要有两大类,也就是色散型红外光谱仪和干涉型红外光谱仪。这两种光谱仪在原理上有很大的不同,图 8 – 16 为这两种红外光谱仪的原理图。

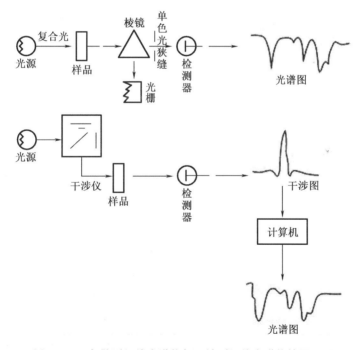

图 8 – 16 色散型红外光谱仪与干涉型红外光谱仪的原理图

色散型红外光谱仪是由光源、单色器、检测器和放大记录系统等几个基本部分组成的,它的时间响应较长,分辨力和灵敏度在整个波段是变化的,因此在研究跟踪反应过程中以及色谱 – 红外光谱联用中受到了限制。干涉型红外光谱仪以傅里叶红外光谱仪为典型。傅里叶红外光谱仪主要由光源、迈克尔逊干涉仪、探测器和计算机等组成。

在高分子的红外光谱研究中,试样的制备相当关键,因为需要制备很薄的样品。对于气体样品可以在气体池中测定。对于液体样品,可以采用液膜法或溶液法将样品稀释后放入液体池中测定。对于固体样品,可以将之溶解后在液体池中测定,或将样品与溴化钾粉末混合研磨后在压机上压成透明薄片来测定,也可以将样品制成薄膜或将之与悬浮剂混合后压成薄片(调糊法)来测定。

8.4.4 红外光谱在高分子研究中的应用

通过红外光谱可以对高分子的化学结构、构象、空间立构、凝聚态结构和取向结构等进行测定,下面将举例说明它的应用。

1. 高分子结构的鉴别

红外光谱是鉴别高分子结构的一种理想的方法,它不仅可以区分不同类型的高分子,对于结构相近的某些高分子也可以很好地区别。

尼龙 6 $[—NH—(CH_2)_5—CO—]$、尼龙 7 $[—NH—(CH_2)_6—CO—]$、尼龙 8 $[—NH—(CH_2)_7—CO—]$ 均为酰胺类高分子,具有相同的特征基团,因此均表现出在 3 300 cm^{-1}、1 635 cm^{-1} 和 1 540 cm^{-1} 处的特征吸收峰,但其中的 $—(CH_2)_n—$ 的长度是不同的,因此它们在 1 400 ~ 1 600 cm^{-1} 处表现出来的吸收峰是不同的,如图 8 - 17 所示。据此可以判断这三种高分子。

聚异丁烯 $\left[—(CH_2—\underset{CH_3}{\overset{CH_3}{C}})_n—\right]$ 可以看作是聚丙烯 $\left[—(CH_2—\underset{CH_3}{CH})_n—\right]$ 上的 α-H 被甲基取代的结果,此时聚丙烯中的甲基在 1 378 cm^{-1} 和 969 cm^{-1} 处的面内和面外弯曲振动在聚异丁烯中均分裂成两个谱带,聚丙烯在 1 153 cm^{-1} 处的振动吸收峰则移到了 1 227 cm^{-1} 处。

2. 对共聚物的研究

共聚物的性能和共聚物中两种结构单元的链节结构、组成和序列有很大的关系,有关它们的信息均可通过红外光谱得到。

如在苯乙烯和甲基丙烯酸甲酯的共聚反应中。可以通过红外光谱测出各个单体在不同时期的转化率,从而可以推断共聚物的组成。

当研究共聚物的序列时,可以通过对比共聚物和共混物的谱图,选择对共聚物单体分布敏感的谱带。对于 A,B 两种单元组成的共聚物,将形成不同的单元组(AAA,AAB,ABA),这些单元组将由于耦合效应而产生不同的振动频率或不同的消光系数,这就可以为共聚物的序列研究提供依据。

3. 对高分子晶体的研究

用红外光谱可以测定高分子的结晶度,还可以进行结晶动力学的研究,同时还可得到结晶形态的信息。通常认为,当高分子结晶时,由于晶胞中分子内原子之间或分子之间的相互作用改变,在红外光谱中往往产生高分子非晶态时所没有的新的吸收峰,还有一种是非结晶性的吸收峰,这种吸收峰随着晶体的熔融而增加。通过研究这些吸收峰,就可得到高分子晶体的信息。表 8 - 7 为一些常用高分子的结晶吸收带和非晶吸收带的光谱。

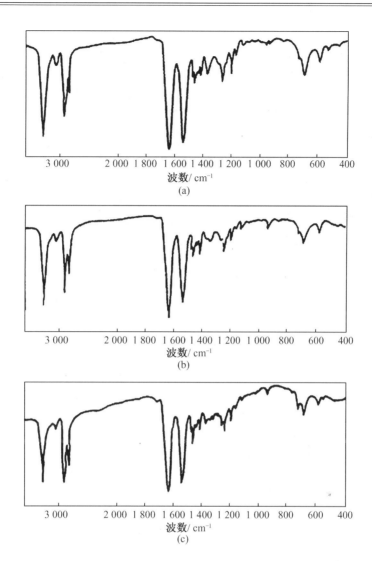

图 8 - 17　不同尼龙的红外光谱图

(a)—NH—(CH$_2$)$_5$—CO—;(b)—NH—(CH$_2$)$_6$—CO—;(c)—NH—(CH$_2$)$_7$—CO—

表 8 - 7　常用高分子的结晶吸收带和非晶吸收带

高分子	结晶吸收带/cm^{-1}	非晶吸收带/cm^{-1}
聚乙烯	1 894,731	1 368,1 353,1 303
全同聚丙烯	1 304,1 167,998,841,322,250	
间同聚丙烯	1 005,977,867	1 230,1 199,1 131
间同 1,3 - 聚戊二烯	1 340,1 178,1 140,1 014,988,934,910	
全同聚苯乙烯	1 365,1 312,1 297,1 261,1 194,1 185, 1 080,1 055,985,920,898	
聚氯乙烯	638,603	690,615

表 8 − 7(续)

高分子	结晶吸收带/cm⁻¹	非晶吸收带/cm⁻¹
聚偏聚乙烯	1 070,1 045,885,752	
聚四氟乙烯		770,638
聚三氟氯乙烯	1 290,490,440	
聚偏氟乙烯	975,794,763,614	657
全同聚乙酸乙烯酯	1 141	
聚乙烯醇	1 144	1 040,916,825
聚对苯二甲酸乙二酯	1 340,972,848	1 145,1 370,1 045,898
尼龙 6	959,928	1 130
尼龙 66	935	1 140
尼龙 7	940	
尼龙 9	940	

计算结晶度时可以选择对结构变化不敏感的谱带作为内标峰,样品的结晶度可表示为

$$x_c = k \frac{A_i}{A_s} \tag{8 − 8}$$

式中　A_i,A_s——分别代表分析谱带和内标谱带;

k——常数,与所选择的内标峰有关,可以用已知结晶度的样品预先测出。

聚偏氟乙烯(PVDF)具有优良的压电性,但其压电性通常在结晶为 β 晶型时表现出来。对于聚偏氟乙烯可能具有的 α,β,γ 晶型,其分子链有不同的构象,因而具有各自特有的吸收谱,如图 8 − 18 所示。通过这些谱图即可区分不同的晶型结构。

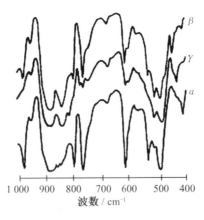

图 8 − 18　聚偏氟乙烯中的三种结晶形态的特征谱带

4. 对高分子取向的研究

在红外光谱仪的测量光路中加入一个偏振器便形成偏振红外光谱,使用它可以研究高分子链的取向。当红外光通过偏振器后,将得到电矢量为一个方向的偏振光,若取向高分子中的基团振动偶极矩变化的方向与偏振光方向平行时,则基团的振动吸收有最大吸收强

度;反之则基团的吸收强度为 0,通过这点即可对取向高分子链进行研究。如用偏振红外的方法测定拉伸后的 PVDF,发现取向的薄膜主要是 β 晶型。

通过红外光谱对特征谱带的跟踪,还可以对高分子的化学反应进行原位测定,从而研究高分子反应动力学,降解和老化的反应机理等。

8.5　核磁共振法

核磁共振(nuclear magnetic resonance,NMR),同红外光谱和紫外光谱一样,也是一种吸收光谱,它所使用的频率是在无线电频区(60~600 Hz)。其测试依据为,一些原子核在强磁场作用下分裂成能级。当用一定频率的电磁波对样品进行照射时,特定结构环境中的原子核就会吸收相应频率的电磁波而实现共振跃迁。在照射扫描中记录发生共振时的信号位置和强度,就得到 NMR 谱。根据 NMR 谱图上吸收峰的位置、强度和精细结构可以研究分子结构等问题。NMR 在高分子的结构和分子运动研究中占有重要的地位。

8.5.1　核磁共振的原理

原子核是带正电荷的粒子,能绕着自身轴做自旋运动,形成一定的自旋角动量 P。每个原子核的自旋量子数为 I,当 $I \neq 0$ 时,由于自旋而使核具有磁矩 μ,因此 ^{16}O,^{12}C 等 $I = 0$ 的原子核不能用于 NMR 技术中。原子核的磁矩取决于原子核的自旋角动量 P,它们的关系为

$$\mu = \gamma P \tag{8-9}$$

式中　γ——磁旋比,是核的特征常数;

　　　μ——核磁矩,核磁子 β 为单位;

　　　β——一常数,为 $5.05 \times 11^{-27} J/T$。

在一般的情况下,原子核的磁矩可以任意取向,而在一个外加均匀磁场 H_0 中,$I \neq 0$ 的核除自旋外还将沿磁场方向采取一定的量子化取向,并按不同的方向取向,产生能级的分裂。由量子力学原理可知,磁性原子核磁矩的可能取向数是由磁量子数 m 决定的,其值可为 $I,I-1,I-2,\cdots,-I+2,-I+1,-I$,即 m 有 $(2I+1)$ 个数值。也就是磁矩在外磁场作用下可以有 $2I+1$ 个取向,将能量分为 $2I+1$ 个能层。图 8-19 给出了 $I=3/2$ 时的能级分裂示意图。

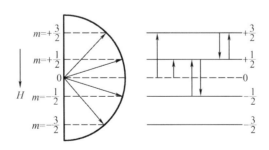

图 8-19　$I=3/2$ 时的能级分裂示意图

每一层与零磁场的能层之间的能量差为

$$E = -\gamma m \frac{h}{2\pi} H_0 \qquad (8-10)$$

原子核不同能级之间的能量差为

$$\Delta E = -\gamma \Delta m \frac{h}{2\pi} H_0 \qquad (8-11)$$

由量子力学的规律可知,只有 $\Delta m = \pm 1$ 的跃迁才是可能的,所以相邻能级之间发生跃迁所对应的能量差为

$$\Delta E = \gamma \frac{h}{2\pi} H_0 \qquad (8-12)$$

当用具有一特定频率 ν 并且方向垂直于静磁场的交变电磁场 H_1 作用于样品,并满足 $h\nu = \Delta E = \gamma \frac{h}{2\pi} H_0$ 时,原子核将从外界的交变磁场中吸收能量,使之在相邻的能层之间进行跃迁,也就是产生了磁核共振吸收。

在外磁场中由于原子核的取向,处于低能态的核占优势,在室温时,热能比核磁能级差高几个数量级,会抵消外磁场效应,使测得的核磁共振信号是相当弱的。当核吸收电磁波跃迁到高能态后,如果不能回复到低能态,这样处于低能态的核逐渐减少,吸收信号逐渐衰减,直到最后核磁共振不能再进行,这种情况称为饱和。因此欲使核磁共振继续进行下去,必须使处于高能态的核回复到低能态,这一过程可以通过自发辐射实现。自发辐射的几率和两个能级能量之差成正比。对于一般的吸收光谱,自发辐射已相当有效,但在核磁共振波谱中,通过自发辐射途径使高能态的核回复到低能态的几率很低,只有通过一定辐射的途径使高能态的核回复到低能态,这一过程称为弛豫。激发和弛豫是两个过程,有一定的联系,但弛豫不是激发的逆过程。

弛豫过程的能量交换不是通过粒子之间的相互碰撞来实现的,而是通过在电磁场中发生共振完成能量的交换,目前观察到的有自旋－晶格弛豫(纵向弛豫)和自旋－自旋弛豫(横向弛豫)两种类型。

上述两种弛豫过程的时间不同,而弛豫速率会影响谱线的宽度。当样品是固体或黏稠液体时,测得的谱线加宽,这对于提高核磁共振谱的分辨率是不利的,所以在一般核磁共振中,需采用液体样品,但在高分子研究中,也可直接观察宽谱线的核磁共振来研究高分子的形态和分子运动。

8.5.2　核磁共振仪

核磁共振仪有两种类型,一种是连续波核磁共振波谱仪,另一种是傅里叶变换核磁共振仪。

图 8－20 为连续波核磁共振仪的组成图,包括电磁铁、射频源、接收装置、样品管和样品探头。它可以固定磁场进行频率扫描,也可以固定频率进行磁场扫描,但其扫描速度太慢,样品的用量也较大。

基于上述的原因,发展了傅里叶变换核磁共振仪,其特点是照射到样品上的射频电磁波是短而强的脉冲辐射,并可进行调制,从而获得使各种原子核共振所需的频率的谐波,可使各种原子核同时共振,从而大大缩短了时间。图 8－21 为傅里叶变换核磁共振波谱仪的

结构示意图。

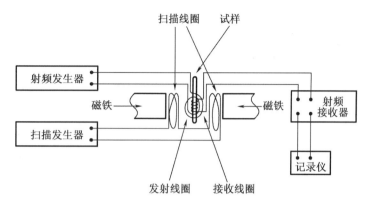

图 8 - 20　连续波核磁共振仪示意图

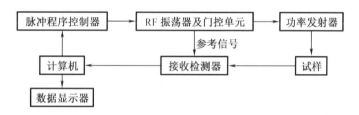

图 8 - 21　傅里叶变换核磁共振仪结构示意图

8.5.3　核磁共振谱

在核磁共振技术中常用的原子核为^{1}H 和^{13}C,它们的自旋量子数都是 1/2,但在高分子的研究中有其各自的特点。

1.^{1}H 核磁共振谱

^{1}H 核磁共振(^{1}H-NMR)也称为质子核磁共振,是研究化合物中^{1}H 原子核(也即质子)的核磁共振。可提供化合物分子中氢原子所处的不同的化学环境和它们之间相互关联的信息,依据这些信息可确定分子的组成、连接方式及其空间结构等。

(1)化学位移和屏蔽作用

按照核磁共振产生的条件,由于^{1}H 的磁旋比是一定的,所以当外加磁场一定时,所有的质子的共振频率应该是一样的,但由于原子核周围存在电子云,在不同的化学环境中,核周围电子云密度是不同的,因此其共振频率实际上是有差异的。也就是说同一分子中相同原子如果其化学结合状态不同,则共振频率就不一样,常称它们为不等同的原子。当原子核处于外磁场中时,核外电子运动要产生感应磁场,类似于形成一个磁屏蔽(图 8 - 22),使外磁场对原子核的作用减弱了,即实际作用于原子核上的磁场为 $H_0(1-\sigma)$,σ 称为屏蔽常数,它反映了核所处的化学环境。在外磁场 H_0 的作用下核的实际共振频率为

$$\nu = \frac{\gamma}{2\pi}H_0(1-\sigma) \qquad (8-13)$$

结果使原子核的能层间差值减少,共振吸收发生在较低的频率,在谱图上表现为谱峰

的位置移动,这称为化学位移。化学位移是由于电子和外磁场相互作用所引起的,因此与外磁场的大小有关。如图 8-23(a) 为 CH_3CH_2Cl 的低分辨率的 NMR 图,由于甲基和次甲基中的质子所处的化学环境的不同,σ 值不同,在谱图的不同位置出现两个峰。研究高分子链的近程结构就是利用这种化学位移。

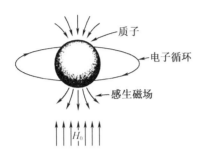

图 8-22　电子对质子的屏蔽作用

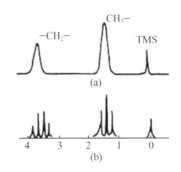

图 8-23　CH_3CH_2Cl 的 NMR 谱图

(a)低分辨率;(b)高分辨率

　　核磁共振研究已积累了一系列基团的化学位移数据(表 8-8),可利用这些数据鉴定化合物中有几种含氢原子的基团,正如利用红外光谱中的特征频率鉴定分子中各种基团一样。

表 8-8　一些基团的核磁共振化学位移数据

化合物中含氢原子的基团	τ 值	化合物中含氢原子的基团	τ 值
$Si(CH_3)$	10	OH(酚)	$0\sim6$
$C—CH_2—C$	$7.8\sim9.8$	$C\!=\!CH$	$3.5\sim5.5$
$CH_3—C$ NH_2(烷胺)	$8.0\sim9.2$ $8.0\sim9.0$	⌬N	$2.8\sim4.3$
S—H(硫醇)	$8.0\sim8.8$	NH_2(胺)	$3.5\sim4.0$
O—H(醇) $CH_3—S$	$6.5\sim8.5$ $7.3\sim8.5$	⌬O	$2.5\sim4.0$
$CH_3—C\!=\!$ $C\!\equiv\!CH$	$7.5\sim8.5$ $7.0\sim8.5$	⌬N	$1\sim3.7$
$CH_3—C\!=\!O$ $CH_3—N$	$7.3\sim8.0$ $7\sim8.5$	⌬S	$2.2\sim3.5$
CH_3—⌬ $C—CH_2—X$	$7.5\sim8.0$ $6.5\sim6.7$	⌬N	$1.5\sim3.0$

表 8 – 8(续)

化合物中含氢原子的基团	τ 值	化合物中含氢原子的基团	τ 值
NH_2(芳胺)	6 ~ 6.8	RN =CH	1.8 ~ 2.5
CH_3—O	5.8 ~ 6.8	CHO	− 0.5 ~ 2.0
CH_3—N(环)	6.3	COOH	− 3.3 ~ 0.3

(2)耦合常数

在高分辨率仪器上可观察到更精细的结构,如图 8 – 23(b)所示,谱峰发生分裂。这种现象称为自旋 – 自旋分裂。分子内部相邻碳原子上氢核自旋也会相互干扰,通过成键电子之间的传递,形成相邻质子之间的自旋 – 自旋耦合,而导致自旋 – 自旋分裂。分裂峰之间的距离称为耦合常数,一般用 J 表示,单位为 Hz。在 ^{1}H-NMR 谱中,一般为 1 ~ 20 Hz。J 是核之间耦合强弱的标志,它说明了它们之间相互作用的能量,因此是化合物结构的属性,与外磁场强度的大小无关。

(3)谱图的表示

由于屏蔽效应而引起质子共振频率的变化量是极小的,通常难以分辨,因此采用相对变化量来表示化学位移的大小,通常可选用的参比标准有水、氯仿、苯、环己烷和四甲基硅烷等。当选用四甲基硅烷(TMS)为标准物时,把 TMS 峰在横坐标的位置定为横坐标的原点,如图 8 – 23 所示,其他各种吸收峰的化学位移可用化学位移参数 δ 值表示,δ 可定义为

$$\delta = \frac{\nu_{测试峰} - \nu_{参比峰}}{振荡器共振频率}$$

式中,δ 是一个比值,用 $\times 10^{-6}$ 表示,这一数值与外加磁场频率无关,在各种仪器上测定的数值是一样的。有时也用 τ 来作为化学位移的参数,以四甲基硅烷作内标时,其 τ 值定为 10,则未知样品的 $\tau = 10 - \delta$。

当用核磁共振分析化合物的分子结构时,化学位移和耦合常数是两个重要的信息。在 NMR 谱图上(图 8 – 23),横坐标表示的是化学位移或耦合常数,而纵坐标表示的是吸收峰的强度,从而得到的信息有:化学位移,确定氢原子所处的化学环境,即属于何种基团;耦合常数,推断相邻氢原子的关系与结构;吸收峰的面积,确定分子中各类氢原子的数量比。

2. ^{13}C-NMR 谱

^{13}C-NMR 用于研究化合物中 ^{13}C 核的核磁共振状况,它对于化合物(特别是高分子)中碳的骨架结构的分析测定具有重要的意义。与 ^{1}H-NMR 相比,^{13}C-NMR 的灵敏度较低,其化学位移范围约为 300×10^{-6},比 ^{1}H-NMR 大 20 倍。因此分辨率较高,由高场到低场各基团化学位移的顺序为饱和烃、含杂原子饱和烃、双键不饱和烃、芳香烃、羧酸和酮,与氢谱的顺序大致相同;用 ^{13}C-NMR 可直接测定分子骨架,并可获得 C =O,C≡N 和季碳原子等在 ^{1}H 谱中测不到的信息(图 8 – 24);在 ^{13}C-NMR 中,直接与碳原子相邻的氢和相邻碳上的氢都能与 ^{13}C 核发生自旋耦合,而且耦合常数相当大,这样使碳氢结构的谱图较复杂,难于解析,需采取去耦技术,常用的有宽带去耦、偏共振去耦和选择性去耦等。

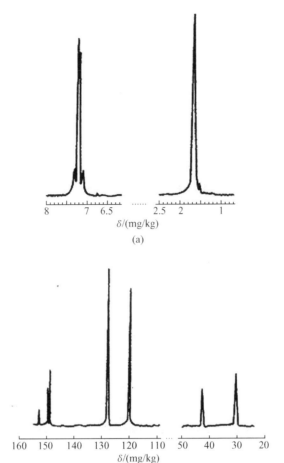

$\delta/(mg/kg)$

(a)

$\delta/(mg/kg)$

(b)

图 8-24 双酚 A 型聚碳酸酯的核磁共振谱图

(a) ^{1}H-NMR 谱图;(b) ^{13}C-NMR 谱图

8.5.4 NMR 在高分子研究中的应用

NMR 在高分子的研究中有着重要的地位,它可用于鉴别高分子的结构,测定共聚物的组成,研究动力学过程,测定高分子的相对分子质量,研究高分子链的构象等,特别是在研究共聚物序列分布和高分子的立构规整性方面有其突出的特点。通常在 NMR 测定中,要求把试样配成溶液,特别是需用氘代含氢溶剂时。使研究工作受到一定的限制。同时高分子溶液的黏度较高,也给测试工作带来一定的困难。因此需选择适当的溶剂和在一定的温度下进行测定才能得到较好的结果。近年来发展了固体高分辨率核磁共振波谱法,使 NMR 可用于测定高分子固体试样。

1.高分子空间立构的测定

高分子的空间立构及立构规整性将影响到高分子的最终使用性能,NMR 对于表征高分子的空间构型和立构规整性相当有效。如聚甲基丙烯酸甲酯(PMMA,重复单元为

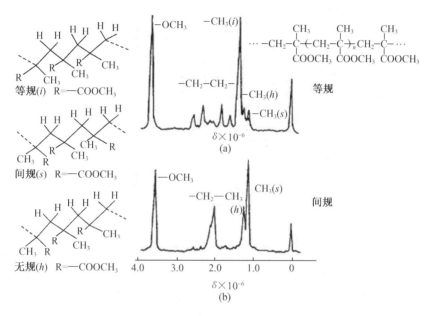

）中有三种不同的氢原子，它们分别处于亚甲基，α-甲基和甲氧基中。

当用 TMS 为参比物，测定 PMMA-氯仿溶液的 ^{1}H-NMR 谱，得到如图 8 – 25 所示的 NMR 谱图，(a)图为全同立构，(b)图为间同立构。

图 8 – 25　PMMA 的 ^{1}H-NMR 谱图

溶剂:30% 氯仿,仪器:60 Hz

(a)100 ℃;(b)145 ℃

从中可以看出,不同构型中的 α-甲基的化学位移是不同的,全同的为 1.33×10^{-6},间同的为 1.10×10^{-6},无规的为 1.21×10^{-6}。而亚甲基的峰,由于在等规中两个氢是不等价的,因此在图中的 a 谱中表现出 4 重峰,间规中两个氢是等价的,表现出单峰,其许多小峰则归属于无规高分子。三种立构对甲氧基的化学位移影响不大。因此只要计算出 α-甲基三个峰的强度比,就可以确定高分子中三种立构的比例。

从上述的 ^{1}H-NMR 中可观察到同一氢核在不同立体化学环境中的差别是很小的,因此要得到精确的链结构,可以用 ^{13}C-NMR 谱图。图 8 – 26 为聚甲基丙烯酸正丁酯的 ^{13}C-NMR 全去耦谱图。该化合物的结构式为

图中 $\delta = 13.5 \times 10^{-6}$,$18.1 \times 10^{-6}$,$30.6 \times 10^{-6}$,$64.7 \times 10^{-6}$ 的 4 个峰为单峰,与空间立构关系不大,分别代表酯基上的 C_1,C_2,C_3 和 C_4,而 Ⅰ (19.3×10^{-6},19.7×10^{-6},21.8×10^{-6}),Ⅱ (45.7×10^{-6},45.8×10^{-6},46.4×10^{-6}),Ⅲ [$(52.1 \sim 55) \times 10^{-6}$] 和 Ⅳ ($175.9 \times$

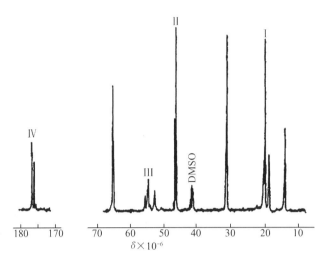

图 8 – 26　聚甲基丙烯酸正丁酯的^{13}C-NMR 谱图

10^{-6},176.5×10^{-6},177.2×10^{-6})4 个峰组分别代表 C_8,C_6,C_7 和 C_5,它们与分子的空间立构有关,可用来表征不同立构的高分子。

2. 共聚物结构的研究

利用 NMR 不仅可以得到共聚物组成的信息,还可以得到共聚物序列结构的信息。

由于 NMR 可以直接测定质子数之比从而得到各基团的定量结果,可以用它直接测定共聚物的组成。如丁二烯和苯乙烯的共聚物,在其 ^{1}H-NMR 谱图中,在 $\delta = 5 \times 10^{-6}$ 左右的吸收峰为 C—C 上的氢,$\delta = 7 \times 10^{-6}$ 左右的峰为苯环上的氢,这两个区内没有干扰,容易进行定量的测试。通过峰面积的测试即可推断出共聚物中丁二烯的单元数。利用这种方法还可以测定某些高分子的相对分子质量。

在研究共聚物的序列结构时,首先应推断其中各重复单元可能的排布,然后做 NMR 谱图,对各峰进行指认。也就是说用 NMR 研究共聚物的序列时,应先将不同排布的二单元体、三单元体等区分开,并标识这些峰的归属,测量峰的强度,求出相应序列出现的几率。再依照不同的聚合反应过程建立表征方法。

如偏二氯乙烯(重复单元为 A)与异丁烯(重复单元为 B)的共聚物链结构,图 8 – 27 给出了聚异丁烯、偏二氯乙烯均聚物及二者共聚物的 ^{1}H-NMR 谱图。

首先列出 A 和 B 可能的排列方式为

AA 结合二单元组合的 CH_2 化学位移在 X 区,X 面积正比于 AA 单元 CH_2 的质子数目。BA,AB 结合二单元组的 CH_2 化学位移在 Y 区,Y 面积正比于 AB,BA 单元中的 CH_2 的质子数目,BB 结合二单元组合的 CH_2,BB 结合的 CH_2 的化学位在 Z 区,由 X,Y,Z 三个区的面积,即能求出 AA,AB 和 BB 结合的含量。同样地分析 X,Y,Z 三个区域中各自的归属,根据单元结合对称性的原则,还可分出三单元、四单元甚至五单元组合。

3. 高分子结构的鉴定

对于一些红外特征不明显的结构,可以用 NMR 法进行鉴别。如聚丙烯酸乙酯

—CH₂—CH—
　　　|
　　　C—O—CH₂CH₃,和聚丙酸乙烯酯
　　‖
　　O

—CH₂—CH—
　　　|
　　　O—C—CH₂CH₃其重复单元的化学组
　　　　‖
　　　　O

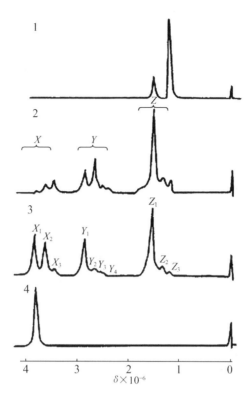

图 8 – 27 偏二氯乙烯、聚异丁烯均聚物与共聚物的 ¹H-NMR 谱图
1—聚异丁烯;2,3—聚偏二氯乙烯与异丁烯共聚物;4—聚偏二氯乙烯

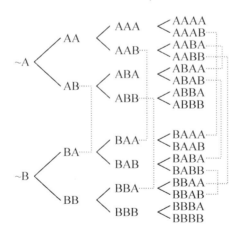

成是相同的,但其 ¹H-NMR 谱图则可明显地区分其结构。在谱图上首先确定—CH₂ 和—CH₃ 上的氢,—CH₃ 上的氢将被分裂成 3 重峰,—CH₂ 上的氢被分裂成 4 重峰,很容易确定。在聚丙烯酸乙酯中乙基和氧原子相连,在聚丙酸乙烯酯中乙基和羰基相连,因此其化学位移是不同的,前者为 4.12×10^{-6},后者为 2.25×10^{-6},因此很容易区别这两种高分子。

4. 高分子运动的研究

由于核磁共振测定的峰宽和弛豫时间有关,弛豫时间越短谱峰越宽。当采用固态或黏稠液态的高分子样品时,测得的谱线很宽,甚至几个峰相互叠加。随着温度的升高,高分子的运动容易,弛豫时间增加,使谱线型状发生变化。用谱线的半峰宽 ΔH 表征峰的宽度,测定其随温度的变化,就可研究高分子的运动。如用 ^{1}H-NMR 测定聚异丁烯时,观察到在 $-90\ ℃$, $-30\ ℃$ 和 $30\sim40\ ℃$ 时, ΔH 将出现改变,从而表明在 $-90\ ℃$ 时甲基开始运动,到 $-30\ ℃$ 时主链上链段开始运动,而较大的链段运动在 $30\sim40\ ℃$ 之间发生。

5. 构象的研究

核磁共振谱是研究高分子链的构象的有效方法,对于本体状态的可溶性高分子或难溶高分子的构象,只有借助于固体高分辨 NMR 技术才能进行研究,固体高分辨 NMR 方法可以提供难溶高分子以及可溶性高分子在本体状态下的链构象信息,这些信息对于理解本体高分子的物理行为有着重要的价值。

图 8-28 为 5 个聚乙烯试样的固体高分辨^{13}C-NMR 谱,a 为支化低密度聚乙烯,b 为高相对分子质量($>10^6$)线型聚乙烯,c 为中压下熔体结晶聚乙烯,d 为高压下熔体结晶聚乙烯,e 为挤出的高度取向的聚乙烯。峰右上边的数值为其半峰宽度。聚乙烯的固体谱(谱图下面的峰)不同于它的溶液谱,分辨率较低,只有一个主峰,不能提供分子链结构细微部分的信息。但聚乙烯的高分辨率图谱中在主峰的高场方向还会出现一个峰肩或完整的谱峰,其中所有的主峰均为聚乙烯晶区的贡献,而右侧峰或峰肩等则是非晶部分的贡献。

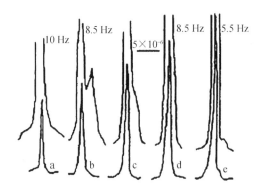

图 8-28 聚乙烯固体高分辨^{13}C-NMR 谱

8.6 显微分析技术

显微技术可以用于直接观察高分子的微观形貌和结构,因此在高分子的研究中起着不可忽视的作用,直接推动了高分子科学理论的发展。在显微分析技术中,显微镜的放大倍数和分辨力对于微观结构的研究有着重要的意义,这与所用的波长的长短有关。在 17 世纪发明了光学显微镜,通过它看到了细胞这种生命单元,但光学显微镜的分辨力约为 $0.2\ \mu m$,相当于放大到 1 000 倍左右。为了得到更大的放大倍数,则需要采用波长更短的波,到 20 世纪 20 年代,人们发现电子也具有波的性质,在 1932 年研究了第一台电子显微镜。现在电子显微镜的放大倍数可达到 100 万倍以上,可以直接分辨小到 $0.1\sim0.2\ nm$ 的单个原子,进行纳米尺度的晶体结构及化学组成的分析。在 20 世纪 80 年代,又出现了原子力显微镜,它可以以更高的分辨率研究绝缘体的表面,其横向分辨力可达 $2\ nm$,纵向分辨力可达 $0.1\ nm$,均超过普通扫描电镜的分辨力,为研究高分子的微观结构提供了更为有力的工具。

8.6.1　光学显微镜

光学显微镜(microscopy)可用于研究透明与不透明材料的形态结构,高分子材料结构研究的许多内容在光学显微镜的分辨尺寸内,如高分子的结晶形态、结晶过程和取向等;共混或嵌段、接枝共聚物的相结构,薄膜和纤维的双折射现象,复合材料的多相结构以及高分子液晶态的织态结构等。利用光学成像的基本原理,在光学显微镜中加上各种附件后,可供生物、偏光、矿相、金相、荧光、相差和干涉的观察测定。

1. 光学显微镜的成像原理

显微镜的基本放大原理如图 8 – 29 所示。其放大作用主要由焦距很短的物镜和焦距较长的目镜来完成。为减少像差,显微镜的物镜和目镜均为透镜组构成的复杂光学系统,在图 8 – 29 中均简化为单透镜以便于说明。物体 AB 位于物镜前焦点外很靠近焦点的位置上,经物镜形成一倒立放大实像 A′B′,作为目镜的物体。目镜将物镜放大的实像再放大成虚像 A″B″,以供观察,在视网膜上形成实像 A‴B‴。

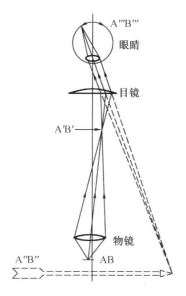

图 8 – 29　显微镜的成像原理

2. 光学显微技术的应用

利用光学显微镜的基本成像原理,加入不同的附件,可以得到多种显微镜。

偏光显微镜是在普通光学显微镜上分别在试样台上下各加一块偏振片,下偏振片叫起偏片,上偏振片为叫检偏片。偏振片只允许在某一特定方向振动的光通过,而其他方向振动的光都不能通过。这个特定方向叫偏振片的振动方向。通常将两块偏振片的振动方向置于互相垂直的位置,这种显微镜就称为正交偏光显微镜(POM)。

偏光显微镜是一种适用于研究球晶结构及取向度非常有用的仪器。高分子在熔融态和无定形态时呈光学各向同性,即各方向折射率相同,完全不能通过检偏片,因而此时视野全暗。当高分子存在晶态或有取向时,光学性质随方向而异,当光线通过它时,就会分解成与振动平面互相垂直的两束光。它们的传播速度一般是不相等的,于是就产生两条折射率不同的光线,这种现象称为双折射。若晶体的振动方向与上下偏振片方向不一致,视野明亮,可以观察到结构形态。

相差显微镜是在普通镜上加上两个部件,在光源和聚光镜间加入光栏,物镜后焦平面处加入相板。对于无色透明物体,宽度上的反射率差异和表面凹凸引起的折射率差异,用普通透射式显微镜是观察不到的,相差显微镜利用了光的波动性,将相位差转变成强度差即明暗差异,从而使相位差可直接观察。

反射光显微镜用于研究不透明样品的表面结构,对于这一类物体,只能将光线照射物体的表面,利用反射光观察其结构。

此外还有干涉显微镜、采用荧光作为光源的荧光显微镜、采用红外光源的红外显微镜,采用 X 射线的 X 射线显微镜等。

3. 光学显微镜在高分子研究中的应用

(1) 高分子结晶的研究

利用光学显微镜可以直接观察晶体的形态。大多数高分子在熔体和浓溶液中结晶时会形成球晶,这种结晶形态利用偏光显微镜直接观察,如图 8 – 30 所示,可明显地看到球晶的黑十字消光和同心消光环。

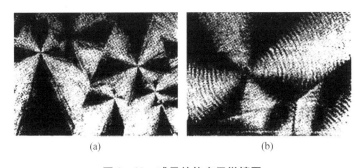

(a)   (b)

图 8 – 30　球晶的偏光显微镜图

(a)聚丙烯球晶的黑十字消失(55×);(b)聚乙烯的同心消光环(720×)

高分子的球晶形态与其成核方式有关,利用偏光显微镜还可以揭示成核方式对晶体形态的影响,图 8 – 31(a)为高分子存在纤维异相成核的结晶,(b)为从熔体中缓慢冷却的聚丙烯球晶。

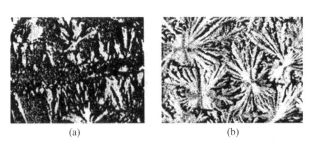

(a)   (b)

图 8 – 31　成核方式对晶体形态的影响

在光学显微镜下还可直接观察球晶的生长,通过测定球晶的平均半径随时间的关系,得到球晶的生长速度,从而对等温结晶动力学进行研究。

（2）高分子多相体系的研究

对于共聚物、共混物等，如果其中有一相可结晶，可用偏光显微镜直接研究其多相体系的结构，如图 8 – 32 所示为玻璃纤维增强尼龙，其中圆形的部分为玻璃纤维。图 8 – 33 为 SBS 的偏光显微镜照片，从中可明显地观察到 SBS 不规则的两相结构。

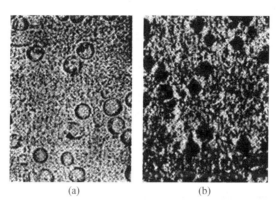

(a)　　　　　　　　　(b)

图 8 – 32　玻璃纤维增强尼龙的显微照片图

（a）非偏振光；（b）正交偏振光

（3）液晶高分子的研究

偏光显微镜可作为表征液晶态的重要方法，它不仅应用方便，设备低廉，并且能够提供许多有用的信息。如通过偏光显微镜，可以观察到液晶的相态结构。图 8 – 34 为向列型中高分子液晶的纹影织构。当液晶高分子在其液晶态受到剪切作用后，在正交偏振光下可以呈现出亮暗交替，黑白相间的平行条纹，这就是液晶的条带织构，如图 8 – 35所示。通过进一步的电子显微技术研究发现条带织构是由许多高度取向排列并周期性弯曲的微纤结构所组成。

图 8 – 33　SBS 的偏光显微照片

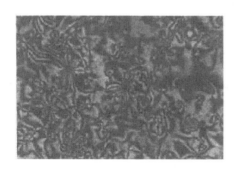

图 8 –34　高分子液晶向列相纹影织构图

图 8 –35　含席夫碱液晶基元的液晶聚醚的条带织构

8.6.2　电子显微镜技术

电子显微镜中所用的波是电磁波，它的波长很短，因此分辨力可以很高。目前的透射电子显微镜的分辨能力可以达到 10～20 nm,比光学显微镜的分辨能力提高了几百倍。利用电子探针显微分析、高分辨电子显微技术、扫描隧道显微技术等可以得到更高的分辨力。

通过电子显微镜,可以研究高分子晶体的形貌和结构,高分子多相/微观相分离结构、泡沫高分子的孔径与微孔分布,高分子材料(包括复合材料)的表面、界面和断口,黏合剂的黏结效果,高分子涂料的成膜特性等。

1. 透射电子显微镜

(1)透射电子显微镜的成像原理

透射电子显微镜(transmission electron microscope,TEM)的成像与透射光学显微镜的成像原理相似,只是电子显微镜中以电子束代替了光学显微镜中的可见光源,以电磁透镜代替光学透镜。图 8-36 为电子显微镜与光学透镜的成像原理比较。

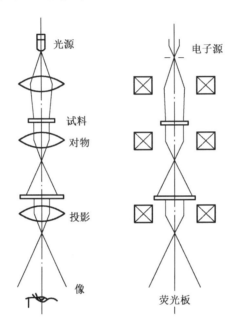

图 8-36　光学显微镜与电子显微镜的光路构造示意图

透射电镜的主机由电子光学系统、真空系统、供电系统和辅助系统四大部分组成,此外还可配备许多附件,如拉伸附件、加热附件等,以使它可以在一些特殊的条件下观察形貌、结构和对试样的成分进行分析。透射电镜的照明系统包括电子枪、聚光镜,成像系统由试样室、物镜、中间镜和投影镜组成,观察和记录系统由观察室和照相机组成。

在电子显微镜中,电子枪发出的电子束也同光波一样具有波粒二象性,电子束的波长受到加速电压的控制,加速电压越大,电子的速度越快,电子束的波长越短,这就使其分辨力大幅度提高。如当加速电压为 100 kV 时,电子束的波长约为可见光波长的十万分之一。在透射电子显微镜中通常采用的试样相当薄,以防止电子被样品吸收。当电子束通过薄试样后,电子与样品相互作用,将发生电子散射、电子衍射和干涉等,由于样品的均匀程度不同,在各点所产生的电子散射、电子衍射和干涉也不同,通过磁透镜后,使电子束会聚成像。

(2)透射电镜用高分子的试样制备技术

在透射电镜中,试样是放在载网上观察的,载网类似于光学显微镜中的载玻片。透射电镜中所用载网很小,通常为铜载网,其直径一般约为 3 mm,因此试样通常横向尺寸不大于

1 mm,常规的透射电镜中所用的加速电压为 100 kV,为保证电子束的透过,试样必须很薄,最厚不超过 100 ~ 200 nm。

①粉末试样的制备

当将这样薄而小的试样放在一个多孔的载网上时很容易变形,特别是当试样的横向尺寸为微米级时,比网眼的尺寸还小,因此必须在载网上再覆盖一层散射能力很弱的支持膜,使试样不至于从网眼中漏掉。

现在常用的支持膜有塑料支持膜、碳支持膜(在真空镀膜机中蒸发碳形成的 20 nm 的膜)、塑料－碳支持膜和微栅膜。在支持膜的表面利用悬浮液法、喷雾法、超声波振荡分散法等将试样均匀地分散。由于有机物、高分子聚合物等对电子的散射能力差,再在其上蒸镀上一层重金属以提高其散射能力。

②直接制膜法

通过分析直接制膜法所得薄膜样品内部的结构,能对形貌、结晶性质及微区成分进行综合分析,还可以对这类样品进行动态研究。直接制膜法主要有以下几种:

a. 真空蒸发法

在真空蒸发设备中使被研究的材料蒸发后再凝结成薄膜。

b. 溶液凝固(结晶)法

选用适当浓度的溶液滴在某种平滑表面,等溶剂蒸发后,溶质凝固成膜。

c. 离子轰击减薄法

用离子束将试样逐层剥离,最后得到适于透射电镜观察的薄膜,这种方法很适用于高分子材料。

d. 超薄切片法

对于研究高分子大块试样的内部结构,可以用超薄切片机将大试样切成 50 nm 左右的薄试样。

③ 表面复型

透射电镜所用的试样既要薄又要小,这就大大限制了它的应用领域,采用复型制样技术可以弥补这一缺陷。复型是用能耐电子束辐照并对电子束透明的材料对试样的表面进行复制,通过对这种复制品的透射电镜观察,间接了解高分子材料的表面形貌。

2. 扫描电子显微镜

(1)扫描电子显微镜的优点

相对于透射电镜,扫描电子显微镜(scanning electron microscope, SEM)具有许多的优点:

①试样的制备简单,可以直接从高分子中取样观察其表面形貌,或在其表面蒸镀或溅射上一层金属薄膜,并不改变原有的形貌特征。

②放大倍数在几十倍到几十万倍的范围内可连续调节,图像的清晰度高。

③扫描电镜的景深长,视野大,成像的立体感强,可以直接观察到粗糙表面上起伏不平的微细结构。

④分辨力高,可达到 10 nm 以下。

⑤由于扫描电镜的试样室空间大,可以较方便地配备拉伸、弯曲、加热等试样座,便于对试样进行动态分析;可以与 X 能谱微区分析及电子衍射等仪器结合,在观察微观形貌的同时,对其化学成分和晶体结构等进行综合分析。

(2)扫描电子显微镜的结构与成像原理

常用的扫描电子显微镜的结构系统,如图8-37所示。其主要由五部分组成,分别是电子光学系统、扫描系统、信号检测系统、显示系统、电源和真空系统。

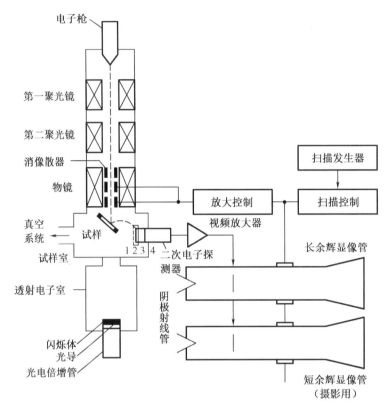

图8-37　扫描电子显微镜的结构示意图

扫描电镜成像过程与透射电镜的成像原理完全不同。透射电镜是利用电磁透镜成像,并一次成像,而扫描电镜成像则不需要透镜成像,其图像是按一定时间空间顺序逐点形成,并在镜体外显像管上显示。由电子枪发射的能量最高可达30 keV的电子束,经会聚透镜和物镜缩小,聚焦,在样品表面形成一个具有一定能量、强度、斑点直径的电子束。在扫描线圈的磁场作用下,入射电子束在样品表面上将按一定时间和空间顺序做光栅式逐点扫描,由于入射电子与样品表面之间相互作用,将从样品中激发出二次电子。由于二次电子收集极的作用,可将向各方向发射的二次电子汇集起来,再经加速极加速射到闪烁体上转变成光信号,经过光导管到达光电倍增管,使光信号再转变为电信号。这个电信号经视频放大器放大,将其输出到显像管的栅极,调制显像管的亮度,因而在荧光屏上呈现出反映样品表面起伏程度的二次电子像。

(3)扫描电子显微镜用高分子试样的制备

扫描电子显微镜的试样制备方法非常简单,对于导电性材料,要求尺寸不超过仪器规定的范围,用导电胶将它粘在铜或铝的样品座上即可放到扫描电镜中直接观察。

对于绝缘性的材料,将会由于在电子束作用下的电荷堆积,而使成像质量变差。此时需将试样固定在样品座上后进行喷镀导电层处理,通常采用二次电子发射系数较高的金、银或碳真空蒸发膜作导电层,膜厚度控制在 10 ~ 20 nm 左右。

3.电子显微镜在高分子研究中的应用

(1)研究高分子的结晶结构

用透射电镜可以观察到高分子在不同结晶条件下的所得到的一系列晶体形态,如单晶、树枝晶、球晶和串晶等。同时还可以看到组成球晶的晶片之间存在着许多微丝状的连接链等,为高分子结晶动力学及结晶结构提供了有力的实验数据。

(2)研究纤维结构及其缺陷

碳纤维是纤维复合材料中最重要的增强材料之一,其性能将对材料的性能产生巨大的影响。碳纤维的结构同其生产方法有着直接的关系。如图 8 – 38 为 PAN 在相同工艺条件下分别采用湿法和干湿法纺丝时的纤维 SEM 照片,从中可以看到湿法纺丝时制得的纤维表面有较深的沟槽和皱褶,而用干湿法纺丝所得的纤维表面光洁无沟槽。原丝中出现的沟槽和皱褶为表面缺陷,将会影响到纤维的强度。这种纤维的表面呈现沿纤维方向高度取向的沟槽,说明在纤维表面上存在着沿纤维轴向取向的楔形裂隙,这是在其湿纺成型过程凝聚态急剧变化形成超分子结构在纤维表面上的形态特征。

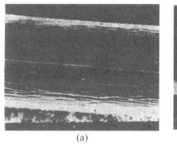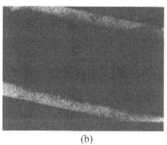

(a)　　　　　　　　　　(b)

图 8 – 38　PAN 湿法

(a)和干湿法;(b)纺丝所得纤维的 SEM 照片

(3)研究高分子多相体系的微观织态结构及增韧机理

图 8 – 39 为苯乙烯 – 丁二烯 – 苯乙烯的电镜照片,从中可以明显地发现随着苯乙烯和丁二烯比例的不同,其织态微观结构发生了明显的变化。

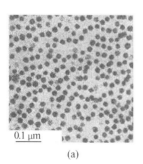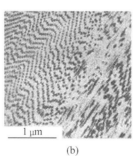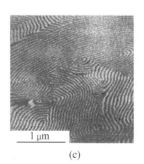

(a)　　　　　　　　　(b)　　　　　　　　(c)

图 8 – 39　苯乙烯 – 丁二烯 – 苯乙烯嵌段共聚物的电镜照片

(a)80/20;(b)60/40;(c)50/50

图 8-40 为高抗冲聚苯乙烯的超薄切片的电镜照片。从中可以看出,橡胶相成颗粒状分布在连续的聚苯乙烯相中,而在橡胶粒子的内部,还包含着许多的聚苯乙烯,从而使高抗冲聚苯乙烯具有良好的韧性。在拉伸时,分散的橡胶颗粒在应力的作用下引发了大量的裂纹,裂纹的引发和发展吸收了大量的能量,因此使这种材料具有高的韧性。

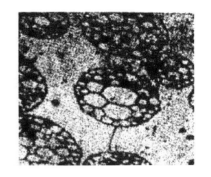

图 8-40 HIPS 超薄切片的 TEM 照片

插层纳米复合材料中黏土的剥离行为对于材料的性能有很大的影响,通过 TEM 可以对其进行研究,从而为材料成型工艺的控制提供理论依据。如图 8-41(a)为普通复合中黏土的晶层结构,黏土中未插入聚甲基丙烯酸甲酯 PMMA;图 8-41(b)为普通插层复合中的黏土晶层结构,从中可看到黏土晶层间的尺寸增大;图 8-41(c)为剥离型的纳米型复合材料,黏土片层均匀地分散基体中。

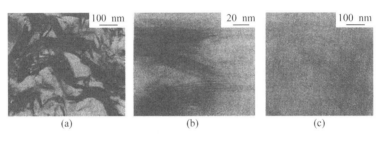

图 8-41 PMMA / 黏土体系的 TEM 照片

(4)研究颗粒的形态、大小、粒度分布等

通过在透射电镜下观察颗粒性试样,可以直接得到粒子形状、大小、粒度分布等的数据,如图 8-42 为聚甲基丙烯酸甲酯(PMMA)乳胶粒的透射电镜照片,通过对粒子的观察,可以控制聚合工艺,研究聚合机理。

(5)表面形貌的研究

通过对试样表面形貌的观察,可以研究高分子断裂特征,高分子多相体系的组成及相结构特点,复合材料的断裂机理等。

图 8-43 为玻璃纤维/环氧树脂复合材料的剪切破坏的断面形态,从中可以看出明显的纤维拔出和界面的破坏,使材料在破坏的过程中吸收了大量的能量,具有较高的韧性。

8.6.3 原子力显微镜简介

原子力显微镜(atom force microscopy,AFM)目前已在塑料、涂料、胶黏剂、橡胶和纤维等多方面得到了广泛的应用,它具有操作容易、样品准备简单、操作环境不受限制、分辨率高等优点。它的分辨率在横向(X,Y 方向)可达 2 nm,在纵向(Z 方向)小于 0.1 nm。可应用于高分子微观形态、纳米结构、原子尺寸的研究,尤其是利用 AFM 技术可以得到样品的三维立体形貌,以及近表面的化学结构。

原子力显微镜是利用微小的探针来获取样品表面的信息的,其结构如图 8-44 所示。

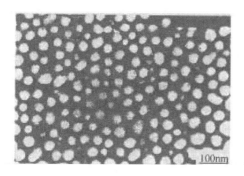

图 8-42　PMMA 乳液试样的透射电镜照片

图 8-43　玻璃纤维/环氧树脂复合材料的剪切破坏断面的 SEM 照片

当针尖接近样品时,针尖受到力的作用使悬臂发生偏转或振幅改变,臂的这种变化经检测系统检测后转变为电信号,传递给反馈系统和成像系统,记录扫描过程中一系列探针变化就可以获得样品表面的信息。

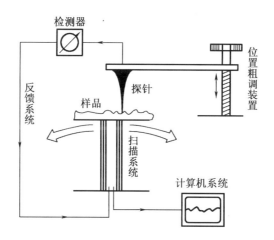

图 8-44　原子力显微镜的原理示意图

　　AFM 技术在高分子研究中的发展相当迅速,它可以对高分子表面形貌和纳米结构、微观尺寸下材料性质、多组分样品的相分布以及亚表面结构进行研究。

　　图 8-45(a)(b)分别为双轴拉伸的聚偏二氟乙烯(PVDF)结晶的高度图和相图,从中可以看到沿拉伸方向所形成的微纤结构,在更大放大倍数时则可看到明显的串晶结构,如图 8-45(c)所示。

　　图 8-46 为 SBS 敲击模式的 AFM 图,图 8-46(a)为高度图,图 8-46(b)为相图,扫描范围为 2 μm×1 μm,从中可看到明显的两相结构,其中聚苯乙烯呈球粒状分布在聚丁二烯相中。

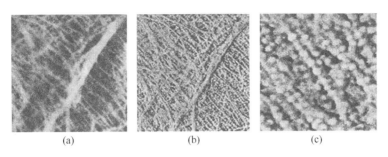

图 8 – 45　双轴拉伸的 PVDF 的 AFM 照片

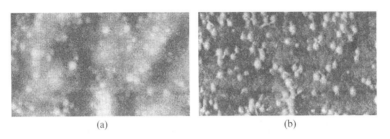

图 8 – 46　SBS 的 AFM 照片的高度图和相图
(a)高度图;(b)相图

8.7　X 射 线 衍 射 法

　　X 射线的衍射现象起因于相干射线的干涉作用。当一束 X 射线照射到晶体上时,由于晶体是由原子规则排列成的晶胞所组成,而这些规则排列的原子间距离与入射 X 射线波长具有相同数量级,故由不同散射的 X 射线相互干涉叠加,可在某些特殊方向上产生强的 X 射线衍射(X-ray diffraction)。衍射方向与晶胞形状及大小有关。衍射强度则与原子在晶胞中排列的方式有关,故而可以通过衍射现象来分析晶体内部结构的诸多问题。另外 X 射线衍射对于液体和非晶态固体也能提供许多重要数据。可以说 X 射线衍射是探索物质微观结构及结构缺陷等问题的有力工具。现在 X 射线衍射技术已广泛应用于化学、材料科学、矿物学、生物等各个领域,成为当前最基本与最重要的测试技术之一。

8.7.1　X 射线的产生

　　X 射线是一种电磁波,其波长 λ 的范围在 $0.001 \sim 10$ nm 之间。在聚合物研究中所用的 X 射线的波长范围一般为 $5 \sim 25$ nm,因为这个波长与高分子微晶单胞尺寸 $20 \sim 200$ nm 相当,所以它成为结晶结构研究的有利工具。

　　产生 X 射线的方式很多,在一般仪器中常用的是 X 射线发生器,是通过高速电子流轰击阳极靶的方式获得 X 射线(图 8 – 47)。由 X 射线发生器发射出来的 X 射线可以分为两种类型,一种是连续 X 射线(多色 X 射线),具有连续变化的波长;另一种是特征 X 射线(单色 X 射线),是一种强度很高的具有特定波长的 X 射线。在聚合物的研究中常用的是特征

X 射线,它的产生与阳极靶的原子内部结构有关。具有足够能量的高速电子会将阳极靶原子内层的电子击出,使之处于高能态,从而使电子从高能级向低能级产生跃迁,并以光子的形式辐射出特征 X 射线。

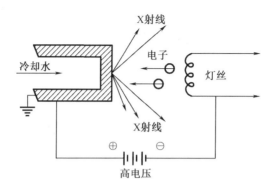

图 8 - 47　X 射线产生的示意图

8.7.2　X 射线研究晶体结构的原理

X 射线的衍射原理可以由布拉格方程进行解释。这一方程把晶体看成是由许多平行的原子堆积而成,把衍射现象理解为晶体点阵平面族对入射线的选择性反射。如图 8 - 48(a)所示,对于一个点阵面,只有入射角等于反射角方向的散射,从不同点阵来的各散射波相位相同,出现加强干涉,得到反射波,因此一个原子面对 X 射线的衍射可以在形式上看作原子面对入射线的反射。

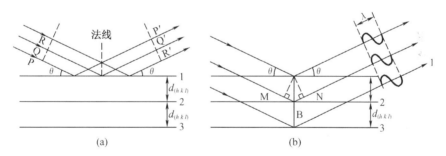

图 8 - 48　X 射线衍射的布拉格方程

当波长为 λ 的 X 射线以入射角 θ 投射到不同的点阵面上时(图 8 - 48(b)),散射出来的 X 射线出现衍射的条件是晶面间距为 d 的相邻点阵面的反射光束的光程差为波长的整数倍,即

$$2d\sin\theta = n\lambda \quad n = 1,2,3\cdots \tag{8 - 14}$$

式中　θ——布拉格角;

2θ——衍射角;

n——衍射级次。

这一公式反映了衍射线方向与晶体结构的关系。可见一束 X 射线入射在一个晶体面上,只有满足上述布拉格条件才能产生"反射"。

再假设波长为 λ 的一束 X 射线,垂直入射在一维直线点阵上,结构单元为点原子,其周期为 I(图 8－49(a)),当满足式(8－15)时,由点阵点可产生强的 X 射线衍射。

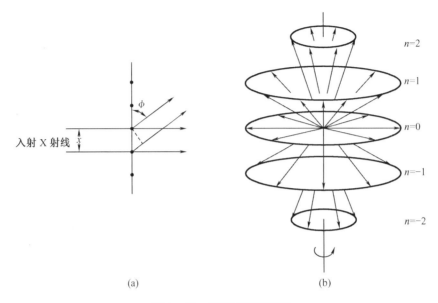

(a)   (b)

图 8－49　锥形散射示意图

$$I\sin\phi = m\lambda \quad m = 1,2,3\cdots \tag{8-15}$$

式中,m,ϕ,λ 均为常数,即衍射线空间轨迹是以直线点阵为轴,以 $2(90° - \phi)$ 为顶角的圆锥面(图 8－49(b))。用照相底片垂直切割(平面底片照相法)这一系列的圆锥,将得到一系列的同心圆环。使用圆筒形底片时,得到一系列的圆弧。

当使用圆筒照相机获得高分子纤维的衍射图后,利用公式(8－15)即可计算纤维的等同周期,其中

$$\text{tg}\phi = \frac{S}{r}$$

式中　r——圆筒照相机半径;

　　　S——0 层与第 m 层层线间距。

对许多结晶高分子,用 X 射线测得等同周期后,便可推断分子链的构象。

8.7.3　X 射线的研究方法

X 射线衍射的实验方法可分为两类,即照相法和衍射仪法,这两种方法目前都有使用。根据 X 射线所照射的晶体样品,可分为单晶照相法和粉末(多晶)照相法。高分子结构多为多晶,因此高分子研究中常用的为粉末法。

1. X 射线照相法

照相法是用底片摄取样品衍射图像的方法,根据照相底片的安装方法,在高分子研究中使用的照相法分为平面底片法和德拜－谢乐法。

(1)平面底片法

这是常用的一种方法,使用的照相机是平面底片照相机(平板照相机)。平板照相机所

得的无规取向高分子多晶样品的像为许多同心圆环(图 8 - 50)。这是因为在通常情况下的无规取向高分子结晶样品是由晶区很小的多晶组成,总会有某些晶粒的点阵面与入射线夹角 θ 处在满足布拉格方程的位置上,同其他材料的多晶一样,由于晶粒很细小,所以被 X 射线照射的晶粒数目很多,对于每一点阵面,一定有许多晶粒处在满足布拉格衍射位置,这些衍射线型成如上的衍射圆锥。当衍射圆锥面和垂直入射 X 射线的平板底片相遇时,使底片感光形成衍射环。不同的点阵面所产生的衍射,形成一系列的同心圆。

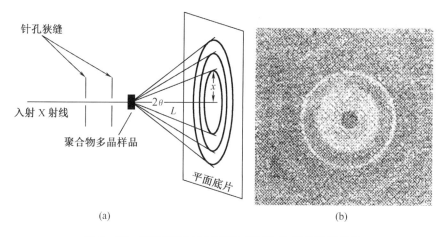

(a)　　　　　　　　　　　　　(b)

图 8 - 50　平板照相法示意图和 POM 的 X 射线衍射图

如使用单轴取向样品,沿纤维轴拉伸,此时微晶轴沿拉伸方向择优取向,其他轴是无规取向,使用平面底片照相得到入射 X 射线垂直纤维轴的照片中衍射圆环在平面底片上退化为弧,随取向度增加成为斑点,沿着层线排列的弧(或斑点)常常呈双曲线。

(2)粉末照相法

通常所说的粉末法,如不另加说明,均指德拜 - 谢乐法。这种方法用单色 X 射线,用本体或模压高分子试样,当高分子样品量非常少时,常常用此法。试样若是本体粉末,可填充在一个直径为 5 ~ 20 mm 的薄壁玻璃管内,模压板材(无取向)可剪割成 1 mm 左右试样条,将上述制备好的样品安装在照相机中心轴上,使试样旋转时其旋转轴正好与照相机中心轴线一致。然后在暗室中将一窄的照相机底片沿德拜 - 谢乐相机壁安装(图 8 - 51)。由这种方法得到的衍射图通常为一系列的圆弧(图 8 - 52)。

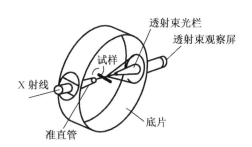

图 8 - 51　德拜 - 谢乐照相法示意图

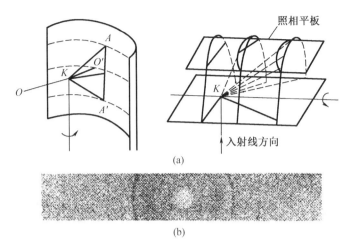

(a)

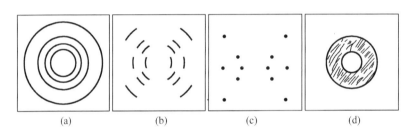

(b)

图 8 – 52　单晶旋转法衍射照片示意图

(a)K 为样品,OO′为入射线,AA′为对称层线上的迹点;

(b)无规取向 POM 多晶样品粉末图

图 8 – 53 是四种典型凝聚态的平板照相底片的特征示意图。其中,图 8 – 53(a)为无择优取向多晶试样的底片,呈现分明的同心衍射圆环;图 8 – 53(b)为部分择优取向多晶试样底片,呈若干对衍射对称弧;图 8 – 53(c)为完全取向多晶试样底片,呈若干对称斑;图 8 – 53(d)为非晶态试样底片,呈一弥漫散射环。

| (a) | (b) | (c) | (d) |

图 8 – 53　典型的凝聚态平板照相特征示意图

但对应不同材料或物质,它们的衍射环,对称弧(斑),或弥散环的黑度和直径都是不同的,即衍射强度和衍射方向不同。同一底片上,各环、弧或斑的黑度不同。德拜 – 谢乐照相的底片衍射特征与此类似。

2. X 射线衍射仪

X 射线衍射仪法也称计数器法、衍射曲线法或扫描法,这种方法测量快速、记录准确,在许多情况下取代了照相法。

X 射线衍射仪包括 X 射线发生器,衍射测角仪,辐射探测器(计数器),测量电路以及控制和运行软件的电子计算机系统,其结构示意图如图 8 – 54 所示。

X 射线衍射仪记录的是 X 射线通过试样后的衍射强度与衍射角的关系,如图 8 – 55 所示。图 8 – 55(a)是结晶的低分子物质,每个衍射峰都很尖锐,说明该物质具有严格的三维周期性结构;图 8 – 55(b)为结晶较好的高分子,但与图 8 – 55(a)中的结晶低分子物质相比,各衍射峰均变宽;图 8 – 55(c)为结晶度低的高分子,衍射角小时,峰还比较尖锐,随衍射角增大,衍射峰变平缓,图 8 – 55(d)为非晶高分子,没有明显的尖锐峰。

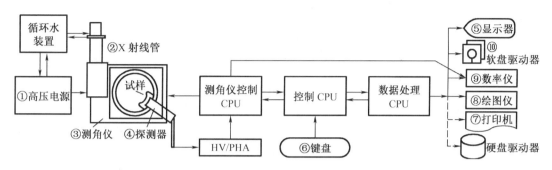

图 8 – 54　X 射线衍射仪的结构示意图

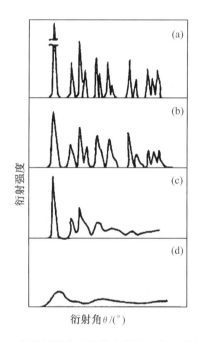

图 8 – 55　典型凝聚态结构的衍射强度与衍射角的关系

8.7.4　X 射线衍射法在高分子中的应用

X 射线衍射在高分子研究中的应用主要有以下两个方面:一是对高分子的凝聚态结构进行分析,包括各种添加剂的物相分析;二是对高分子的凝聚态结构参数进行测定,如结晶度,微晶大小,高分子的取向类型及取向度等。

1. 结晶度的测定

测定结晶度的原理为,假定样品是由结晶和非晶两个不同的"相"所组成,结晶和非晶的两种结构对 X 射线衍射的贡献不同,据此可把测得的衍射曲线上的峰分解为结晶和非晶两部分,结晶峰面积与总的峰面积之比就是结晶度。总的相干散射强度等于晶区和非晶区相干散射强度之和,只与参加散射的原子种类及其总数目 N 有关,是一恒量,与其凝聚态结构无关。据此原理推出高分子中晶相质量分数——结晶度为

$$X_c = \frac{I_c}{I_c + I_a} = \frac{N_c}{N_c + N_a} = \int_0^\infty s^2 I_c(s)\,ds \Big/ \int_0^\infty s^2 I(s)\,ds \qquad (8-16)$$

式中,$s = 2\sin\theta/\lambda$;$I(s)$ 和 $I_c(s)$ 为高分子的总衍射强度和结晶的部分的衍射强度。

在实际的应用中,由于 $I(s)$ 和 $I_c(s)$ 是相干散射强度,故应从实验测得总散射强度中减去非相干散射以及来自空气散射的背景散射强度,同时还要进行辐照原子的吸收校正以及劳伦兹因子和偏振因子校正,另外,由于热运动和高分子微晶不完善性,也使得来自晶区的散射表现为非晶散射。因此如何把一个结晶高分子衍射曲线准确地分解为结晶及非晶贡献的部分,对于结晶度的测定是相当重要的。目前,常用的测定结晶度的方法有作图法、结晶指数法、回归线法、衍射曲线拟合分峰计算法和 Ruland 法等。

图 8-56 为聚丙烯的 X 衍射曲线,图 8-56(a) 为等规聚丙烯(IPP),图 8-56(b) 为无规聚丙烯。图 8-56(a) 中实线由结晶部分的衍射与非晶部分产生的散射叠加而成。要求 X_c 时,需将结晶衍射与非晶散射分离。采用无规聚丙烯(APP)制成的试样,在相同试验条件下得其散射图如图 5-56(b) 所示。假设所有聚丙烯材料中非晶峰的峰形均如图 8-56(b),且峰位不变。那么,依据图 8-56(b) 曲线的峰位等关键点,以一定作图方式,将图 8-56(b) 曲线成比例地在图 8-56(a) 中给出,得到图 8-56(a) 中的虚线。这条虚线即可认为是样品 IPP 非晶部分产生的散射线。虚线与实验基线之间的阴影面积为 S_a。实曲线与虚线之间的空白面积为 S_c。将 S_a 和 S_c 代入公式计算,即得等规聚丙烯的 X_c。

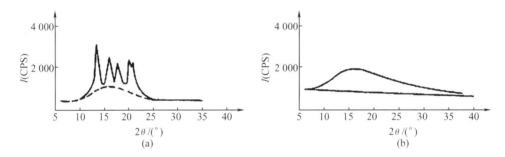

图 8-56　聚丙烯的衍射图

2. 高分子的物相分析

每一种结晶物质都有其特定的结构参数,而这些参数在 X 射线的衍射花样上均有所体现。根据衍射花样中衍射线条的数目、位置及其强度就可以判断这些凝聚态结构的特征,如图 8-53 和图 8-55 所示。

根据 X 射线衍射得到的衍射环(照片)或衍射线,将衍射角 2θ 代入布拉格(Bragg)方程可得出一组 d 值。由 d 值查国际粉末衍射标准卡片(JCPDS)或标准样品及文献所列粉末衍射数据,便可知是何种高分子。

如聚乙烯在通常条件下晶态和非晶态共存。X 射线衍射曲线由晶态衍射的锐峰和非晶态漫射宽峰组成,从图 8-57 可以看出,在一般条件下,高密度聚乙烯比低密度聚乙烯结晶度要高,即晶态锐衍射强,有序性也比较好,除了 0.41 nm 和 0.37 nm 结晶衍射峰外,在较高角度还有其他比较弱的锐衍射峰。非晶漫散射峰最大强度都出现在 $2\theta = 20°$,相应的 $d = 0.444$ nm。

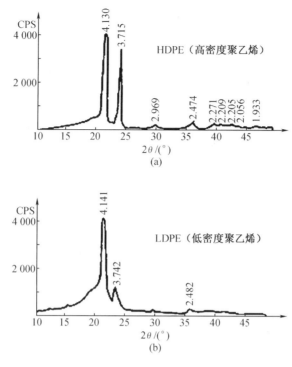

图 8 - 57　高密度聚乙烯和低密度聚乙烯的 X 射线衍射谱

3. 高分子晶体结构分析

要了解三维的晶体结构,需要测量单晶产生的全部衍射 X 射线的强度和相位,经过傅里叶变换得到电子云密度分布,从而得到晶体结构,即晶胞中原子种类和位置。但实际上高分子很难得到足够作 X 射线衍射的单晶,因此常采用圆筒底片法摄取高度取向高分子试样的 X 射线衍射图用于晶体结构的分析。利用这种方法可以求得结晶高分子的等同周期、晶格常数、空间群等。由于高分子自身的结构特点,用这种方法测定结晶结构有一定的难度。

高分子晶胞的对称性不高,多为三斜或单斜晶系,其衍射点不多,而且有些还重叠在一起,又与非晶态的弥散图混在一起。因此常根据已知的键长和键角间的关系作出模型,然后按设想的分子模型计算各衍射点的强度,检查是否与实验符合,从而确定晶体中高分子链上的各个原子的相对排列方式,如分子的主链是平面型还是螺旋型,具体构型如何,每个晶胞含有几个单体,平面型结构单元的可能取向等。

8.7.5　小角 X 射线散射法

小角 X 射线散射(SAXS)与前面的 X 射线衍射相比,虽然都用 X 射线作为光源,但在仪器的构造、测试的原理和应用范围上都有很大的不同,如图 8 - 58。利用 SAXS 实验可以了解体系内较大尺寸范围上的结构不均匀性。X 光衍射法的衍射角 θ 为 10° ~ 30°,而 SAXS 的散射角 $\theta < 2$°,因此要求入射的 X 光是一束单色的准直的平行光。如果入射光是发散的,将会引起对散射光的干扰,因此在入射光与试样之间需要装一准直器,一般可用两个针孔作为入射光的准直器。另外,照相底片与试样的距离必须很远,才能使入射光与小角度的散射光分开,但是距离的增加会使散射光减弱,因此要求试样加厚,曝光时间延长。

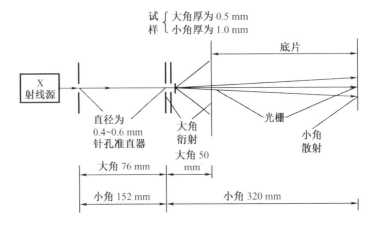

图 8 – 58　大角与小角高分子试样及底片的实验布置

高分子在小角测量时有两种 X 光的效应,一种是弥散的散射,另一种是不连续的衍射,这两者是相互独立的。

1. 小角散射

X 光散射与其他光的散射一样,都是由于体系的光学不均匀性所引起的。如果颗粒的尺寸为几个微米,分散在均匀的介质中(如高分子溶液),以 X 光作为入射光源,因为 X 光的波长小于可见光,因此只能在很小的范围($\theta < 2°$)内观察到散射。散射光的强度、强度的角度依赖性都与这些颗粒的尺寸、形状、分布的情况有关,因此可利用 X 光小角散射的测定,研究高分子溶液中高分子的尺寸和形态,研究固体高分子中的空隙,空隙的尺寸和形状等。

2. 小角衍射

因为小角衍射反映出试样中长周期的结构,而不是短周期的化学结构,一般都用于研究取向纤维。例如,很早就有人用 X 光测得尼龙纤维和聚酯纤维的小角衍射图,图中子午线方向有反射,可计算出在纤维轴方向有 $(75 \sim 100) \times 10^{-10}$ m 长周期结构。大多数的结晶性纤维都能观察到这样的长周期,只有聚四氟乙烯、有规聚苯乙烯和聚丙烯腈纤维是例外的。

8.8　热　分　析

热分析方法是研究高分子的物理参数随温度变化的情况的一种分析方法,也就是在程序升温的条件下,测量物质的物理性质随温度变化的函数关系的一种技术。物质是被测样品或其反应产物,程序温度一般采用线性程序,也可使用温度的对数或倒数程序,物理性质包括质量、转变温度与相变、热焓、比热、结晶、熔融、吸附、尺寸和机械性能,以及光、电、热、磁和声学等性能。高分子的热分析方法包括差热分析(Differential Thermal Analysis,DTA)、差示扫描量热分析(Differential Scanning Calorimetry,DSC)、热失重分析(Thermogravimetry,TG)、热解分析、热膨胀法、静态热力分析、动态热力分析、热释电流法和热释光分析等。

这里主要介绍差热分析、差示扫描量热分析和热失重分析。

8.8.1　差热分析和差示扫描量热分析

1.差热分析

差热分析(DTA)是在程序控温(升温或降温)时,测量试样与参比物的温度差随温度或时间的变化关系的一种技术。这种关系用数学式表示为

$$\Delta T = T_S - T_R = f(T \text{ 或 } t) \qquad (8-17)$$

式中　T_S——试样温度;

T_R——参比物温度。

从而得到 $\Delta T - T$ 的曲线称为差热曲线,如图8-59所示。

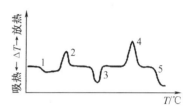

图 8-59　DTA 记录的差热曲线

曲线中出现的差热峰或基线突变的温度与高分子的转变温度或高分子反应时的吸热或放热有关。由曲线上峰的位置可确定发生热效应的温度,由峰的面积可确定热效应的大小,由峰的形状可了解有关过程的动力学特性。如图 8-59 中的 1 与样品的二级转变有关,如高分子的玻璃化转变;2 为放热峰,如样品结晶时的放热;3 为吸热峰,可以是样品的熔融、脱水等引起的温度变化;4 表示由氧化、交联、固化等过程引起的热效应;5 代表由分解等过程引起的热效应。

DTA 仪器由控温炉、温度控制器、温度检测器及数据处理装置组成,其主要部分的结构如图 8-60(a)所示。

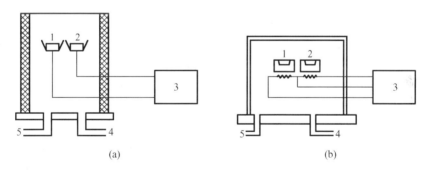

(a) 　　　　　　　　　　(b)

图 8-60 DTA 和 DSC 的主要部分的结构示意图

(a)1—参考池;2—样品池;3—温差检测器;4—过气口;5—出气口

(b)1—参考池;2—样品池;3—热量补偿器;4—进气口;5—出气口

2.差示扫描量热分析

差示扫描量热分析(DSC)是在程控温度下,测量输入到物质和参比物之间的功率差与温度关系的技术,用数学式表示为

$$\frac{dH}{dt} = f(T \text{ 或 } t) \qquad (8-18)$$

也就是使试样和参比物在程序升温或降温的相同环境中,用补偿器测量使两者的温度差保持为零所必需的热量对温度(或时间)的依赖关系。DSC 的热谱图的横坐标为温度 T,纵坐标为热量变化率 dH/dt,得到的$(dH/dt)-T$ 曲线中出现的热量变化峰或基线突变的温度与高分子的转变温度相对应,如图 8-61 所示。

差示扫描量热法又称为差动分析,差动分析仪与差热分析仪的结构相似,由控温炉、温度控制器,热量补偿器、放大器、记录仪组成。其主要部分的结构示意图如图 8 - 60(b)所示。与 DTA 不同,在 DSC 方法中采用热量补偿器以增加电功率的方式迅速对参比物试样中温度低的一方给予热量的补偿。所做功即为试样的吸放热变化量,通过记录下的 DSC 曲线直接反映出来,从而可以从谱图的吸放热峰的面积得到定量的数据。

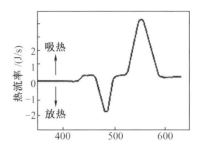

图 8 - 61　典型的 DSC 曲线

DSC 与 DTA 相比更易于定量。测定样品发生转变时热量的变化,可通过 Speil 公式计算热焓增量 ΔH,即

$$\Delta H = KA \tag{8 - 19}$$

式中　K——校正系数;

　　　A——吸热峰或放热峰的面积。

DSC 中由于仪器设计使样品与参比物之间的温度差为 0,K 值与温度无关,可以用同类已知热焓的样品的热谱图中的热转变峰面积求出。根据吸热或放热峰的面积,可以测定样品在发生转变时热量的变化,并计算出热焓,而在 DTA 中测量的是样品与参比物温度差的变化,K 值与温度变化有关,计算热焓较困难。

在 DSC 和 DTA 中所用的参比物为热惰性物质,这些物质具有蒸气压低,化学稳定性好的特性。常用的参比物有 Al_2O_3 和 MgO。

DTA 的优点在于可测量高温下样品的热性质,其工作温度可达 1 500 ℃,甚至 2 400 ℃,并且结构简单、价格便宜,但其分辨力比 DSC 低,测量的温度和热焓等参数的精确度不如 DSC,试样用量大,因此在高分子研究中 DSC 的应用更为广泛。

3. 影响 DTA 和 DSC 的曲线的因素

(1)温度和能量的校正

对 DTA 和 DSC 需进行温度和能量的校正,常用的方法是用一些标准物质的熔点和熔融热焓进行校正。在能量校正中常用一些熔融热焓精确测定的高纯金属作为能量校正标准,如纯度为 99.999% 的铟。温度校正常用的标准物质包括铟,锡,铅,锌,K_2SO_4,KNO_3,$BaCO_3$,K_2CrO_4,偶氮苯,硬脂酸,对硝基甲苯和苯甲酸等。在温度的校正中还需注意以下的几个问题。将试样皿在试样支持器中放置规格化;对于同一种物质,使用的试样要尽可能少,并且每次所用的试样量的重量要基本一致;当研究有机(无机)物质时,应当用标准的有机(无机)物质来校准温度的标度,以消除因金属物质的热导率过大而带来的误差;试样的尺寸必须标准化。

(2)升温速率的影响

一般而言,DSC 和 DTA 的形状,随升温速率的变化而改变,当升温速率增大时,峰温随之向高温方向移动,峰形变得尖而陡。升温速率还可影响到相邻峰的分辨率,采用低的升温速率有利于提高分辨率,升温速率增大会增大 DTA 峰的峰幅。因此必须根据样品的性能,选择适当的升温速率,常用的升温速率为 5 ~ 10 ℃/min。应注意的是,升温速率对转变温度有影响,但对谱图中吸热或放热峰的峰面积无影响,因此不影响 DSC 的热量的定量计算。

（3）试验气氛的影响

一些试样在空气中易于受热氧化，会使 DTA 或 DSC 曲线上出现氧化峰，使测试的结果不准确，因此样品的测试要在惰性气氛的保护下进行，常用的惰性气体有干燥氮气、氦气等。

（4）试样的影响

试样的用量对于测试的结果将产生很大的影响，试样用量过多时，分辨率会下降，使峰顶温度移向高温，因此试样的用量通常为 5 ~ 15 mg。用作 DSC 和 DTA 的样品一般为固体，试样应与样品池充分接触，并且颗粒的大小分布和疏密程度应均匀。

另外仪器中样品支持器、热电偶的位置及形状、试样容器的大小、质量和几何形状以及清洁程度、仪器的灵敏度和走纸速率都会对测试的结果产生影响。

4. DTA（DSC）在高分子研究中的应用

（1）转变温度的测定

利用 DTA 或 DSC 可以很方便地研究高分子的转变温度如玻璃化温度、熔点等。对于非晶态高分子，玻璃化温度是其使用温度的上限，表征着链段的运动。高分子在玻璃化温度时，其许多物理性能如比热容、热膨胀系数、黏度、折光率等都将发生变化，DSC 测定玻璃化转变温度就是基于高分子在玻璃化温度转变时热容增加这一性质。在 DSC 曲线上。表现为在通过玻璃化温度时，基线向吸热方向移动，如图 8 - 62 所示，图中 A 点是开始偏离基线的点，把转变前后的基线延长，两线间的垂直距离 ΔJ 为阶差，在 $\Delta J/2$ 处可以找到 C 点，从 C 点作切线与前基线相交于 B 点，B 点时的温度即为玻璃化温度 T_g。

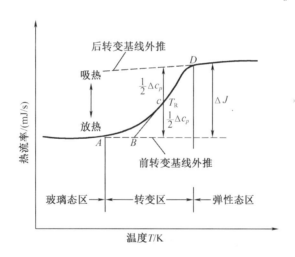

图 8 - 62　玻璃化转变时典型的 DSC 曲线

图 8 - 63 为聚甲基丙烯酸甲酯的 DSC 曲线，从中可以得到其玻璃化温度为 117 ℃，在 230 ℃ 出现的吸热峰应为它转变为黏流态时的吸热峰。

对于结晶高分子，熔点是其使用温度的上限，熔融是一个吸热的过程，在 DSC 曲线上表现为明显的吸热峰，如图 8 - 64 中 PA6 的 DSC 曲线中尖锐的吸热峰，其熔点约为 221 ℃。

（2）结晶度的测定

对于结晶高分子，用 DSC（DTA）测定其结晶熔融时，得到的熔融峰曲线和基线所包围的面积，可直接换算成热量，此热量是高分子中结晶部分的熔融热 ΔH_f。高分子熔融热与其结晶度成正比，结晶度越高，熔融热越大，如果已知某高分子结晶度为 100% 时的熔融热为

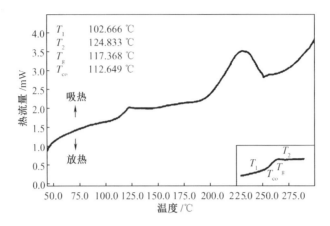

图 8 - 63　聚甲基丙烯酸甲酯的 DSC 曲线

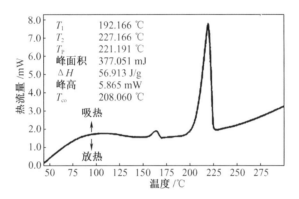

图 8 - 64　尼龙 6 的 DSC 曲线

ΔH_f^*，则部分结晶高分子的结晶度 X_c 可按下式计算，

$$X_c = \frac{\Delta H_f}{\Delta H_f^*} \times 100\% \qquad (8-20)$$

ΔH_f 可用 DSC(DTA)测得，ΔH_f^* 可用 DSC 和 DTA 测试 100% 结晶度的高分子试样得到，也可用一组已知结晶度的试样的熔融热外推得到，有时也采用一个模拟物的熔融热来代表 ΔH_f^*，如在求聚乙烯的结晶度时，可选择正三十二碳烷的熔融热作为完全结晶聚乙烯的熔融热。

利用 DSC(DTA)还可测定线性结晶高分子的相对分子质量以及研究高分子的等温结晶动力学。

（3）高分子固化反应的研究

对于热固性高分子，其固化过程是一个放热过程，在 DSC(DTA)曲线上表现为放热峰如图 8 - 65 为环氧胶的 DSC 曲线，通过放热峰的温度可以初步断定固化反应的固化温度。

放热的多少与树脂官能度的类型、参加反应的官能团的数量、固化剂的种类及用量有关，对于一个配方确定的体系，固化反应放热是一定的，其固化度 α 可用下式表示，即

$$\alpha = \frac{\Delta H_0 - \Delta H_R}{\Delta H_0} \times 100\% \qquad (8-21)$$

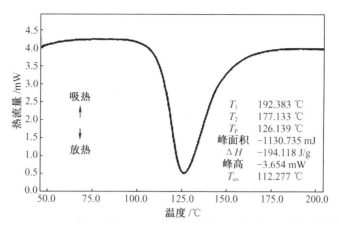

图 8 - 65　环氧胶的固化 DSC 曲线

式中　ΔH_0——完全未固化的树脂体系进行到完全固化时所放出的总热量,J/g;

　　　ΔH_R——固化后剩余反应热。

由固化反应的固化度的测定,还可计算固化反应时的动力学参数,目前已经发展了几十种的动力学参数处理方法。

8.8.2　热重法[*]

热重法(TG)又称热失重法,是在程序升温的环境中,测试试样的质量对温度的依赖关系的一种技术。

1. 热重法的原理

物质在温度作用下,随温度的升高,会产生相应的变化,如水分蒸发,失去结晶水,低分子易挥发物的逸出,物质的分解和氧化等。如果将物质的质量变化和温度变化的信息记录下来,就得到了物质的质量 - 温度的关系曲线,即热重曲线。能够称量物质质量变化的仪器称为热天平仪。用热重法可以求质量和质量变化与温度的关系,求质量变化速率与温度的关系,则需将质量对温度求导,即微商热重法(DTG),描述质量变化速率的曲线,就是微商热重曲线。有的高分子受热时不只一次失重,每次失重的百分数可由该失重平台所对应的纵坐标数值直接得到,失重曲线开始下降的转折处即开始失重的温度为起始分解温度,曲线下降终止转为平台温度为分解终止温度(图 8 - 66),从 DTG 曲线上还可得到分解速度最高时的温度。

当前发展起来的 DTA - TG(DSC - TG)联用设备,是 DTA(DSC)和 TG 的样品相连,在同样的气氛中,控制同样的升温速率进行实验。在谱图上同时得到 DTA 和 TG 两种曲线,可由一次实验得到较多的信息,对照进行研究。

2. TG 应用中需注意的问题

(1)在 TG 分析前,样品必须经过干燥或真空干燥以除去水汽或溶剂,否则会出现水汽或溶剂失重所产生的平台影响分析。若样品中包含添加剂,且添加剂在测定温度范围内有挥发性或分解性,也会干扰测试的结果。干扰大则需预先提纯样品。热重分析温度很高或

***

[*]　热重法中的“重量”,实际上指的是“质量”,由于习惯上的原因,本书依然沿用旧的叫法。

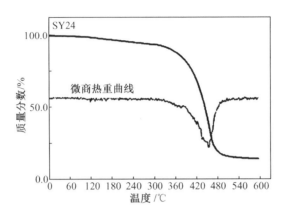

图 8 - 66　某种环氧胶的热重曲线和微商热重曲线

有腐蚀性物质产生则必须采用铂金坩埚。

（2）样品需置于惰性气体保护中，这一点在 TG 分析中格外重要，因为 TG 的使用温度一般较高，少量氧气存在就会引起氧化作用，对失重曲线影响大，还要提到一点，有时有意在氧气环境中进行热重实验，目的在于研究高分子的氧化反应，其结果可能是增重（氧化物不挥发）或失重（氧化物挥发）。

（3）TG 测试中升温速度的控制也很重要。升温过快或过慢会使 TG 曲线向高温或低温侧偏移，甚至掩盖平台。一般升温速率为 5 ~ 10 ℃/min。

3. TG 在高分子研究中的应用

热重法的特点是定量性强，能准确测量物质的质量变化及变化的速率。在高分子材料的研究中，它被广泛地用于评价高分子材料的热稳定性、添加剂对热稳定性的影响，氧化稳定性的测定，含湿量和添加剂含量的测定，共聚物、共混体系的定量分析，高分子和共聚物的热裂解以及热老化研究，并可在理论上研究高分子分子链端基，热解反应动力学以求得降解反应的速度常数、反应级数、频率因子及活化能。下面对热重法在高分子的热稳定性评价中的应用做一个介绍。

图 8 - 67 中为几种高分子的热失重曲线，由图可得知这几种高分子的分解温度，分解快慢及分解的程序。如聚氯乙烯（PVC）在 300 ℃ 左右失重 60%，趋于稳定，当温度升至 400 ℃ 左右后又逐渐分解，聚甲基丙烯酸甲酯（PMMA）、聚乙烯（PE），聚四氟乙烯（PTFE）分别在 400 ℃，500 ℃，600 ℃ 左右彻底分解，失重几乎 100%，而聚酰亚胺（PI）在 650 ℃ 以上分解，失重才 40% 左右。据此可见，这几种材料的耐温性能差异很大，聚酰亚胺的热稳定性能最好。

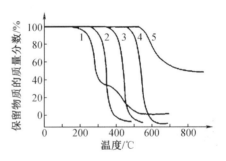

图 8 - 67　几种高分子的热失重曲线
1—PVC；2—PMMA；3—PE；4—PTFE；5—PI

第 9 章　高分子性能测定

迄今为止,在所报道的成千上万种高聚物中,由于受性能的局限,仅1%具有应用价值。高聚物作为材料必须具备一定的力学性能,同时作为功能材料还应当具有耐热性、电学性能、光学性能、磁性、阻燃性、生物相容性、智能性或生物降解性等。尤其对于那些即将工业化并进入市场的生物可降解性高聚物产品,必须十分严格地评价它们的生物降解性。另一方面为了拓宽高聚物的应用范围,近年利用现有合成的或天然高分子通过物理或化学改性技术制造新材料方面的研究越来越引人注目。复合材料具有比单一高分子组分更优越的性能,可以满足不同领域的应用要求。高分子材料的复合改性主要包括共混、掺杂、分子组装、接枝、共聚、互穿聚合物网络(IPN)等手段。这些新材料也只有满足使用的性能要求,才具有实用价值,因此高分子材料的性能测试必不可少。表9-1列出了高分子性能测定的基本方法。

表 9-1　高分子性能测定方法

研究内容	测定方法
力学性能(拉伸、压缩、剪切、弯曲、冲击、蠕变、应力松弛等)	静态万能材料试验机、专用应力松弛仪、蠕变仪、各种冲击试验机、动态万能试验机、动态黏弹谱仪、高低频疲劳试验机等
黏流行为(黏度及切变速率的关系、剪切力与切变速率的关系等)	旋转式黏度计、熔融指数测定仪、毛细管流变仪、布拉本德流变仪等
电性能(电阻、介电常数、介电损耗、击穿电压等)	高阻计、介电性能测定仪、高压电击穿试验机等
热性能(导热系数、比热容、热膨胀系数、耐热性、阻燃性、分解温度等)	高低温导热系数测定仪、差示扫描量热仪、量热计、线膨胀和体膨胀测定仪、马丁耐热仪、维卡耐热仪、热变形温度测定仪、热失重仪、耐燃烧试验机等
其他性能(耐热老性、耐候性、密度、透光度、透气性、吸湿性、吸音性等)	密度计、密度梯度管、透光度计、透气性测定仪、吸温计、声衰减测定仪等

9.1　力学性能测定

力学强度表征材料抵抗外力破坏的能力,各种不同的破坏力对应不同的强度指标。

9.1.1　高聚物拉伸性能

聚合物的拉伸性能(tensile property)是指材料受到拉伸应力时的形变方式和破坏特性,

聚合物的拉伸性能通常通过拉伸实验来表征。在规定实验温度、湿度和拉伸速度下，标准试片断裂前所受的最大负荷 F 与试片截面积之比（参见(9-1)式）称为拉伸强度 σ_b，又称抗张强度或断裂强度，它是高聚物材料最常用的指标之一。同时，断裂时的最大伸长率（参见(9-2)式）为断裂伸长率 ε_b。应力-应变(stress-strain)试验是研究高聚物材料力学性能(mechanical properties)的重要方法之一。测试是在实验规定温度和湿度下，施以拉力(F)使试样以均匀的速率拉伸直至断裂为止，试验模式如图9-1所示。试验中瞬时对应的应力(σ)和应变(ε)可以由下式求得：

$$\sigma_b = \frac{P}{b \times d} \qquad (9-1)$$

$$\varepsilon_b = \frac{l - l_0}{l_0} \times 100\% \qquad (9-2)$$

式中　b，d——分别为试片的宽度和厚度；

　　　l_0，l——分别为试片起始长度和拉伸到某一时刻的长度。

基于以上两个公式，F 若为试片断裂前所受的最大负荷则可得到拉伸强度 σ_b，若 l 为拉伸断裂时试片的形变则得到断裂伸长率 ε_b。由拉伸过程中试片应力随应变变化作图得到应力-应变曲线。曲线起始直线部分的斜率对应于杨氏模量($E = \Delta\sigma/\Delta\varepsilon$)，而曲线下的面积大小可用于评价聚合物材料的韧性。

图9-2示出几种高聚物的应力-应变曲线。曲线上的转折点 B 称为屈服点，其对应的应力为屈服应力 σ_y。对应于断裂点 C 的应力为断裂应力 σ_b，σ_b 大于 σ_y 时称为韧性断裂，反之称为脆性断裂。曲线1,2,3,4依次代表脆性塑料、韧性塑料和弹性体。因此应力-应变曲线可反映材料的刚性、脆性、弹性及韧性。应力-应变曲线的形状除了由材料本身的特性决定之外，还与测定时的温度、湿度以及拉伸速率有关。通常，温度升高则材料变得软而韧，断裂强度下降，断裂伸长率增加，特别是在玻璃化转变温度前后变化尤其明显。拉伸速率的提高可使高聚物模量、屈服应力和断裂强度增加，而断裂伸长率减小。并且，在拉伸试验中增加拉伸速率与降低温度具有相同的效应。应当注意，湿度的差别往往导致材料中含水率不同，水分子的增塑作用将使测量结果发生较大波动。值得指出的是，某些结晶态高聚物在拉伸过程中会形成"细颈"，造成瞬时截面积变小，由式(9-1)可知，此时的真实应力应该高于实际测得并由测试前试样尺寸计算得到的应力。

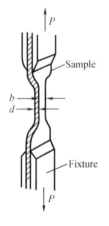

图9-1　拉伸实验样条

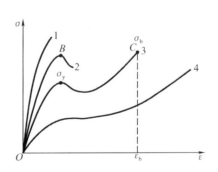

图9-2　聚合物的应力-应变曲线

高聚物材料在各种使用条件下的强度和抵抗破坏的能力是其力学性能的重要指标,因此研究断裂的类型、行为和机理以及影响强度的因素就变得十分重要。高聚物的断裂行为通常分为在屈服之前的脆性断裂和屈服之后发生的韧性断裂。高聚物材料的破坏主要是高分子主链的化学键断裂或链间相互作用力破坏。此外高聚物材料本身的缺陷也使材料内部出现应力集中,因此高聚物的实际强度比由化学键强度或链间作用力估算的理论强度低 10 ~ 1 000 倍。脆性断裂材料的形变是均匀的,其应变值一般低于 5% ,所需断裂能较小。然而韧性断裂材料具有比较大的形变,而且形变不均匀且具有外延性,所需断裂能较大。

9.1.2　聚合物的冲击性能

聚合物的冲击性能通常用冲击强度来表征,聚合物的冲击强度(impact strength)是指材料经受外力的瞬间冲击时吸收能量的能力,是衡量材料韧性的指标之一,通常定义为试样受冲击负荷时单位横截面积所吸收的能量,即

$$\sigma_i = \frac{W}{b \times d} \tag{9-3}$$

式中　W——冲断试样所消耗的功;

　　b,d——分别为试片的宽度和厚度。

冲击强度可以通过不同的实验方法测定,实验中通过摆锤或者弹射体给聚合物样品施加冲击载荷。在冲击实验中,载荷的加载速度是很快的,通常都在 300 cm/s 的数量级。根据不同的仪器,施加的载荷可以是拉伸载荷、压缩载荷或弯曲载荷,导致样品破坏的应力可以是单轴的、双轴的或是三轴的。

1. 聚合物冲击性能的测试方法

(1)摆锤式冲击实验

摆锤式冲击实验(pendulum test)机是目前最常使用的冲击实验仪器,实验样品可以是无缺口的,也可以是预制缺口的。根据样品安装方式的不同,可以分为悬臂梁(Izod)和简支梁(Charpy)两种实验方法,其样品安装方式分别如图 9-3 和图 9-4 所示。对于缺口样品,在悬臂梁实验中,其缺口是面向摆锤的;而在简支梁实验中,缺口是背向摆锤的。实验时,还可以在摆锤下端加装一定质量的金属块,以增加摆锤的冲击能量,保证样品在冲击过程中完全断裂。

实验前,摆锤先固定在一定高度,安放好样品后,释放摆锤,摆锤在下落过程中获得动能,到达样品摆放位置(最低点)时动能最大,摆锤所获得的最大能量由摆锤的长度、质量和起始高度(角度)决定。当摆锤下落到底部冲断样品后,它还会继续上升一段距离,直到动能全部消耗完毕,将它上升的高度与起始高度对比,就可以计算冲击样品时所消耗的能量。一般而言,摆锤的冲击速度(最大速度)可达 300 ~ 400 cm/s。

通常,实验前都会在试样的一侧预制一个缺口,由于缺口产生应力集中,可以控制试样从缺口处断裂,这样,断裂面相对比较规整,计算断裂面的面积时误差较小,可以减小数据的分散程度。另外,预制缺口的存在也会使得韧性降低 ,从而保证样品在冲击过程中完全断裂。

冲击实验可以按照不同的标准进行,国际上比较通用的是 ASTM D256(American Society for Testing and Materials,美国材料与试验协会),在测试标准中,详细描述了在悬臂梁和简支梁冲击实验中所用样品的尺寸、预制缺口的形状和大小以及数据的处理过程等。

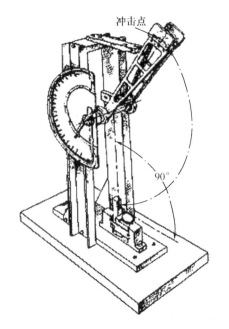

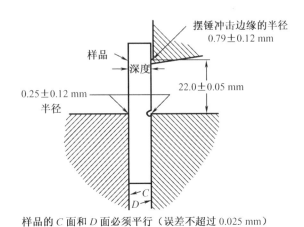

图 9 – 3 悬臂梁冲击实验及样品安装示意图

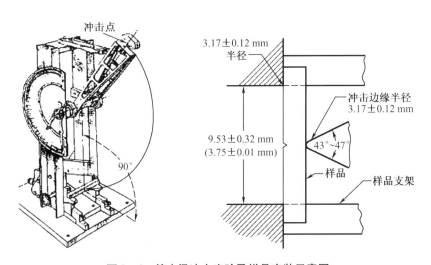

图 9 – 4 简支梁冲击实验及样品安装示意图

近年来,由于传感技术和数字技术的运用,摆锤式冲击实验仪器也有很大的改进,可以获得样品在受冲击过程中的许多信息。在摆锤或金属块上加装传感器,可以测定摆锤在撞击样品前后瞬间的速度,从而精确计算消耗在样品上的能量,这样可以降低空气阻力、风向、风速等环境因素对实验结果的影响。另外,通过摄像头可以记录样品受冲击断裂后的飞行轨迹和速度,从而对样品进行动能校正。通过安装和连接灵敏的应力传感器,还可以记录摆锤在冲击样品过程中力的变化。

（2）落重式冲击实验

摆锤式冲击实验机由于仪器造价低、实验简单方便，从而在高分子工程领域被广泛接受和使用。但是，测定时试样必须完全断裂，否则无法得到冲击强度。对于像聚乙烯一类韧性极好的聚合物材料，即使预制缺口，也很难发生完全断裂，这种情况下可以采用落重式冲击实验（falling weight test）机。

落重式冲击实验使用的样品通常是板片状的，平放在一个圆形孔洞上方。实验中，一个半圆形的冲头从高处落下并冲击样品。冲头的冲击能量可以通过多种方式改变：

①改变冲头的质量；

②改变冲头下落的高度；

③在顶端安装一个弹射装置，增加冲头的弹射能量。

板片状样品的制备通常按照 ASTM D 3029 标准进行，当然，薄膜状或管状样品的冲击强度也可以用这种仪器测试，分别可以参照 ASTM D 2444 和 ASTM D 1709 测试标准。

如果仅根据冲头起始高度计算冲头的速度，则空气阻力会对实验结果产生影响。通常在冲头上安装位移传感器，通过光电效应计算其速度，这样可以跟踪冲头在撞击样品前的瞬间以及撞击过程中的速度变化。另外，通过应力传感器还可以跟踪记录冲头撞击样品过程中的应力变化，从而对样品的冲击破坏行为进行更为深入的研究。

除了上述几种样品形式外，Ceast 公司生产的落重式冲击实验机也可应用于缺口冲击实验，其样品制备过程与简支梁摆锤冲击实验相同，样品的安装如图 9 - 5 所示。

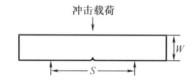

图 9 - 5　落重式冲击实验样品的安装示意图

（S 为跨距，W 为样品宽度）

2.影响聚合物冲击性能的因素

聚合物的冲击强度受许多因素的影响，这些因素包括结构和外界条件两个方面。

（1）结构因素

对于结晶性聚合物，如果它的玻璃化温度比实验温度低，结晶的存在一般使冲击强度提高；如果实验温度比玻璃化温度低，则结晶的存在会导致冲击强度降低，这时微晶起着应力集中体的作用。结晶的形态对冲击强度也有一定的影响，大尺寸的球晶，一般使冲击强度降低。如果在结晶过程中加入成核剂，或采取快速冷却等方法减小球晶尺寸，则可提高材料的冲击韧性。

聚合物的冲击韧性一般随着聚合物相对分子质量的增大而增加。

填料对聚合物冲击韧性的影响十分复杂，取决于填料的形状、尺寸、含量以及填料与基体的界面黏合等因素。纤维状填料的存在可提高聚合物的冲击强度，如热固性酚醛树脂是脆性的，加入纤维状填料后，冲击强度提高。

共聚或共混是提高高分子材料冲击强度的重要途径。如聚苯乙烯是脆性的，若在苯乙烯中引入丙烯腈和丁二烯单体进行接枝共聚所得 ABS，其冲击强度大大提高。又如将橡胶粒子分散到脆性塑料聚苯乙烯中，由于橡胶粒子起到应力集中体的作用，可以诱发大量细小的银纹,同时又能阻止银纹和裂缝的扩展,使共混物具有很好的韧性。

在聚合物中加入增塑剂通常可提高冲击强度,这是因为增塑剂能降低聚合物的脆化温度 T_b,可使硬脆型聚合物变得富有韧性和弹性。但少数情况下,当增塑剂加入量较少时,聚合物非但未被增塑,反而变得更硬、更脆了,这种现象称为反增塑作用。其原因可能是:在少量增塑剂作用下,大分子链段的活动能力有所增强,使它们更整齐、紧密地堆砌排列起来,甚至发生结晶,从而使链段及更小运动单元的运动能力下降。

(2)外界因素

热塑性塑料的冲击强度与温度有很大的关系,在玻璃化温度附近,冲击强度随实验温度的升高而增加。在玻璃化温度以下,温度对聚合物冲击强度的影响不明显;但是低温下的次级转变对冲击强度有很大的影响,如硝酸纤维素、聚碳酸酯等的冲击强度要比聚苯乙烯或聚甲基丙烯酸甲酯大得多。

热固性塑料的冲击强度在很宽的温度范围内几乎无变化,在 $-80 \sim 200$ ℃之间的冲击强度值大致保持恒定。

聚合物的冲击性能对缺口非常敏感,当试样中存在缺口时,聚合物材料可从韧性断裂转变为脆性断裂。这是因为在缺口顶部产生了应力集中,使最大应力超过了材料的破坏强度,从而导致材料的快速破坏。因此一些材料在非缺口实验中可能是韧性的,但在缺口实验中却成为脆性的。而且,缺口尖端的半径对聚合物材料的脆韧转变行为有明显的影响。但是不同的聚合物对缺口的敏感性差别很大。

9.1.3　聚合物的韧性

虽然"韧性"(toughness)这个术语广泛用于材料科学与工程领域,却从来没人对"韧性"给出一个准确的定义。基于上述聚合物拉伸和冲击性能的讨论,聚合物的韧性可以描述为:聚合物在张力作用下产生塑性形变的能力,或者在冲击过程中吸收能量的能力,或者是对破坏的抵抗能力。良好的韧性是人们对聚合物材料最期望的性能,是聚合物材料最重要的力学性能指标之一。聚合物的韧性除了取决于相对分子质量、多分散性、堆砌方式、链的缠结、结晶度、规整度等结构因素外,还与温度、压力、载荷速度、材料的形状以及载荷的类型(剪切、压缩弯曲、撕裂等)有很大的关系。聚合物的韧性可以用多种参数表征,如断裂伸长率、冲击强度和断裂韧性等,不同方法对同一聚合物韧性的评价可能完全不同。

习惯上用断裂伸长率和冲击强度来表征聚合物的韧性,它们分别可以通过拉伸和冲击实验测得,许多材料研究人员和工程师对这两种方法也最为熟悉。下面简单介绍和讨论其他几种评价聚合物韧性的方法。

1. J 积分法

Rice 最早用 J 积分来分析裂纹尖端的应力场和形变,之后被 Begley 和 Landes 成功地用于分析金属材料的断裂韧性,并且已经制定了相应的测试标准(ASTM E813 - 87)。后来,这种方法被用来评价聚合物材料的断裂韧性,包括各种韧性聚合物和增韧塑料、聚合物合金和纳米聚合物复合材料。

2. EWF 方法

断裂过程的必要功(the essential work of fracture, EWF)由 Broberg 最先提出,之后由 Cotterell 和 Mail 等进一步发展。作为 J 积分的替代方法,EWF 方法已经被成功地用于表征许多韧性聚合物材料的断裂韧性,包括聚合物共混物。当带有缺口的韧性样品受到拉伸时,在样品的断面周围包围着一个塑性形变区域(图9-6)。总的断裂功(W_f)可以分成两个部分:消耗于聚合物分子链断裂的必要功(W_e)和消耗于塑性形变区的非必要功(W_p),因此 W_f 可以表示成

$$W_f = W_e + W_p \qquad (9-4)$$

考虑到 W_e 与断裂的表面积有关,而 W_p 则与塑性形变区的体积有关,W_f 可以表达成如下形式:

$$W_f = w_e L B + \beta w_p L^2 B \qquad (9-5)$$

令 $w_f = \dfrac{W_f}{LB}$,则得

$$w_f = w_e + \beta w_p \cdot L \qquad (9-6)$$

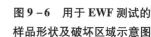

式中 w_f——单位面积上消耗的断裂功;

$\quad w_e$——单位面积上的必要功;

$\quad w_p$——单位体积消耗的塑性功;

$\quad L$——样品的剩余宽度;

$\quad B$——样品的厚度;

$\quad \beta$——塑性形变区的形状因子。

图9-6 用于 EWF 测试的样品形状及破坏区域示意图

根据式(9-6),在实验中制备一系列不同缺口深度的样品,分别测定各样品在拉伸破坏过程中消耗的总能量 w_f,然后用 w_f 对样品的剩余厚度作图,从直线的截距就可以得到 w_e。但在很多情况下,形状因子 β 难以确定,导致无法得到 w_p。

9.1.4 聚合物的弯曲强度

弯曲强度 σ_f 是在规定实验条件下,对标准试样施加静弯曲力矩直到试样折断为止材料所承受的最大强度(见图9-7),可由下式计算得到:

$$\sigma_f = 1.5 \times \frac{P l_0}{b \times d^2} \qquad (9-7)$$

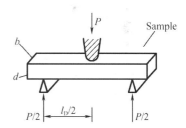

式中 P——拉伸试验中的最大负荷;

$\quad l_0$——试样跨度;

$\quad b, d$——试样的宽度和厚度。

图9-7 三点弯曲试验示意图

9.1.5 硬度

硬度主要用于衡量材料表面抵抗机械压力的能力,其大小与材料的抗张强度和弹性模量有关。硬度试验不破坏材料且方法简单,其加荷方式有动载法和静载法两类。动载法以弹性回跳或冲击力把钢球压入试样,后者则以一定形状的硬材料为压头,平稳加荷将压头压入试样。因压头的形状和计算方法不同又分为布氏硬度、洛氏硬度和邵氏硬度等。

9.2 电学性能测定

高聚物的电学性质是指聚合物在外加电压或电场作用下的行为及各种物理现象,包括在电场中的介电性能和导电性能以及在强电场下的击穿现象和环境中聚合物表面的静电现象。长期以来,聚合物都作为优良的绝缘体使用。1974 年,白川英树(H. Shirakawa)等人首次聚合成功聚乙炔薄膜。三年后,白川英树与 A. MacDiarmid 和 A. Heeger 合作,通过掺杂使聚乙炔的导电率提高了十二个数量级,达到 10^3 S·cm^{-1},从此出现了导电聚合物。导电高聚物作为一类新型材料,展现了良好的可逆氧化还原性能,兼具金属和塑料的特性。作为电子材料,聚合物的优越性可以归纳为以下几点:

(1)聚合物分子可含有多种化学键、多样功能团、多个官能度(能成新键的活性点),因而具有多种物性功能;

(2)一种聚合物分子可以有多种立构体;

(3)分子的聚集态结构多样性,包括各种分子的链、基团排列规整及对称或无序,分子的形态(卷曲、折叠、螺旋形)。

聚合物的结构多半为晶态区与非晶区共存,但经拉伸取向的晶态高聚物基本上为晶态。由于聚合物材料具有这些结构特点,可作为多种"超级功能材料"。例如,聚偏二氟乙烯(PVDF),它具有多种功能,如介电、热电、压电、驻极等。此外,聚合物材料还有轻质、柔韧、易成型和易加工改性等优点。因此高聚物导电材料在电子学领域以及许多新兴技术领域具有广阔的应用前景,例如,二极管、发光二极管、光电二极管、场效应晶体管、太阳能电池、光学连接器和激光器等。

9.2.1 介电常数表征方法

高聚物介电常数的测试是高聚物电学和物理性能常用的评价方法。采用 Agilent LCR表/阻抗分析仪和 Agilent16451B 介电测试夹具准确而方便地测试介电常数 ε 和损耗角正切 $\tan\delta$。高聚物镀上电极后,采用接触电极法从等效并联电容 – 损耗因素(C – D)测量结果求出介电常数:

$$\varepsilon = \frac{LC_p}{A\varepsilon_0} \tag{9-8}$$

式中 L——高聚物膜的厚度;

C_p——被测物的等效并联电容;

A——被保护电极的面积。

图 9 – 8 示出这种方法的装置图。

9.2.2 聚合物导电性的表征

物体之所以导电是由于其内部存在传递电流的自由电荷,即载流子,在外加电场作用下,这些载流子做定向移动,形成电流。导电性优劣与物体所含载流子的数量、运动速度有关。常用电导系数(电导率)σ 或电阻系数(电阻率)ρ 表征物体的导电性,它们是一些宏观

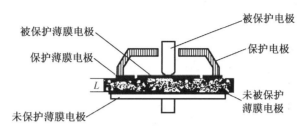

图 9 - 8　介电常数测试示意图

（L 为高聚物膜的平均厚度）

的物理量,而载流子浓度和迁移率则是表征材料导电性的微观物理量。

根据物体的导电性(转移和传导电荷能力的大小),通常把物体粗略地划分为超导体、导体、半导体和绝缘体。室温下,电导率约在 $10^{-18} \sim 10^{-6}$ $\Omega^{-1} \cdot m^{-1}$ 之间的为绝缘体,电导率约在 $10^{-6} \sim 10^{6}$ $\Omega^{-1} \cdot m^{-1}$ 之间的为半导体,而电导率约在 $10^{6} \sim 10^{8}$ $\Omega^{-1} \cdot m^{-1}$ 之间的为导体,电导率在 10^{8} $\Omega^{-1} \cdot m^{-1}$ 以上的则为超导体。实际上,这种分类不是绝对的,它们之间没有严格的界限。当外界条件发生改变时,物体的导电能力也将发生变化。例如,绝缘体在强电场作用下击穿后成为导体,半导体的导电能力对温度、杂质、电磁场等外界条件极为敏感。

大量聚合物是作为绝缘材料使用的,但具有特殊结构的聚合物可能成为半导体、导体,甚至人们提出了超导体的模型。

在聚合物导电性的表征中,常常要区分体内和表面导电性的不同,分别是采用体积电阻系数和表面电阻系数来表征。两种电阻系数都要根据实际测量的电阻值计算。

体积电阻 R_V 的测试方法(图 9 - 9)是在厚度为 d 的平板状聚合物试样两相对面上各放置截面积为 S 的电极一个,并施加直流电压,于是在试样内部就有载流子按电场方向迁移,测量两电极间试样的体积电阻 R_V,则试样的体积电阻系数为

$$\rho_V = R_V \frac{S}{d} \tag{9-9}$$

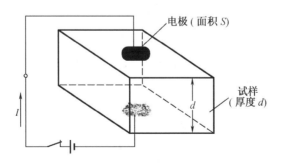

图 9 - 9　体积电阻测试

一般在没有特别注明的情况下,常说的电阻系数就是指体积电阻系数。而表面电阻 R_S 的测试方法(图 9 - 10)是将两平行电极放在聚合物试样的同一表面上,若电极的长度为 l,电极间距离为 b,在对两电极施加直流电压后,所测得的电极间电阻就是试样的表面电阻,试样的表面电阻系数为

$$\rho_S = R_S \frac{l}{b} \tag{9-10}$$

如果其中一电极(保护电极)为环形电极,"罩"在测量电极(圆形截面)的外围,则

$$\rho_S = R_S \frac{2\pi}{\ln(D_2/D_1)} \tag{9-11}$$

式中 D_1——测量电极直径;

D_2——保护电极内径。

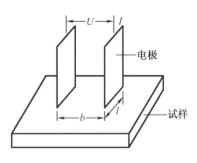

图9-10   表面电阻测试

在实际测量时,如果直接把电极加在试样两相对面,电流将同时通过试样体内和表面,测得的电流就是体积电流与表面电流之和,电阻就相当于体积电阻与表面电阻并联后的总电阻,即 $R = R_S R_V/(R_S + R_V)$。这样并不能分别测试 R_S 和 R_V,也就得不到 ρ_V 和 ρ_S。通常采用特殊的电极系统——三电极系统,在测试中使用保护电极使得分别测试表面电阻和体积电阻成为可能。如图9-11所示,在测试体积电阻时,测量电极连接低压端,高压电极连接高压端,保护电极接地,只可能产生体积电流,不会产生表面电流。而测试表面电阻时,测量电极连接低压端,环形的保护电极连接高压端,而高压电极接地,这样电流只会流过试样的表面,不会产生体积电流。

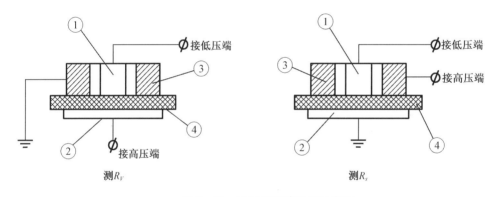

图9-11   三电极系统接线示意图

1—测量电极;2—高压电极;3—保护电极;4—被测试样

电场作用下真实电荷在介质中的迁移称为电导。电导率(σ)是衡量材料电导能力的表观物理量。在高聚物的导电性能表征中,需要表示高聚物表面和内部的不同导电性,常常采用表面电导率和体积电导率来表示。表面电导率(σ)定义为单位正方形表面上两刀形电极之间的电导(图9-10)。表面电导率按下式计算:

$$\sigma = \frac{Gb}{l} = \frac{Ib}{Ul} \tag{9-12}$$

式中 G——电导;

l——电极宽度;

b——两电极之间的距离;

I, U——电流和电压。

因而,表面电导率是单位长度的表面电流与该处沿试样表面电流方向的直流场强之比。

9.2.3 聚合物导电性与分子结构的关系

影响聚合物导电性的因素有化学结构、相对分子质量、凝聚态结构、杂质以及环境(如温度、湿度)等,其中化学结构是决定聚合物导电性的最重要因素。

通常,饱和的非极性聚合物具有很好的电绝缘性能,理论上计算它们的电导率只有 $10^{-23}\Omega^{-1}\cdot m^{-1}$ 而实测值要高几个数量级,如聚苯乙烯的电导率约为 $10^{-18}\Omega^{-1}\cdot m^{-1}$,聚乙烯、聚四氟乙烯的电导率约为 $10^{-16}\Omega^{-1}\cdot m^{-1}$,说明聚合物中除自身结构以外的因素(如残留的催化剂、各种添加剂等)对导电性能产生了不小的影响。

极性高聚物的电绝缘性次之,电导率要高于非极性聚合物,如聚丙烯腈、聚氯乙烯、聚酰胺等的电导率约在 $10^{-15}\sim10^{-12}\Omega^{-1}\cdot m^{-1}$ 之间,这些聚合物中,微量的本征解离产生导电离子。此外,残留的催化剂、各种添加剂等都可以提供导电离子。

而一些具有特殊结构的聚合物则可制成半导体,甚至是达到接近于金属的导电性。这种类型的聚合物又称为结构型导电高分子材料。

1. 共轭结构聚合物及其掺杂

共轭结构的聚合物如聚乙炔(反式结构式如图 14-35 所示),由于主链上 t 轨道相互交叠,t 电子有较高的迁移率,有望制成半导体材料。但是它们的导电性实际并不很强,原因是受到电子成对的影响,电子成对后,只占有一个轨道,空出另一个轨道,两个轨道能量不同,电子迁移时必须越过轨道间的能级差,这样就限制了电子的迁移,材料的电导率下降。采用掺杂方法可以减小能级差,电子迁移速率提高。Heeger(黑格,美国)、MacDiarmid(麦克迪尔米德,美国)以及白川英树(日本)就成功地完成了用溴、碘掺杂(doping)聚乙炔,没有掺杂时聚乙炔的电导率为 $3.2\times10^{-4}\Omega^{-1}\cdot m^{-1}$,掺杂后竟达到了 $3.8\times10^{3}\Omega^{-1}\cdot m^{-1}$,提高了 1 000 万倍,接近金属铝和铜的电导率。并且在发现聚乙炔的导电性后,黑格发现聚乙炔的磁性、电学、光学等性质都很独特。为了说明聚乙炔独特的导电性,黑格又提出了孤子(soliton)导电的新概念。他们因此在 2000 年获得诺贝尔化学奖。评奖委员会的公告说:"塑料本来是不导电的绝缘体。他们合成了具有共轭链的聚乙炔,用掺杂的方式使塑料出现与金属一样的导电性。"导电高分子(electro conductive polymers)已经成为化学及物理学研究的重要领域。不仅将导电聚合物用于聚合物电池的设想正在逐步实用化,而且发光二极管、移动电话显示屏以及将来的分子电路也有可能用导电高分子作为关键材料。

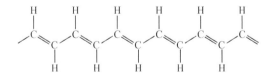

图 9-12 聚乙炔的反式结构式

随后,人们相继发现其他具有类似结构的聚合物(如聚对苯撑、聚吡咯、聚噻吩等)经掺杂后,也具有很大的电导率(表 9-2)。大量的实验事实告诉我们,聚合物要具有本征导电性,可能需要具备两个必要的结构条件:

①高分子链是一个大 π 共轭电子体系;
②链单元与掺杂剂之间有一定程度的电荷转移。

表 9 – 2　部分聚合物掺杂后的电导率

聚合物	重复单元	掺杂剂	电导率[a]/$(\Omega^{-1} \cdot m^{-1})$
反式 – 聚乙炔		I_2，Br_2，Li，Na，AsF_5	10^6
聚（3 – 烷基噻吩）		BF_4^-，ClO_4^-，$FeCl_4^-$	$10^5 \sim 10^6$
聚苯胺[b]		HCl	2.0×10^4
聚苯并噻吩		BF_4^-，ClO_4^-	5.0×10^3
聚对苯撑		AsF_5，Li，K	10^5
聚对苯撑乙烯撑		AsF_5	10^6
聚吡咯		BF_4^-，ClO_4^-，tosylate[c]	$5.0 \times 10^4 \sim 7.5 \times 10^5$
聚噻吩		BF_4^-，ClO_4^-，tosylate，$FeCl_4^-$	10^5

a. 掺杂后最大电导率（近似值）；

b. 聚苯胺根据其氧化程度的不同而具有四种存在形式；

c. p-Methylphenylsulfonate。

　　然而，也有实验结果表明，具有大共轭 π 电子结构是聚合物导电的必要条件，但不是充分条件。例如，聚双炔具有较为完整的长程共轭单 – 双 – 单 – 叁键结构，理论上可以制成高导电材料，但是实际上所有的聚双炔在掺杂后的电导率都不大，仅为 $10^{-2} \sim 10^{-1} \Omega^{-1} \cdot m^{-1}$，可能的原因是通常制备的聚双炔大都是单晶，因而掺杂困难。

　　对掺杂苯胺低聚体的晶体结构研究却又表明，共轭 π 电子结构未必是聚合物导电的必要条件，因为聚苯胺的亚苯环是不共面的。也有发现顺式 1,4 – 聚异戊二烯在用碘掺杂后变成黑色，电导率明显增大，达到 $1 \sim 10 \ \Omega^{-1} \cdot m^{-1}$！但是又发现聚丁二烯并不呈现这样的变化，可能的原因是聚异戊二烯中的甲基具有给电性，与碘之间可以发生电荷转移，而聚丁二烯与碘之间的电荷转移就要困难得多。然而，引入给电子基团以增加高分子链单元与接受电子的掺杂剂之间的电荷转移、减小能隙，从而获得更高的导电性的设想在有些聚合物上并没有实现,如碘掺杂的聚3-甲氧基噻吩的电导率却小于碘掺杂的聚噻吩,前者为 $1 \sim 10 \ \Omega^{-1} \cdot m^{-1}$,后者则约为 $10^4 \Omega^{-1} \cdot m^{-1}$。

黑格针对反式聚乙炔的磁性、电学、光学性质,提出了孤子理论,认为反式聚乙炔中的载流子是孤子,孤子可以带正或负电荷但是没有自旋,如反式聚乙炔有光电导现象,没有光致荧光,这与它吸收激光后生成相互独立运动的孤子和反孤子有关。然而顺式聚乙炔没有光电导现象、但观察到光致荧光,性质明显不同于反式聚乙炔,这与其激发态是极化子有关。其他聚合物如聚对苯撑掺杂后,电导率增大,但磁化率很小;聚吡咯掺杂后电导率也增大,但是观察不到电子自旋共振现象,这又与它们产生了双极化子有关,双极化子是只带电荷 $\pm 2e$、无自旋的载流子。针对不同种类聚合物掺杂后的导电现象、光学光谱以及自旋行为,物理学家们提出了孤子、极化子、双极化子以及孤子晶格等新概念及相关理论,这些新概念和理论被引入化学领域,较为成功地解释了聚合物掺杂的导电机理,丰富了人们在这方面的认识。

共轭结构聚合物的链是刚性的,因此这类聚合物大都不溶(解)不熔(化),难以加工成型,即便形成了膜,也是脆性的。有人提出把乙炔与具有柔性链结构的聚合物共聚以改善导电聚合物的加工性能,如乙炔与聚丁二烯、聚异戊二烯和聚苯乙烯进行嵌段共聚或接枝共聚,共聚物变成可溶,因此可以采用溶液加工,但其导电性并没有受到太大的影响。而对于有些聚合物,则可以采用先加工成型、后热裂解获得共轭结构的方法,这也是一种解决导电聚合物加工困难的办法之一。例如,把牵伸后的聚丙烯腈纤维再进行热裂解环化、进一步脱氢,形成具有双链含氮芳香结构的聚合物,电导率约为 $10 \ \Omega^{-1} \cdot m^{-1}$。再热裂解到氮完全消失,则得到电导率高达 $10^5 \ \Omega^{-1} \cdot m^{-1}$ 的碳纤维。

2. 电荷转移复合物和自由基-离子化合物

电荷转移复合物是由电子给予体(用 D 表示)和电子接受体(用 A 表示)之间通过电子的部分转移而形成的

$$D + A \rightarrow D^{\delta +} + A^{\delta -}$$

而自由基-离子化合物则是由电子给予体和电子接受体之间通过电子的完全转移而形成的

$$D + A \rightarrow D^+ A^-$$

由于…DADA…之间交替紧密堆砌且发生电荷转移而传递电子,因而具有较强的导电性。若将电子给予体 D 作为侧基接到高分子主链上,加入电子接受体 A,即可形成聚合物

的电荷转移复合物,且具有一定的导电性

D D D D D +A——→ AD AD AD AD AD

如聚2-乙烯基吡啶-碘的电导率约为10 $\Omega^{-1} \cdot m^{-1}$,聚乙烯咔唑-碘的电导率约为 1 $\Omega^{-1} \cdot m^{-1}$,这里,碘是作为电子接受体。而以四氰代对二次甲基苯醌($TCNQ$)为电子接受体,高分子作为电子给予体,则可形成聚合物的自由基-离子化合物,如聚2-乙烯基吡啶-$TCNQ$

$\text{+CH—CH}_2\text{+}_n$ [TCNQ]:

电导率约为 1 $\Omega^{-1} \cdot m^{-1}$,虽然电导率并不是很大,但是具备了聚合物的可加工性,并且容易成膜。

3. 金属螯合型聚合物(metallocene polymer)

这种类型的聚合物也具有较强的导电性,如聚酞菁铜(图9-13)的电导率约为 5 $\Omega^{-1} \cdot m^{-1}$,在垂直于酞菁分子平面方向引入适当的金属原子,使中心金属原子连接起来,以获得类似于金属键的导电途径。通常,金属原子半径越小,与酞菁环之间轨道交叠程度越高,对电荷的离域越有利,导电性越强。

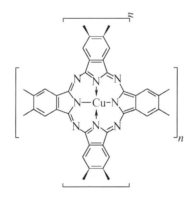

图9-13　聚酞菁铜的结构式

上面就提高聚合物电导率的三种可能途径做了简要介绍,导电聚合物的分子设计和分子工程的进一步发展有待于对聚合物导电机理的更深入理解。

9.2.4　聚合物导电性的其他影响因素

相对分子质量、凝聚态结构、交联等结构因素对聚合物导电性的影响与主要导电机理有关。例如,对于电子电导,相对分子质量增加,相当于延长了电子的分子内通道,结晶后由于链节的紧密堆砌,有利于电子传递,而交联结构的形成在分子间提供了电子传递的通道,这些都会使得电导率增大。对于离子电导,对电导率的影响正好相反,相对分子质量的增加、结晶以及交联,都会使得自由体积减小,离子迁移率降低,电导率减小。

杂质(如残留的催化剂、各种添加剂)对聚合物的电导率影响很大,尤其是绝缘聚合物,如聚乙烯、聚四氟乙烯、聚苯乙烯等,载流子主要来自于杂质。复合型导电高分子材料就是以绝缘聚合物为基体,通过各种复合方式与炭黑、金属细粉、石墨、碳纤维或抗静电剂等填料复合而成的材料,由于制备方法简单、成本较低,已得到广泛的应用。

9.3　生物降解性测试方法

材料因微生物作用而分解称为生物降解。生物降解性高分子有三类:

①可再生资源天然高分子,如纤维素、淀粉、蛋白质及多糖类,它们能直接被微生物代谢并降解成水、CO_2 和小分子;

②含羰基、酮基、酯键及酰胺键的合成高分子,如聚酯、聚酰胺、聚氨酯、聚乙烯醇和聚乳酸等,它们先在环境中水解成中等小分子,然后由微生物降解成小分子;

③微生物合成的 β - 聚酯,如聚 3 - 羟基丁酸酯(P3HB)和聚 3 - 羟基戊酸酯(P3HV)以及 γ - 聚酯,如聚 4 - 羟基丁酸酯(P4HB)等,它们可被微生物分解成单体、CO_2 和水。

目前各国对生物降解性高分子的定义虽略有不同,但一般认为在生态环境中,细菌、真菌等微生物及其酶以高聚物为营养源,使其结构、形态破坏,最终分解为水、CO_2 和其他小分子的过程为生物降解。因此生物降解的严格定义应当是:材料在微生物作用下,通过代谢和生物量转化,由高分子变为低相对分子质量物质,最终产物为水、CO_2 和有机化合物或无机分子。

国际标准化组织(ISO)和美国材料测试协会(ASTM)已对生物降解性(biodegradability)测试制定了标准试验法。目前,国际组织大力呼吁:为了保护人类赖以生存的环境,对一次性使用的塑料必须采用完全可生物降解的高分子。为此,生物可降解材料必须通过生物降解试验。生物降解试验一般在海水、土壤、活性污泥、生活废水、堆肥等生物环境中进行,在这些环境中微生物种类繁多有利于生物降解。生物降解性的评价主要通过降解过程中 CO_2 释放量;材料的强度、相对分子质量和重量的降低和消失;观察微生物的侵蚀以及检测降解产物等。

9.3.1　检测 CO_2 释放量

检测材料生物降解过程的 CO_2 释放量是评价生物降解性的重要指标。CO_2 释放可按照埋土试验或培养基试验方法进行。以土壤作为生物降解环境,试膜(或片)埋入土壤 15 cm 以下的深处,或用大量潮湿土壤包围后放入 2 000 mL 玻璃容器中,然后置于含氧的密闭箱或大型干燥器(2 500 mL 以上)中,于 28 ℃培养。同时,质量百分比为 0.7% 的 $Ba(OH)_2$ 作为 CO_2 吸收剂一并放入此干燥器内。未放试膜的土壤作为空白试验。滴定剂为 0.09 M 草酸水溶液,每隔 1~3 d 滴定一次,根据草酸的消耗量计算 CO_2 的释放量(CO_{2EXP})。CO_2 的理论释放量(CO_{2THE})由以下嗜氧生物降解化学方程式计算或由元素分析结果估算。

$$C_nH_aO_bN_c + \left(n + \frac{a}{4} - \frac{b}{2} - \frac{3c}{4}\right)O_2 \rightarrow nCO_2 + \left(\frac{a}{2} - \frac{3c}{2}\right)H_2O + cNH_3 \qquad (9-13)$$

由此,材料生物降解的程度(R)可下式得到,即

$$R = \frac{CO_{2EXP}}{CO_{2THE}} \times 100\% \qquad (9-14)$$

更为有效的检测 CO_2 释放量的方法是按照国际标准 ISO846(1997)进行固体培养基中的生物降解试验。由方程(9-13)计算 CO_2 理论释放值,然后由(9-14)式计算材料的生物降解程度。该试验中混合真菌孢子悬浮液的制备十分重要,真菌可选用黑曲霉菌、绳状青霉菌、球毛壳菌、木霉绿菌、出芽短梗霉菌等。

9.3.2 生物降解半衰期

高聚物试样(8 cm×8 cm)夹在尼龙网内埋入土壤 15 cm 以下深处或置于培养基中,在一定的温度(25~30 ℃左右)、湿度和 pH 值下进行降解试验约两个月。每隔 3~5 天取出残留膜片测量失重率(W_{loss}%),并在双对数坐标上以 W_{loss} 对掩埋时间(t,d)作图。按下式计算生物降解半衰期 $t_{1/2}$ 和降解速率常数 K:

$$\lg W_{loss} = K\lg t - A \qquad (9-15)$$
$$\lg t_{1/2} = (1.7 + A)/K \qquad (9-16)$$

式中,A 为系数。

9.3.3 降解过程相对分子质量变化的测定

高聚物材料在生物降解过程中相对分子质量随降解时间的变化一般采用尺寸排除色谱、黏度法以及静态和动态光散射法测定。首先用水和有机溶剂分别提取水溶性和水不溶性的高分子降解产物,反复提取 3 次,每次 10~20 min。提取物经超离心分离、过滤、浓缩、干燥后进行相对分子质量及其分布测定,同时做空白试验进行校正。由相对分子质量对降解时间作图得出相对分子质量变化曲线,由此分析其降解速度及机理。

9.3.4 降解过程微生物侵蚀的观测

微生物侵蚀高聚物材料表面及内部会引起材料的结构、形貌和透光性变化。降解材料表面受侵蚀后产生的空洞、菌丝体附着物可通过扫描电镜观察并拍照。对某些透明的薄膜材料也可用紫外分光光度计或一般光度计测定其透光率的变化。通过这些测试结果比较材料降解前后的变化,由此得出它们被微生物侵蚀的可能性和降解程度等信息。

9.3.5 降解过程性能变化的测量

高聚物材料经生物降解后其电学性质的变化主要是由于微生物在其表面生长,由此产生的代谢物导致湿度和 pH 值的改变。同时,微生物侵蚀常形成电离导电通路。由此,测量材料降解前后表面电导率和体积电导率的变化,以及它们随时间变化的曲线可分析其降解过程及机理。

高聚物材料降解后,其力学性能尤其拉伸强度将下降。通过拉力试验测量材料的拉伸强度和断裂伸长率随降解时间的变化,由此可分析生物降解速度和过程。

9.3.6 降解产物分析

高聚物材料经完全或大部分降解后的低相对分子质量有机化合物可通过红外光谱、气相色谱、液相色谱以及核磁共振等方法鉴定。首先从材料降解的环境(如土壤、培养基)中分离取出含有降解产物的介质,然后分别用水和有机溶剂提取 3 次以上,每次 10 ~ 20 min。提取物依次经超离心分离、过滤、浓缩、干燥后进行表征,同时做空白试验进行对照。

参 考 文 献

[1] 何平笙. 新编高分子的结构与性能[M]. 北京:科学出版社,2009.

[2] 焦剑,雷渭媛. 高分子结构性能与测试[M]. 北京:化学工业出版社,2003.

[3] 张俐娜,薛奇,莫志深等. 高分子物理近代研究方法[M]. 2 版. 武汉:武汉大学出版社,2006.

[4] 董炎明,朱平平,徐世爱. 高分子结构与性能[M]. 上海:华东理工大学出版社,2010.

[5] 魏无际,俞强,崔益华. 高分子化学与物理基础[M]. 北京:化学工业出版社,2005.

[6] 韩哲文. 高分子科学教程[M]. 上海:华东理工大学出版社,2001.

[7] 金日光,华幼卿. 高分子物理. 3 版. 北京:化学工业出版社,2009.

[8] 何曼君,张红东,陈维孝等. 高分子物理[M]. 3 版. 上海:复旦大学出版社,2007.

[9] 符若文,李谷,冯开才. 高分子物理[M]. 北京:化学工业出版社,2005.

[10] 励杭泉,张晨. 聚合物物理学[M]. 北京:化学工业出版社,2007.